高职高专"十二五"规划教材

"十二五"江苏省高等学校重点教材（编号 2014-1-032）

化工单元操作技术

第二版

黄 徽 周 杰 主 编
闫生荣 副主编

·北京·

《化工单元操作技术》(第二版)主要内容包括化工生产认知、流体输送过程及操作、非均相物系分离过程及操作、传热过程及操作、蒸发过程及操作、吸收过程及操作、精馏过程及操作、干燥过程及操作、化工生产综合实训。尤其注重强化学生实际应用能力的培养,在第一版的基础上,按照项目化教学要求编写,每个项目含若干化工生产典型单元操作工作任务,主要由任务引入、相关知识、任务实施、讨论与拓展四大部分组成,融理论、仿真、实操为一体,使得理论与实践结合更为紧密。教材的编排便于理实一体化课程组织实施项目化教学。

本教材可作为高职高专化工类及相关专业(生物化工、石油化工、化工机械、化工仪表自动化、材料工程、制药、环保、食品等专业)的选用教程,亦也可作为成人高校及相关企业职工培训教材。

图书在版编目(CIP)数据

化工单元操作技术/黄徽,周杰主编. —2版. —北京:化学工业出版社,2015.8(2025.7重印)
高职高专"十二五"规划教材
ISBN 978-7-122-24699-8

Ⅰ.①化…　Ⅱ.①黄…②周…　Ⅲ.①化工单元操作-高等职业教育-教材　Ⅳ.①TQ02

中国版本图书馆 CIP 数据核字(2015)第 167604 号

责任编辑:窦　臻　　　　　　　　　文字编辑:荣世芳
责任校对:王素芹　　　　　　　　　装帧设计:关　飞

出版发行 化学工业出版社(北京市东城区青年湖南街 13 号　邮政编码 100011)
印　　装 北京天宇星印刷厂
787mm×1092mm　1/16　印张 17¾　字数 455 千字　2025 年 7 月北京第 2 版第 8 次印刷

购书咨询:010-64518888　　　　　　售后服务:010-64518899
网　　址:http://www.cip.com.cn
凡购买本书,如有缺损质量问题,本社销售中心负责调换。

定　价:46.00 元　　　　　　　　　　　　　　　　版权所有　违者必究

前 言

化工单元操作技术是高职化工类专业学生从严密的逻辑思维转向工程思维的专业基础课，工程性和实用性很强，面对的是真实的、复杂的工程技术问题。对于初涉化学工程领域的学生而言，因为对化工过程及设备缺乏必要的感性认识，故不易理解过程机理、复杂设备的结构、物流内部运动状态等教学内容。为破解此难题，编者将项目化教学理念引入课程，同时根据"十二五"江苏省高等学校重点修订教材建设方案要求，在国家级"应用化工技术综合实训基地"和"环境保护与资源利用技术实训基地"的大力支持下，依托南通江山农药化工股份有限公司、南通醋酸化工股份有限公司等单位，与时俱进地对第一版教材进行了修订。

本项目化教材主要介绍化工生产过程中常见单元操作的原理、基本概念、基本理论、典型设备、典型工艺及其在化工生产中的应用。在修订过程中充分吸收了同类教材的优点，具有以下几个特点：

1. 将各个单元操作中的相关知识点串联起来，并将理论、仿真、实操融为一体，最终将所有单元操作全部融入到化工生产综合实训中。

2. 采用项目化教材编写体例，以化工生产典型单元操作实际问题为载体的工作任务支撑每个项目，每个任务又包括任务引入、相关知识、任务实施、讨论与拓展（习题）四大部分。学生通过完成相应的工作任务，获取相应的理论知识，掌握实践操作技能。

3. 各个单元操作采取任务驱动、项目导入的形式，所设计的工作任务大多来自生产一线，体现出"工学结合"、"教学做合一"、"以学生为主体"的教育理念。

4. 为便于及时检查教学效果，每个任务均设计了项目考核与评价表。评价表将过程考核与结果考核相结合，加上资料查找、企业调研等学生自主学习内容考核，力求全面、准确反映学生的学习情况。

5. 所涉及技能及其训练方法符合化工生产岗位职业能力的要求，为以后学生化工总控工职业资格考核奠定基础。

本书由南通职业大学黄徽、周杰任主编，南通科技职业学院闫生荣任副主编，黄徽负责全书统稿。南通职业大学陶贤平、黄艳芳以及江苏工程职业技术学院的艾亚飞也参与了编写。南通江山农药化工股份有限公司王海滨高工以及南通醋酸化工股份有限公司丁彩峰高工负责相关实际生产案例、操作数据、操作规范等的收集工作。

本教材修订过程中，得到了相关行业、企业领导和兄弟学校同行们的大力支持。北京东方仿真控制技术有限公司提供了相关单元操作仿真资料，浙江中控技术股份有限公司提供了乙酸乙酯生产资料，一并表示感谢！

由于编者水平所限，加之时间仓促，书中难免存在不妥之处，敬请读者批评指正！

编者
2015 年 5 月

目 录

项目一 化工生产认知 /1

任务 认识化工生产与单元操作 ... 2
 任务引入 ... 2
 相关知识 ... 2
  一、乙酸乙酯生产简介 ... 2
  二、基本理论和概念 ... 2
 任务实施 ... 5
  一、乙酸乙酯生产工艺流程 ... 5
  二、乙酸乙酯生产所用设备 ... 7
 讨论与拓展 ... 7
 项目考核与评价 ... 8

项目二 流体输送过程及操作 /9

任务一 流体输送方式认知 ... 10
 任务引入 ... 10
 相关知识 ... 10
  一、高位槽送料 ... 10
  二、真空抽料 ... 10
  三、压缩空气送料 ... 11
  四、流体输送机械送料 ... 12
 任务实施 ... 12
 讨论与拓展 ... 12

任务二 流体静力学理论及应用 ... 12
 任务引入 ... 12
 相关知识 ... 12
  一、流体的主要物理性质 ... 13
  二、流体静力学方程 ... 15
 任务实施——流体压力、压差的测定 ... 15
  一、压力测量 ... 16
  二、液面测定 ... 17
  三、确定液封高度 ... 18
 讨论与习题 ... 18

任务三　流体动力学理论及应用 19
任务引入 19
相关知识 20
  一、流量与流速 20
  二、连续性方程 21
  三、伯努利方程式 23
任务实施 26
讨论与习题 27

任务四　管路认知与拆装操作 30
任务引入 30
相关知识 31
  一、化工管路的基本构成 31
  二、流体流量的测量仪器与仪表 34
  三、化工管路布置原则 36
  四、化工管路安装原则 37
  五、化工管路常见故障处理方法、原则与基本程序 38
任务实施——管路拆装 39
  一、设备、材料 39
  二、工具 39
  三、安装注意事项 39
  四、考核表 40
讨论与拓展 40

任务五　离心泵认知与操作 40
任务引入 40
相关知识 40
  一、离心泵的结构、工作原理与性能 41
  二、管路特性曲线和离心泵的工作点 44
  三、离心泵的类型 45
  四、其他类型的泵 46
任务实施——离心泵的选用、安装、调节与操作 49
  一、离心泵的选用 49
  二、离心泵的安装 49
  三、离心泵的流量调节 51
  四、离心泵仿真操作 52
讨论与习题 58
项目考核与评价 59

项目三　非均相物系分离过程及操作　/60

任务一　非均相物系分离认知 61
任务引入 61
相关知识 61

  任务实施 62
  讨论与拓展 62
 任务二 沉降分离 62
  任务引入 62
  相关知识 62
   一、重力沉降 62
   二、离心沉降 66
  任务实施——沉降的操作型计算 69
  讨论与习题 71
 任务三 过滤设备认知与操作 72
  任务引入 72
  相关知识（任务分析与准备）.. 72
   一、基本概念 72
   二、过滤基本方程 74
   三、常见的过滤设备 74
  任务实施 77
  讨论与习题 78
 任务四 板框压滤机操作与维护 79
  任务引入 79
  相关知识 79
   一、板框压滤机的结构 79
   二、板框压滤机的工作原理 80
  任务实施——板框压滤机的操作 81
   一、装置 81
   二、操作方法与步骤 81
   三、操作注意事项 82
   四、数据记录 83
 讨论与拓展 83
 项目考核与评价 83

项目四 传热过程及操作 /85

 任务一 传热认知 86
  任务引入 86
  相关知识 86
   一、传热及其在化工生产中的应用 86
   二、传热的基本方式 86
   三、工业生产中的传热方式 87
   四、工业上常用的加热剂和冷却剂 88
   五、定态传热与非定态传热 88
  任务实施 89
  讨论与拓展 89

任务二 化工生产中的保温 ... 89
任务引入 ... 89
相关知识 ... 89
一、热传导 ... 89
二、对流传热 ... 94
任务实施 ... 96
一、计算传热量及壁面温度 ... 96
二、确定保温层的厚度 ... 97
讨论与习题 ... 98

任务三 传热过程操作分析 ... 99
任务引入 ... 99
相关知识 ... 99
一、热负荷计算 ... 100
二、传热平均温度差 ... 100
三、总传热系数 ... 102
四、传热面积 ... 102
任务实施——换热器操作控制 ... 103
讨论与习题 ... 105

任务四 换热器认知与操作 ... 106
任务引入 ... 106
相关知识 ... 106
一、换热器的分类 ... 106
二、间壁式换热器 ... 107
三、换热器规格与型号 ... 112
四、强化传热的途径 ... 113
任务实施 ... 114
一、列管式换热器选用 ... 114
二、换热器仿真操作 ... 115
三、换热器的使用 ... 118
四、换热器的常见故障与维护 ... 120
五、换热器的清洗 ... 121
总结与讨论 ... 122
项目考核与评价 ... 122

项目五 蒸发过程及操作 / 124

任务一 蒸发认知 ... 124
任务引入 ... 124
相关知识 ... 125
一、蒸发操作及其在工业中的应用 ... 125
二、蒸发操作的分类 ... 125
三、蒸发操作的特点 ... 126

  任务实施 ·· 126
  讨论与拓展 ·· 126
 任务二 单效蒸发工艺控制 ·· 126
  任务引入 ·· 126
  相关知识 ·· 127
   一、单效蒸发 ·· 127
   二、多效蒸发 ·· 128
  任务实施 ·· 130
   一、蒸发器规格与能量消耗程度 ·· 130
   二、生产能力和蒸发效率 ··· 131
  讨论与习题 ·· 132
 任务三 蒸发器认知与操作 ·· 132
  任务引入 ·· 132
  相关知识 ·· 133
   一、蒸发主体设备——蒸发器 ··· 133
   二、蒸发辅助设备 ·· 135
  任务实施 ·· 136
   一、蒸发操作系统的日常运行 ··· 136
   二、蒸发操作系统的日常维护 ··· 137
   三、系统常见操作事故与防止 ··· 137
 讨论与拓展 ·· 138
 项目考核与评价 ·· 138

项目六 吸收过程及操作 / 140

 任务一 吸收认知 ··· 140
  任务引入 ·· 140
  相关知识 ·· 141
   一、工业吸收过程 ·· 141
   二、气体吸收过程的应用 ··· 141
   三、吸收过程的分类 ··· 142
   四、吸收剂的选用 ·· 142
  任务实施 ·· 143
  讨论与拓展 ·· 143
 任务二 工业吸收过程 ·· 143
  任务引入 ·· 143
  相关知识 ·· 143
   一、吸收的基本概念 ··· 143
   二、吸收原理 ·· 144
   三、强化吸收的途径 ··· 146
   四、解吸 ·· 147
  任务实施 ·· 148

  讨论与习题 ······ 148
任务三　吸收过程操作分析 149
  任务引入 ······ 149
  相关知识 ······ 149
    一、物料衡算和操作线方程 ······ 149
    二、吸收剂用量与最小液气比 ······ 151
  任务实施 ······ 152
  讨论与习题 ······ 153
任务四　吸收塔认知与操作 154
  任务引入 ······ 154
  相关知识——吸收操作规程 ······ 154
    一、吸收操作的主要设备——吸收塔 ······ 154
    二、吸收操作基本知识 ······ 158
  任务实施 ······ 161
    一、吸收-解吸单元仿真操作 ······ 161
    二、吸收-解吸实训操作 ······ 170
  讨论与拓展 ······ 172
  项目考核与评价 ······ 172

项目七　精馏过程及操作　/173

任务一　精馏认知 174
  任务引入 ······ 174
  相关知识 ······ 174
    一、蒸馏及其在化工生产中的应用 ······ 174
    二、蒸馏过程的分类 ······ 174
  任务实施 ······ 175
  讨论与拓展 ······ 175
任务二　液体混合物粗分离 175
  任务引入 ······ 175
  相关知识 ······ 175
    一、汽液平衡关系的确定 ······ 176
    二、气液平衡相图 ······ 177
    三、相对挥发度与汽液相平衡的关系 ······ 177
  任务实施 ······ 179
    一、乙醇溶液提浓——简单蒸馏 ······ 179
    二、闪蒸——平衡蒸馏 ······ 179
  讨论与习题 ······ 180
任务三　液体混合物深度分离 180
  任务引入 ······ 180
  相关知识 ······ 180
    一、精馏原理 ······ 181

二、精馏操作流程 ... 182
　　三、双组分连续精馏的计算 ... 182
　　四、其他精馏 ... 187
　任务实施 ... 188
　　一、任务1：分离苯-甲苯混合液 ... 188
　　二、任务2：生产无水乙醇 ... 188
　　三、任务3：常压下分离苯-环己烷混合液 ... 189
　讨论与习题 ... 189

任务四　精馏过程操作分析 ... 191
　任务引入 ... 191
　相关知识 ... 191
　　一、回流比的影响与选择 ... 192
　　二、全塔效率与单板效率 ... 193
　　三、精馏装置的热量衡算 ... 194
　任务实施 ... 195
　　一、保持精馏装置进出物料平衡——生产控制 ... 195
　　二、确定进料板位置——理论塔板数的求法 ... 196
　　三、回流比的影响与选择 ... 197
　　四、进料状态的影响 ... 198
　　五、产品质量控制灵敏板 ... 199
　讨论与习题 ... 199

任务五　精馏塔认知与操作 ... 201
　任务引入 ... 201
　相关知识 ... 201
　　一、精馏操作设备——精馏塔 ... 201
　　二、精馏塔的操作规程 ... 205
　任务实施 ... 209
　　一、精馏仿真操作 ... 209
　　二、精馏操作 ... 215
　讨论与拓展 ... 215
　项目考核与评价 ... 215

项目八　干燥过程及操作 / 217

任务一　干燥认知 ... 218
　任务引入 ... 218
　相关知识 ... 218
　　一、干燥过程的分类 ... 218
　　二、物料中水分的性质 ... 219
　　三、对流干燥的过程分析 ... 219
　　四、干燥速率 ... 220
　任务实施 ... 222

讨论与拓展 ·· 222
任务二　湿空气的性质及湿焓图的应用 ·· 222
　　任务引入 ·· 222
　　相关知识 ·· 223
　　　一、湿空气的性质参数 ··· 223
　　　二、湿度图 ··· 225
　　任务实施 ·· 227
　　　一、公式法 ··· 227
　　　二、用湿度图确定湿空气的参数——图解法 ··· 227
　　讨论与习题 ··· 228
任务三　干燥过程操作分析 ·· 228
　　任务引入 ·· 228
　　相关知识 ·· 229
　　　一、干燥过程的物料衡算 ··· 229
　　　二、干燥过程的热量衡算 ··· 231
　　任务实施 ·· 232
　　拓展与习题 ··· 233
任务四　干燥器认知与操作 ·· 234
　　任务引入 ·· 234
　　相关知识 ·· 234
　　　一、常用对流式干燥器 ·· 234
　　　二、干燥器选型 ··· 237
　　任务实施 ·· 237
　　　一、实验目的 ·· 237
　　　二、实训原理及流程 ·· 238
　　　三、操作过程 ·· 238
　　讨论与拓展 ··· 239
　　项目考核与评价 ··· 239

项目九　化工生产综合实训　/240

任务　乙酸乙酯生产操作实训 ·· 240
　　任务引入 ·· 240
　　相关知识 ·· 241
　　　一、原理 ·· 241
　　　二、实训功能 ·· 241
　　　三、流程简介 ·· 242
　　　四、装置布置示意图 ·· 242
　　　五、设备一览表 ··· 245
　　任务实施 ·· 245
　　　一、生产技术指标 ··· 245
　　　二、实训操作 ·· 246

三、安全生产技术 252
　讨论与拓展 253
　项目考核与评价 254

附录 255

　一、法定计量单位及单位换算 255
　二、某些气体的重要物理性质 257
　三、某些液体的重要物理性质 257
　四、空气的重要物理性质 258
　五、水的重要物理性质 259
　六、水在不同温度下的黏度 260
　七、饱和水蒸气表 261
　八、管子规格 263
　九、常用离心泵规格（摘录） 264
　十、某些二元物系的气液平衡曲线 269

参考文献 271

项目一　化工生产认知

项目设置依据

将原料进行化学加工得到有用产品的工业称为化学工业。化学工业的生产过程称为化工生产过程，它的特点之一是操作步骤多，原料在各步骤中依次通过若干个或若干组设备，经历各种方式的处理之后才能成为产品。例如无机肥料工业中的合成氨生产过程等。

纵观纷杂的化工生产过程，都是由化学反应和物理操作组合而成。其中化学反应及其设备是化工生产的核心——反应工程。物理操作过程主要是原料和产品的处理。

原料必须经过一系列预处理以提纯并达到必要的温度和压力等，这类过程称为前处理。反应产物也同样需要经过各种处理过程来分离精制等，以获得最终成品或中间产品，这类过程称为后处理。

长期的实践与研究发现，尽管化工产品千差万别，生产工艺多种多样，但这些产品的生产过程所包含的物理过程并不是很多，而且是相似的。比如，流体输送不论用来输送何种物料，其目的都是将流体从一个设备输送至另一个设备；加热与冷却的目的都是得到需要的操作温度；分离提纯的目的都是得到指定浓度的混合物等。把这些包含在不同化工产品生产过程中，发生同样物理变化，遵循共同的物理学规律，使用相似设备，具有相同功能的基本物理操作，称为单元操作。

从另一个角度看，尽管反应过程是生产过程的核心，但它在工厂的设备投资和操作费用中通常占比并不高，实际上起决定作用的往往是众多的物理过程（单元操作），它们决定了整个生产的经济效益，由此可见单元操作在化学工业生产过程中的重要地位。

学习目标

◆ 熟悉乙酸乙酯生产的基本环节、工艺流程、使用设备、各岗位人员的主要工作内容和工作职责。

◆ 了解化工生产过程及特点，熟悉化工安全生产相关常识。

◆ 掌握单元操作的概念、特点、分类、基本规律及所用设备，了解何种情况下使用何种单元操作。

◆ 能熟练认知各种典型设备并描述其功能，会识别工艺流程图。

◆ 能遵守实习纪律，规范着装；不乱摸乱动仪器、设备、阀门、开关等。

项目任务与教学情境

项目任务　认识化工生产与单元操作。

教学情景　通过工厂见习，以真实乙酸乙酯生产作为教学情境，完成整个项目的实施。

项目实施与教学内容

任务　认识化工生产与单元操作

▍任务引入▍

化工企业是如何进行生产的？化工产品的生产过程，以及生产工艺、生产设备、生产组织与管理等实际情况如何？是否所有的化工生产都有一定的共性和规律可循？化工从业人员应具备哪些化工生产知识和操作技能？

本任务以具有一定代表性的乙酸乙酯生产全过程为背景，通过某乙酸乙酯生产工厂现场参观与认知，了解乙酸乙酯各工作岗位职责及流程，找出相关典型化工单元操作，明确化工生产过程与化工单元操作之间的关系，完成整个项目的实施。

▍相关知识▍

一、乙酸乙酯生产简介

乙酸乙酯是乙酸的一种重要下游产品，具有优异的溶解性、快干性，在工业中主要用作生产涂料、黏合剂、乙基纤维素、人造革以及人造纤维等的溶剂，作为提取剂用于医药、有机酸等产品的生产，用途十分广泛。

乙酸乙酯综合生产实训装置是石油化工企业酯类产品制备的重要装置之一，其工艺主要有三类：即国内常用的乙酸乙酯直接酯化法，欧美常用的乙醛缩合法以及乙醇一步法（仅有少量报道）。乙酸乙酯直接酯化法反应原理为：

$$CH_3COOH + C_2H_5OH \xrightarrow[\text{加热}]{\text{催化剂}} CH_3COOC_2H_5 + H_2O$$

乙酸乙酯直接酯化法工艺是以乙醇、乙酸为原料，磷钼酸为催化剂，由乙酸乙酯反应和产品分离两部分组成的生产过程实训操作。反应工段以反应釜、中和釜双釜系统为主体，配套有原料罐、反应釜蒸馏柱、反应釜冷凝器、轻相罐、重相罐等设备；产品分离工段以萃取精馏（筛板塔）分离乙酸乙酯和萃取剂分离提纯（填料塔）为主体，配套有冷凝器、产品罐、残液灌等设备。

乙酸乙酯生产操作中除合成工段反应器内有化学反应外，其余大部分工段均属物理操作，实际上该生产过程是以化学反应为核心，物理步骤起到为化学反应准备必要的反应条件以及进一步将粗产品提纯的作用。

虽然有不同的化工生产过程，但归纳起来，各种生产过程都由类似上述的化学反应和若干个物理操作串联而成，所以不必将每一个化工生产过程都当做一种特殊的或独有的知识去研究，只研究组成生产过程的每一个单独操作即可。

二、基本理论和概念

1. 单元操作

任何化工生产过程可概括为如下典型过程：原料—预处理（物理过程）—化学处理（化学反应过程）—后处理（物理过程）—产品。

将化工过程中的预处理、后处理等物理加工过程按其操作原理和特点归纳为若干个单元就是单元操作。每一种化工产品的生产过程都是运用若干单元操作技术来处理某些化学反应的原料、产品的过程的总和。

单元操作是指在各种化工产品的生产过程中,具有共同的物理变化,遵循共同的物理学定律和具有共同作用的基本操作。常用的单元操作见表1-1,此外还有搅拌、结晶、萃取、冷冻、膜分离等。

表 1-1 常用单元操作

传递基础	单元操作	目的	物态	原理
动量传递	流体输送	以一定流量将流体从一处送到另一处	液或气	输入机械能
	沉降	非均相混合物的分离	液-固 气-固	密度引起的沉降运动
	过滤	非均相混合物的分离	液-固 气-固	利用过滤介质使固体颗粒与流体分离
热量传递	换热	使物料升温、降温或改变相态	气或液	利用温度差引入或导出热量
	蒸发	溶剂与不挥发性溶质的分离	液体	供热以汽化溶剂
质量传递	气体吸收	均相混合物的分离	气体	各组分在溶剂中溶解度的不同
	液体蒸馏	均相混合物的分离	液体	各组分间的相对挥发度差异
	干燥	去湿	固体	供热气化

单元操作具有以下特点:

① 都是物理过程,这些操作只改变物料的状态或其物理性质,并不改变物料的化学性质。

② 都是化学工业生产过程中共有的操作。例如,制糖工业中稀糖液的浓缩与制碱工业中苛性钠稀溶液的浓缩,都是通过蒸发这一单元操作而实现的;酒精工业中酒精的提纯与石油化工中烃类的分离,都要进行蒸馏操作等。所以,各种化工产品的生产过程,可由若干单元操作与化学反应过程作适当串联组合而构成。

③ 某单元操作用于不同的化工产品生产过程时,其基本原理并无不同,而且进行该操作的设备往往也是通用的。如蒸发操作中使用的蒸发器;蒸馏操作中使用的蒸馏塔。

2. 常用基本概念和观点

在研究化工单元操作时,经常用到下列四个基本概念和一个观点,即物料衡算、能量衡算、物系的平衡关系、过程速率四个基本概念和经济核算观点,它们贯穿于本课程的始终。

(1) 物料衡算 依据质量守恒定律,进入与离开某一化工过程的物料质量之差,等于该过程中累积的物料质量,即:

$$G = \sum G_{入} - \sum G_{出} \tag{1-1}$$

式中 $\sum G_{入}$——输入量的总和;

$\sum G_{出}$——输出量的总和;

G——累积量。

对于连续操作的过程,若各物理量不随时间改变,即为稳定操作状态时,过程中物料的积累为零,则物料衡算关系为:

$$\sum G_{入} = \sum G_{出} \tag{1-2}$$

进行物料衡算时,应注意:一是确定衡算系统,式(1-1)适合于一个生产过程、一个设备或设备中的一个单元;二是选定计算基准,一般是将无变化的量作为衡算基准;三是确定衡算对象的物料量和单位,前者可用质量或物质的量表示,一般不用体积,衡算中单位要统一。

(2) 能量衡算 本教材中所用到的能量主要有机械能和热能。能量衡算的依据是能量守恒定律。机械能衡算将在项目二流体输送中说明；热量衡算也将在传热、蒸馏、干燥等章中结合具体单元操作有详细说明。

热量衡算关系为：

$$Q = \sum Q_\text{入} + \sum Q_\text{出} \tag{1-3}$$

式中　$\sum Q_\text{入}$——输入量的总和；
　　　$\sum Q_\text{出}$——输出量的总和；
　　　Q——累积量。

(3) 过程平衡　过程的平衡问题说明过程进行的方向和所能达到的极限。当过程不是处于状平衡状态时，则此过程必将以一定的速率进行，直到达到平衡状态为止。例如传热过程，当两物体温度不同时，即温度不平衡，就会有净热量从高温物体向低温物体传递，直到两物体的温度相等为止，此时过程达到平衡，两物体间也就没有净的热量传递。平衡状态表示的就是各种自然发生的过程可能达到的极限程度。

对于许多化学工业生产过程，可以从物系平衡关系来推知其能否进行以及能进行到何种程度。

(4) 过程速率　任何物系，只要不处于平衡状态，就必然发生使物系趋向平衡的过程，但过程以何速率趋向平衡，则受多方面的因素所影响。传递过程所处的状态与平衡状态之间的差距通常称为过程的推动力。例如两物体间的传热过程，其过程的推动力就是两物体之间的温度差。

通常存在以下关系式：

$$过程速率 = \frac{过程推动力}{过程阻力}$$

即传递过程的速率与过程推动力成正比，与过程阻力成反比。显然过程阻力是各种因素对过程速率影响总的体现。

(5) 经济核算　在化工生产中，对同一设备，选用不同的操作参数，设备费和操作费也不同，因此，要通过经济核算来确定最经济的操作方案，达到技术和经济的优化。对于工程技术人员来讲，建立优化的技术经济观点非常重要。

3. 物理量的单位

由于科学技术的迅速发展和国际学术交流的日益频繁以及工程的需要，国际计量会议制定了一种国际上统一的国际单位制，代号为 SI。是由基本单位、辅助单位（平面角和立体角）和具有专门名称的导出单位构成的，分别列于表1-2、表1-3和表1-4。

表1-2　国际单位制的基本单位

量的名称	单位名称	单位符号	量的名称	单位名称	单位符号
长度	米	m	电流	安培	A
质量	千克	kg	热力学温度	开尔文	K
时间	秒	s	物质的量	摩尔	mol

表1-3　国际单位制中具有专门名称的导出单位

量的名称	单位名称	单位符号	其他表示式示例
频率	赫兹	Hz	s^{-1}
力；重力	牛顿	N	$kg \cdot m/s^2$
压力(压强)，应力	帕斯卡	Pa	N/m^2
能量，功，热	焦耳	J	$N \cdot m$
功率	瓦特	W	J/s
摄氏温度	摄氏度	℃	—

表 1-4　CGS 制与工程制的基本单位

项目	CGS 制				工程制			
量的名称	长度	质量	时间	温度	长度	力	时间	温度
单位符号	cm	g	s	℃	m	kgf	s	℃

同一物理量若用不同单位度量时,其数值需相应地改变,这种换算称为单位换算。法定计量单位刚实行不久,由过去的 CGS 和工程单位制过渡到全部使用法定单位,还需要一段时间。因此,必须掌握这些单位间的换算关系。单位换算时,有时需要换算因数,化工中常用单位的换算因数可从有关手册查得。

■■■ 任务实施 ■■■

一、乙酸乙酯生产工艺流程

1. 常压流程

原料乙酸和乙醇按比例分别加到乙酸原料罐 V102、乙醇原料罐 V103 后,分别由乙酸原料泵 P102、乙醇原料泵 P103 送入反应釜 R101 内,再加入催化剂,搅拌混合均匀后,加热进行液相酯化反应。从反应釜出来的气相物料,先经蒸馏柱 E101 粗分,再进入冷凝器 E102 管程与水换热冷凝,然后进入冷凝罐 V104。V104 冷凝罐中的液体出料分为两路:一路回流至反应釜 R101;一路直接进入中和釜 R102 内。反应一定时间后,将反应产物粗乙酸乙酯出料到中和釜 R102。向中和釜 R102 内加入碱性中和液,将粗乙酸乙酯处理至中性后,并静置油水分层 15min 左右。然后用中和釜出料泵 P104 先把水相(重组分相)送入重相罐 V107,待视盅内基本无重组分时,再把油相(轻组分相)经中和釜出料泵 P104 输送到轻相罐 V106。

轻相罐 V106 内的粗乙酸乙酯由筛板塔进料泵 P106 打入筛板精馏塔 T102,与萃取剂混合并进行萃取精馏分离。从筛板精馏塔 T102 塔顶出来的精乙酸乙酯进入冷凝器 E103 管程与水换热冷凝后,到筛板塔冷凝罐 V109。冷凝罐 V109 中的冷凝液一部分回流至筛板精馏塔 T102,另一部分作为成品到筛板塔产品罐 V110。粗酯中的水分、乙醇被萃取剂萃取,经塔釜进入筛板塔残液罐 V111。

筛板塔残液罐 V111 内的混合液体,经填料塔进料泵 P109 打入填料精馏塔 T103 内进行精馏,回收萃取剂和溶于其中未反应的原料乙醇。塔顶出来的乙醇和水蒸气进入填料塔冷凝器 E104 与水换热冷凝后,到填料塔冷凝罐 V113,一部分回流至填料精馏塔 T103,一部分到填料塔产品罐 V114 可收集补充原料乙醇或排放;从塔釜出来的残液萃取液乙二醇到达填料塔残液罐 V115,由萃取液泵 P108 将乙二醇送至筛板精馏塔 T102 循环使用或排放。

2. 真空流程

本装置配置了真空流程,主物料流程与常压流程相同。在反应釜冷凝罐 V104、中和釜 R102、筛板塔冷凝罐 V109、筛板塔产品罐 V110、筛板塔残液罐 V111、填料塔冷凝罐 V113、填料塔产品罐 V114、填料塔残液罐 V115 均设置抽真空阀,被抽出的系统物料气体经真空总管进入真空缓冲罐 V108,然后由真空泵 P105 抽出放空。

3. 萃取剂流程

萃取剂乙二醇加入萃取剂罐 V112 后,由萃取液泵 P108 将乙二醇打入筛板精馏塔 T102。残液中的乙二醇随塔釜残液进入筛板塔残液罐 V111,由填料塔进料泵 P109 打入填料精馏塔 T103,经精馏分离后,乙二醇作为填料精馏塔的残液排至填料塔残液罐 V115,用萃取液泵 P108 将乙二醇送至筛板精馏塔 T102 循环使用。

具体流程见图 1-1。

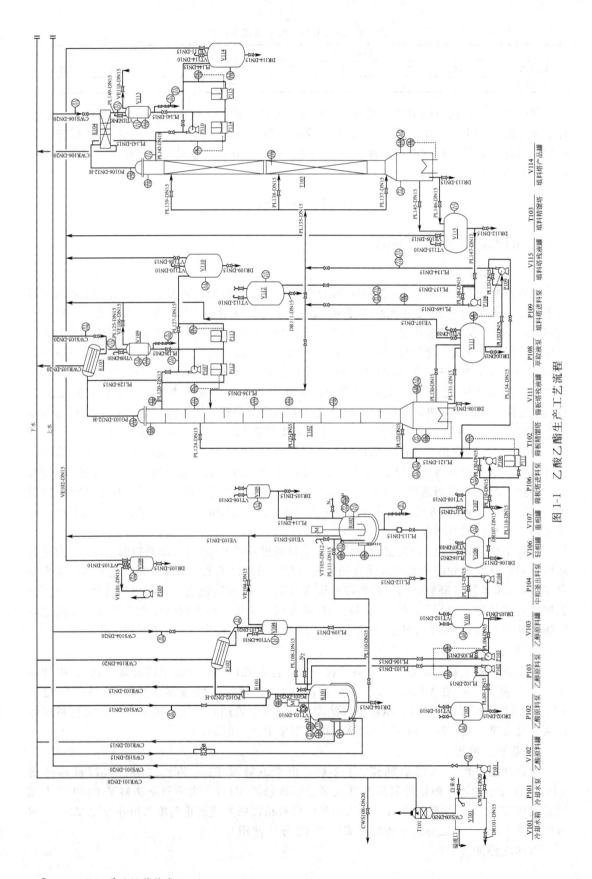

图 1-1 乙酸乙酯生产工艺流程

二、乙酸乙酯生产所用设备

乙酸乙酯生产所用设备见表1-5。

表1-5　乙酸乙酯生产所用设备一览表

项目	名称	规格型号	数量
工艺设备系统	\<工艺主要设备\>		
	反应釜	316L不锈钢，$V=24L$，最高操作压力1.0MPa（表压），最高操作温度300℃，带搅拌、安全阀	1
	中和釜	316L不锈钢，$V=30L$，常温，常压，带搅拌	1
	冷却水泵	不锈钢离心泵，$H=16m$，$Q=4.8m^3/h$，$N=0.55kW$	1
	乙酸原料泵	齿轮泵，$H=30m$，$Q=0.04m^3/h$，$N=0.18kW$	1
	乙醇原料泵	齿轮泵，$H=30m$，$Q=0.04m^3/h$，$N=0.18kW$	1
	中和釜出料泵	齿轮泵，$H=30m$，$Q=0.04m^3/h$，$N=0.18kW$	1
	萃取剂泵	计量泵，$H=60m$，$Q=0.07m^3/h$，$N=0.04kW$	1
	筛板塔进料泵	齿轮泵，$H=30m$，$Q=0.10m^3/h$，$N=0.18kW$	1
	填料塔进料泵	计量泵，$H=60m$，$Q=0.07m^3/h$，$N=0.04kW$	1
	T102、T103塔回流泵	齿轮泵，$H=30m$，$Q=0.04m^3/h$，$N=0.18kW$	2
	真空泵	旋片式真空泵，$Q=2L/s$，$N=0.37kW$	1
	反应釜蒸馏柱	304不锈钢，套管式，$S=0.5m^2$	1
	反应釜冷凝器	304不锈钢，列管式，$S=2m^2$	1
	筛板塔冷凝器	304不锈钢，列管式，$S=0.7m^2$	1
	填料塔冷凝器	304不锈钢，板式，$S=1m^2$	1
	筛板精馏塔	304不锈钢，塔釜容积$V=7L$，塔体内径$d=78mm$，24块筛板	1
	填料精馏塔	304不锈钢，塔釜容积$V=7L$，塔体内径$d=78mm$，共4m填料，不锈钢，$\phi10\times10\theta$网环填料	1
	冷却水箱	304不锈钢，$1200mm\times600mm\times600mm$，$V=430L$	1
	真空缓冲罐	304不锈钢，$\phi325mm\times570mm$，$V=50L$	1
	乙酸原料罐	304不锈钢，$\phi325mm\times570mm$，$V=50L$	1
	乙醇原料罐	304不锈钢，$\phi325mm\times570mm$，$V=50L$	1
	反应釜冷凝罐	304不锈钢，$\phi159mm\times330mm$，$V=5L$	1
	中和液罐	304不锈钢，$\phi325mm\times570mm$，$V=50L$	1
	轻相罐	304不锈钢，$\phi325mm\times570mm$，$V=50L$	1
	重相罐	304不锈钢，$\phi325mm\times570mm$，$V=50L$	1
	筛板塔冷凝罐	304不锈钢，$\phi109mm\times300mm$，$V=2L$	1
	填料塔冷凝罐	304不锈钢，$\phi109mm\times300mm$，$V=2L$	1
	筛板塔产品罐	304不锈钢，$\phi325mm\times520mm$，$V=45L$	1
	填料塔产品罐	304不锈钢，$\phi325mm\times520mm$，$V=45L$	1
	萃取剂罐	304不锈钢，$\phi426mm\times890mm$，$V=115L$	1
	筛板塔残液罐	304不锈钢，$\phi426mm\times570mm$，$V=50L$	1
	填料塔残液罐	304不锈钢，$\phi426mm\times570mm$，$V=50L$	1
	管道、阀门、法兰、管件	不锈钢	一批

讨论与拓展

讨论：

1. 乙酸乙酯生产由哪些基本工段组成？
2. 通过乙酸乙酯生产岗位认知实习，掌握化工单元操作的概念、特点、分类、基本规律及所用设备，了解其在化工生产中的地位、作用及发展。

拓展：

画出乙酸乙酯生产工艺流程图，请分工段标出典型化工单元操作设备名称并描述其功能。

参观合成氨厂或石油化工厂，了解典型化工生产工艺流程，认识化工生产中的常见操作及典型设备。

项目考核与评价

本项目考核采用过程性考核与结论性考核相结合的方式，面向学生的整个学习过程，注重能力素质。主要结合实习、实训等操作情况给分。具体考核方案见考核表。

项目一　考核评价表

考核类型	考核项目	考核内容及配分			配分	得分
		知识目标 掌握情况30%	能力目标 掌握情况40%	素质目标 掌握情况30%		
过程性考核	乙酸乙酯生产操作				56	
结论性考核	乙酸乙酯生产认知实习(地点:实训室)	考核内容	考核指标			
		实习准备	资料查找		3	
			化工生产规章制度		3	
		实习目标确定	内容完整性		3	
			实施可行性		3	
		实习过程	遵守各项规章制度		3	
			使用设备记录正确、明白使用方法		3	
			了解生产操作规程,不触摸、开动任何阀门、开关等		3	
			认识各类仪表,了解使用范围		3	
			实习中保持工作场地、环境规范卫生		3	
		任务结果	绘制出流程图		3	
			实习过程记录完整、规范、整洁		3	
		项目完成报告	撰写实习报告,数据真实,提出建议		3	
			能完整、流畅地说出各岗位工作过程及要求		5	
			根据教师点评,进一步完善实习报告		3	
		其它	未完或成抄袭实习报告		−30	
			触动仪器、设备		−10	
			严重违反规程、发生安全事故		−40	
			其他不符合安全生产要求的行为		−10	
		总分			100	

项目二 流体输送过程及操作

项目设置依据

流体是指具有流动性的物体,包括气体和液体。化工生产过程所处理的物料,包括原料、中间体、半成品和成品等,绝大多数都是流体。这些流体物料需要从一个设备送到另一个设备(设备间移动),或从一个工序送往另一个工序(工序间转移),逐步完成各物理过程和化学过程,从而得到所需要的化工产品。按工艺要求在各化工设备和机器之间输送这些物料,是实现化工生产的重要环节,是一种属于流体动力过程的单元操作。

流体输送按操作方式可分为自发输送和强制输送。自发输送是指利用液位差或压力差产生的自然流动来输送流体,而强制输送是利用流体输送设备来输送流体。

借助流体输送机械对流体做功,实现流体输送的操作称为流体输送机械送料,是工业生产中最常见的流体输送方式,也是本项目重点讨论的内容。

化工生产中物料的种类很多,被输送流体的性质如密度、黏度、毒性、腐蚀性、易燃性与易爆性等各不相同,而且流体的温度从低于−200℃至高于1000℃,压力从高真空到102MPa,每小时的输送量从$10^{-3} m^3$到$10^4 m^3$以上,所以输送流体所用的流体输送机械有多种形式,制作材料也是多种多样的。

因此,化工过程的实现必然会涉及流体输送、流量测量、压力测量、输送设备所需功率的计算及其选型等问题。要解决这些问题,离不开流体力学中流体流动的有关基本原理、基本规律和相关的实验知识和应用技能。

学习目标

◆ 在掌握流体的物理性质(密度、黏度)、压力的表示方法及单位换算的基础上,能够准确测量常见流体的密度和黏度。

◆ 在熟悉流速和流量的基本概念及流体连续性方程的基础上,能熟练应用流体静力学方程和伯努利方程解决实际应用问题。

◆ 熟悉化工管路的基本构成和安装原则;能根据管路流程绘制带控制点的工艺流程图,并根据流程图进行正确的管路安装和拆卸。

◆ 在掌握离心泵的工作原理、结构类型、主要性能参数和特性曲线的基础上,能确定离心泵的扬程和流量、工作点与流量调节、离心泵的气蚀与安装高度,并进行泵的选型,进行离心泵的安装与运行维护及故障排除。

◆ 掌握常见气体输送机械的操作和维护。

◆ 初步熟悉分工段生产中对个人的要求,通过分组实践训练,能够按要求完成自己的工作任务,并规范操作。

项目任务与教学情景

项目任务 化工生产中的流体输送。

教学情境 以乙酸乙酯生产过程中的物料输送为背景,提出具体的生产任务和要求,按五个任务安排教学内容,并把学生分成不同的小组,以组为单位进行研究。要求学生根据系统物性与任务的要求,进行简单计算,确定流体输送的具体工艺流程,确定所需流体输送设备的具体形式,再根据生产过程,模拟实操,完成整个项目的实施。

本项目具体任务见表 2-1。

表 2-1　本项目具体任务

任务	工作任务	教学情境
任务一	流体输送方式认知	实训室现场教学
任务二	流体静力学理论及应用	多媒体教室讲授相关理论
任务三	流体动力学理论及应用	多媒体教室讲授相关知识与理论
任务四	管路认知与拆装操作	多媒体教室讲授相关知识与理论,实训室进行管路拆装实操
任务五	离心泵认知与操作	多媒体教室讲授相关知识与理论,机房离心泵仿真操作,实训室现场参观离心泵装置的基本结构和开停车操作

项目实施与教学内容

任务一　流体输送方式认知

■ 任务引入 ■

化工生产中所处理的物料,大多为流体,包括气体和液体,气体与液体都具有流动性,在化工生产中为满足工艺要求需要将流体物料由低处送往高处、由低压变为高压、由低速变为高速。在连续生产中管道中流体物料的输送就像人体内的血液在血管内不断流动,乙酸乙酯也不例外,其整个生产过程就是一个流体流动和输送的过程。完成流体输送可采用不同的输送方式,乙酸乙酯生产是如何实现物料输送的?

■ 相关知识 ■

流体输送必须要具有足够的机械能,才能将流体提升到一定高度,达到所需的压强,并克服流体流动过程中的阻力。要以指定的流量送达目的地,可采用不同的输送方式,常见的流体输送方式有以下几种。

一、高位槽送料

化工生产中,各容器、设备间常常会存在一定位差,利用此位差可将高位置处容器或设备中的物料输送到低位置处——高位槽送液(料)。如图 2-1 所示塔顶产品回流就是靠高位槽实现的。此法送料时高位槽的高度必须满足输送任务的要求。

二、真空抽料

真空抽料是指通过真空系统造成负压来实现流体从一个设备到另一个设备的操作,如图 2-2 所示。

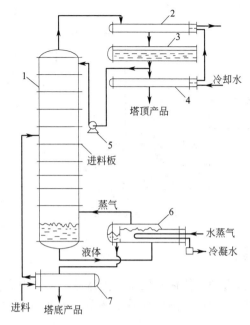

图 2-1 连续精馏操作流程
1—精馏塔；2—全冷凝器；3—塔顶冷凝液贮槽；4—塔顶产品冷却器；
5—回流泵；6—再沸器；7—塔釜液冷却器

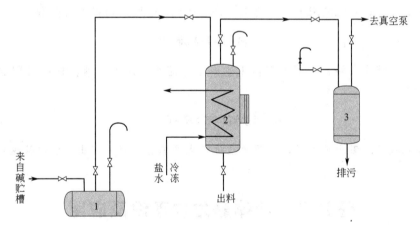

图 2-2 真空抽送烧碱示意图
1—烧碱真空槽；2—烧碱高位槽；3—真空气包

真空抽料的特点：结构简单，操作方便，没有动件，但流量调节不便，需要真空系统，不适用于易挥发液体的输送。主要用于间歇送料场合。

三、压缩空气送料

压缩空气送料也是化工生产中常用的一种输送物料的方式，如图 2-3 所示为酸液输送装置。

压缩空气送料法结构简单、无动件，可间歇输送腐蚀性大的易燃易爆的流体，流量小，不易调节，难以实现连续操作。压缩空气送料时，空气的压力必须满足输送任务的要求。

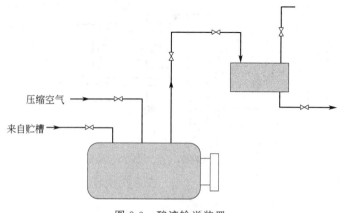

图 2-3 酸液输送装置

四、流体输送机械送料

流体输送机械送料是指借助流体输送机械对流体做功，实现流体输送的操作。流体输送机械种类多，压头、流量的可选择范围广且易于调节，因此该方法在化工生产中应用广泛，如图 2-1 中的泵。

选用此法输送流体时，应注意流体输送机械的型号必须满足流体的性质及输送任务的需求。

总之，流体输送过程中应注意以下几方面问题：①流体的性质；②流体流动的特征；③流体流动的规律；④流体阻力；⑤化工管路的构成；⑥输送机械的种类等。

▇▇▇ 任务实施 ▇▇▇

参观乙酸乙酯实训装置，了解其化工生产工艺流程，认识物料输送所采用的流体输送方式。

▇▇▇ 讨论与拓展 ▇▇▇

参观合成氨厂或石油化工厂，了解典型化工生产工艺流程，指出其物料输送所采用的流体输送方式。

任务二　流体静力学理论及应用

▇▇▇ 任务引入 ▇▇▇

化工生产过程中，经常要测量和控制各种设备和容器内的压力、压差或液位高度。如图 2-4 所示，常温的水在管道中流过，两个串联的 U 形管压差计中的指示液均为水银，密度为 ρ_{Hg}，测压连接管内充满常温的水，密度为 ρ_w，两个 U 形管的连通管内充满空气。若测压前两 U 形管压差计内的水银液面均为同一高度，测压后两 U 形管压差计的读数分别为 R_1、R_2，试求 a、b 两点间的压力差 $p_a - p_b$。

▇▇▇ 相关知识 ▇▇▇

流体流动的压强和液位等任务，可根据流体的主要性质和流体静力学的相关知识来解决。该任务要求学生应用流体静力学的基本知识，准确找到等压面，计算出容器内的压强。

流体静力学主要研究流体处于静止状态时各种物理量的变化规律，是流体流动状态的一种特殊方式。流体静力学基本原理在化工生产中应用广泛，如压力、压力差的测量，容器液位的测定和设备液封等。

根据流体体积随压力的变化关系，可以将流体分为不可压缩性流体和可压缩性流体。一般液体的体积随压力变化很小，可看作不可压缩流体；而一般气体的体积随压力变化较大，可看作可压缩流体，但如果压力的变化率不大，则某些气体亦可视为不可压缩流体。

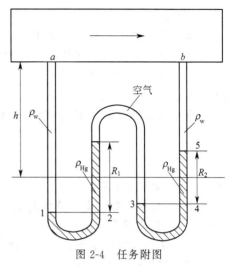

图 2-4 任务附图

一、流体的主要物理性质

1. 密度

单位体积流体的质量称为流体的密度，表达式为

$$\rho = \frac{m}{V} \tag{2-1}$$

式中　ρ——流体的密度，kg/m³；
　　　m——流体的质量，kg；
　　　V——流体的体积，m³。

一般液体的密度随压力变化关系不大，但随温度变化比较明显。液体密度随温度变化的关系可由物理化学数据手册或有关资料查得。

一般气体的密度同时随压力和温度的变化而变化。当压力不太高、温度不太低时，气体密度可由理想气体状态方程计算：

$$\rho = \frac{pM}{RT} \tag{2-2}$$

式中　p——气体的绝对压力，Pa；
　　　M——气体的摩尔质量，kg/mol；
　　　R——摩尔气体常数，其值为 8.314 J/(mol·K)；
　　　T——热力学温度，K。

对于气体混合物，有：

$$\rho_m = \sum_{i=1}^{n} (\rho_i y_i) \tag{2-3}$$

式中　$y_1, y_2, \cdots, y_i$——气体混合物中各组分的体积分数。

对于液体混合物，有：

$$\frac{1}{\rho_m} = \sum_{i=1}^{n} \frac{\omega_i}{\rho_i} \tag{2-4}$$

式中　$\omega_1, \omega_2, \cdots, \omega_i$——液体混合物中各组分的质量分数。

2. 黏度

流体的典型特征是具有流动性，但不同流体的流动性能不同，这主要是因为流体内部质点间做相对运动时存在不同的内摩擦力。这种表明流体流动时产生内摩擦力的特性称为黏性。黏性是流动性的反面，流体的黏性越大，其流动性越小。流体的黏性是流体产生流动阻力的根源。

大量实验证明，流体流动时所受的剪应力 τ 和流体流动的速度梯度成正比：

$$\tau = \mu \frac{\mathrm{d}u}{\mathrm{d}y}$$

式中 τ——剪应力，Pa；

μ——比例系数，即为流体的绝对黏度；

$\mathrm{d}u/\mathrm{d}y$——速度梯度。

上式称为牛顿黏性定律，表明流体层间的内摩擦力或剪应力与法向速度梯度成正比。剪应力与速度梯度的关系符合牛顿黏性定律的流体，称为牛顿型流体，包括所有气体和大多数液体；不符合牛顿黏性定律的流体称为非牛顿型流体，如高分子溶液、胶体溶液及悬浮液等。本章讨论的均为牛顿型流体。

绝对黏度 μ 的物理意义是：当速度梯度为 1 单位时，单位面积上流体的内摩擦力大小就是 μ 的数值。黏度也是流体的物性之一，其值由实验测定。液体的黏度，随温度的升高而降低，压力对其影响可忽略不计。气体的黏度，随温度的升高而增大，一般情况下也可忽略压力的影响，但在极高或极低的压力条件下需考虑其影响。

μ 越大表明流体的黏性越大，内摩擦作用越强。μ 的国际单位制单位是 $\mathrm{N \cdot s/m^2}$ 或 $\mathrm{Pa \cdot s}$，在一些工程手册中，黏度的单位常常用物理单位制下的 cP（厘泊）表示，它们的换算关系为

$$1\mathrm{cP} = 10^{-3}\ \mathrm{Pa \cdot s}$$

工业上遇到的流体大多是混合流体，对于互溶的液体混合物，其黏度的计算方法较多，具体可参考相关手册。

3. 压强

流体的压强，亦称为压力，定义为流体垂直作用于单位面积上的力。流体压强的单位为 $\mathrm{N/m^2}$，也称为帕斯卡（Pa），简称为帕。压强的单位还有很多习惯表示法，如大气压 atm、工程大气压 at、液柱压强（毫米汞柱 mmHg、米水柱 $\mathrm{mH_2O}$）等，它们之间的关系如下：

$$1\mathrm{atm} = 101325\mathrm{Pa} = 760\mathrm{mmHg} = 1.033\mathrm{kgf/cm^2} = 10.33\mathrm{mH_2O}$$

$$1\mathrm{at} = 1\mathrm{kgf/cm^2} = 9.807 \times 10^4 \mathrm{Pa} = 735.6\mathrm{mmHg} = 10\mathrm{mH_2O}$$

在化工计算中，常采用两种基准来度量压强的数值大小，即绝对压强和相对压强。上述的压强数值，都是基于没有气体分子存在的绝对真空作为基准度量得到的，即为绝对压强。另外还有以当地大气压为基准所度量得到的压强，即为相对压强。常用的相对压强表示方法有两种：表压和真空度。若绝对压力值高于大气压，高出的部分称为表压，数值为正；若绝对压力值低于大气压，低的部分称为真空度。相对压强和绝对压强以及大气压之间的关系如下所示：

$$\text{表压} = \text{绝对压强} - \text{大气压强}$$
$$\text{真空度} = \text{大气压强} - \text{绝对压强}$$

绝对压强、表压和真空度的关系还可用图 2-5 表示。

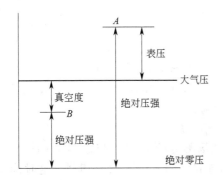 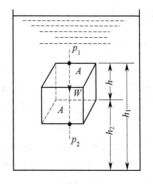

图 2-5　绝对压强、表压和真空度之间的关系　　　　图 2-6　流体静力学方程的推导

二、流体静力学方程

流体静力学是用于描述静止流体内部的压力随高度变化的数学表达式。

对于不可压缩流体,密度不随压力变化。如图 2-6 所示,设液面上方的压强为 p_0,有一表面积为 A 的液柱,上表面的压强为 p_1,液柱下底面的压强为 p_2,液柱上表面离容器底高度为 h_1,下底面离容器底高度为 h_2,以向下为正方向,对液柱进行受力分析,当液柱处于静止时,竖直方向合力为零,即

$$p_1 A + (-p_2 A) + \rho g A(h_1 - h_2) = 0$$

整理得:
$$p_1 + \rho g h_1 = p_2 + \rho g h_2$$

令 $h = h_1 - h_2$,则上式变为

$$p_2 = p_1 + \rho g h \tag{2-5}$$

或
$$h = \frac{p_2 - p_1}{\rho g} \tag{2-6}$$

或
$$\frac{p_1}{\rho g} + h_1 = \frac{p_2}{\rho g} + h_2 = 常数 \tag{2-7}$$

由式(2-5)可知,流体某一深度的压力与深度和密度有关,与水平位置无关。或者,处于同一水平面上的各点,因其深度相同,其压力亦相等。也就是说,静止的、连续的同一流体内,同一水平面处,各点压力相等,压力相等的点构成的面称为等压面。

式(2-6)表明,压力差可用液柱的高度来表示,但在使用时要注明是何种液体。

由式(2-7)可知,静止的、连续的同一流体内,同一水平面处,不同垂直位置上的各点 h 和 $p/(\rho g)$ 之和为常数,其中 h 称为位压头,其单位可写成 J/N,其意义为单位重量(1N)流体的位能。$p/(\rho g)$ 称为单位重量流体的静压能,或称静压头。

需要指出,静力学基本方程适用于静止的、连续的同一流体。虽然气体密度随着压力的改变而改变,但随容器高低变化甚微,故静力学基本方程亦适用于气体。

任务实施——流体压力、压差的测定

本任务中,要求解设备中流体的压力、压差,可以应用流体静力学方程,找出等压面,将气体压强和 U 形管压差计中液体的液位联系起来。这些都涉及流体静力学方程的应用。

流体静力学方程主要应用在以下三个方面。

一、压力测量

1. U形管液柱压差计

U形管液柱压差计由一根装有指示液的 U 形玻璃管构成，如图 2-7 所示。

设被测流体的密度为 ρ，指示液的密度为 ρ_0，1—1′ 截面的压强为 p_1，2—2′ 截面的压强为 p_2，根据流体静力学方程，p_1 和 p_2 的压差可表示为：

$$\Delta p = p_1 - p_2 = (\rho_0 - \rho) g R \tag{2-8}$$

当指示液的密度和被测流体密度已知时，根据现场测得的 R 就可以求得 1—1′ 和 2—2′ 截面的压差。若 U 形管一端与设备或管道某一截面连接，另一端与大气相通，这时读数 R 所反映的是管道中某截面处的绝对压强与大气压强之差，即为表压强或真空度，从而可求得该截面的绝对压强。

必须指出，在选择 U 形管压差计的指示液时，必须保证与被测流体不互溶，不发生化学反应，且密度要大于被测流体。如果被测的流体为气体，压差可近似为 $\rho_0 g R$。常用的指示液有汞、四氯化碳、着色水、液体石蜡等。

若被测流体为液体，也可选用比其密度小的流体作指示剂。则此时的压差计须倒立放置，即为倒 U 形压差计，常用的指示剂有空气等。

解决任务：求图 2-4 中 a、b 两点间压差：

解：$p_1 = p_a + \rho_w g h_1$，$p_a = p_1 - \rho_w g h_1$

$p_1 = p_2$，$p_2 = p_3 + \rho_{Hg} g R_1$，$p_3 = p_4$，$p_4 = p_5 + \rho_{Hg} g R_2$

$p_5 = p_b + \rho_w g h_5$

$p_b = p_5 - \rho_w g h_5 = p_4 - \rho_{Hg} g R_2 - \rho_w g h_5$

$p_a - p_b = p_3 + \rho_{Hg} g R_1 - \rho_w g h_1 - (p_4 - \rho_{Hg} g R_2 - \rho_w g h_5)$

$\qquad = \rho_{Hg} g (R_1 + R_2) - \rho_w g h_1 + \rho_w g h_5$

而

$$h_1 = h + \frac{R_1}{2}, \quad h_5 = h - \frac{R_2}{2}$$

所以 $p_a - p_b = \rho_{Hg} g (R_1 + R_2) - \rho_w g h - \rho_w g \left(\frac{R_1}{2}\right) + \rho_w g h - \rho_w g \left(\frac{R_2}{2}\right)$

$\qquad = \rho_{Hg} g (R_1 + R_2) - \frac{1}{2} \rho_w g (R_1 + R_2) = \left(\rho_{Hg} - \frac{1}{2} \rho_w\right)(R_1 + R_2) g$

2. 斜管压差计

当压差不大时，读数 R 必然很小，为获得精确的读数，可采用斜管压差计，如图 2-8 所

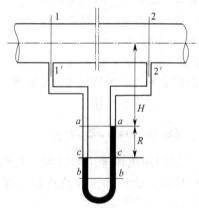

图 2-7 U形管液柱压差计

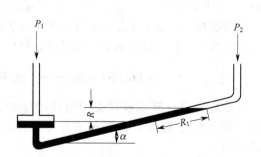

图 2-8 斜管压差计

示,其原理为:

$$R_1 = \frac{R}{\sin\alpha} \quad (2-9)$$

式中,α 为倾斜角度。α 越小,R 值放大为 R_1 的倍数越大。

3. 微差压差计

如图 2-9 所示,在 U 形管中放置两种密度不同、互不相溶的指示液 A 和 C,管的上端有扩张室,当 R 变化时,由于扩张室有足够大的截面积,所以两扩张室中液面不致有明显的变化。其测量原理:

$$p_1 - p_2 = (\rho_A - \rho_C)Rg \quad (2-10)$$

式中,ρ_A、ρ_C 分别为重、轻两种指示液的密度,kg/m^3。

二、液面测定

化工厂中经常要了解容器里物料的贮存量,或要控制设备里的液面,因此要进行液位的测量。大多数液位计的作用原理均遵循静止液体内部压强变化的规律,即依据流体静力学基本方程式。常见的用于液面测定的有原始液位计、液柱压差液位计、鼓泡式液柱液位计。

图 2-10(a) 中,由于容器内部和外部导管中是同一液体,所以液位平齐。图 2-10(b)

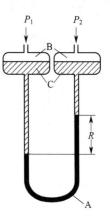

图 2-9 微差压差计

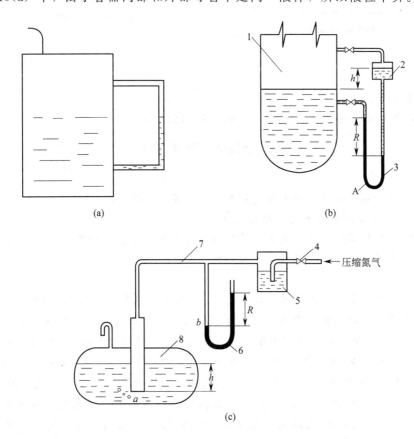

图 2-10 压差法测量液位

1—容器;2—平衡器小室;3—U 形管压差计;4—调节阀;5—鼓泡观察器;6—U 形管压差计;7—吹气管;8—储罐

中，$h = \frac{(\rho_A - \rho)}{\rho} R$。其中，$\rho_A$ 是指示液的密度，ρ 为被测流体的密度。图 2-10（c）中，$h = \frac{\rho_0}{\rho} R$，其中 ρ_0 为指示液的密度，ρ 为被测流体的密度。

三、确定液封高度

为了防止事故发生，保证安全生产，工业生产常常利用液柱高度封闭气体。当设备内压力超过规定值时，气体就从液封管排出，以确保设备操作的安全。

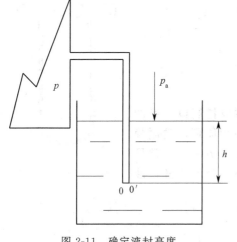

图 2-11 确定液封高度

【例题】 某厂为了控制乙炔发生炉内的压强不超过 10.7×10^3 Pa（表压），需在炉外装有安全液封装置，见图 2-11，其作用是当炉内压强超过规定值时，气体就从液封管中排出。试求此炉的安全液封管应插入槽内水面下的深度 h。

解：以液封面为基准水平面 0—0′，则根据流体静力学方程有 0—0′ 为等压面，即

$$p_0 = p_0'$$

而
$$p_0 \approx p$$
$$p_0' = p_a + \rho g h$$

从而有
$$h = \frac{p - p_a}{\rho g}$$

解得 $h = 1.09$ m

工业上，实际安装时管子插入液面下的深度应比计算值略低。

讨论与习题

讨论：

1. 流体静力学基本方程应用条件是什么？等压面应如何选择？
2. 选择 U 形压差计中指示剂的原则是什么？
3. 试说明黏度的单位及物理意义，并分析温度与压力对流体黏度的影响。
4. 试说明牛顿黏性定律的内容及适用条件。

习题：

1. 苯和甲苯的混合液，苯的质量分数是 0.4，试求此混合液在 293K 时的密度。
2. 已知汽油、煤油、柴油的密度分别为 700kg/m³、760kg/m³ 和 900kg/m³，此三种油品混合物中汽油、煤油、柴油的质量分数分别是 20%、30% 和 50%，求此混合液的密度。
3. 燃烧重油所得的燃烧气，经分析测知其中含 8.5% CO_2、7.5% O_2、76% N_2、8% H_2O（体积分数）。试求温度为 500℃、压强为 101.33×10^3 Pa 时，该混合气体的密度。
4. 在大气压为 101.33×10^3 Pa 的地区，某真空蒸馏塔塔顶真空表读数为 9.84×10^4 Pa。若在大气压为 8.73×10^4 Pa 的地区使塔内绝对压强维持相同的数值，则真空表读数应为多少？
5. 某水泵进口管处真空表读数为 650mmHg，出口管处压力表读数为 2.5at。试求水泵

前后水的压力差为多少 atm？多少米水柱？

6. 某塔高 30m，现进行水压试验时，离底 10m 高处的压力表读数为 500kgf/m²。当地大气压为 100 kgf/m² 时，求塔底及塔顶处水的压力。

7. 当大气压力是 760mmHg 时，问位于水面下 6m 深处的绝对压力是多少？

8. 敞口容器底部有一层深 0.52m 的水，其上部为深 3.46m 的油。求器底的压强，以 Pa 表示。此压强是绝对压强还是表压强？水的密度为 1000kg/m³，油的密度为 916 kg/m³。

9. 在图 2-12 所示的贮油罐中盛有密度为 960kg/m³ 的油品，油面高于罐底 9.6m，油面上方为常压。在罐侧壁的下部有一直径为 760mm 的圆孔，其中心距罐底 800mm，孔盖用 14mm 的钢制螺钉紧固。若螺钉材料的工作应力取为 39.23×10^6 Pa，问至少需要几个螺钉？

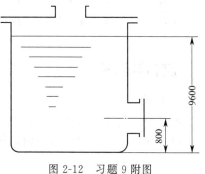

图 2-12　习题 9 附图

任务三　流体动力学理论及应用

■■■ 任务引入 ■■■

化工管路的控制与安装中，经常会遇到确定容器间的相对位置、确定管道中流体流量和压强以及确定输送设备的有效功率等问题。

任务 1：20℃ 的空气在直径为 80mm 的水平管中流过。现于管路中接一文丘里管，如图 2-13 所示。文丘里管的上游接一水银 U 形管压差计，在直径为 20mm 的喉颈处接一细管，其下部插入水槽中。空气流过文丘里管的能量损失可忽略不计。当 U 形管压差计读数 $R=25$mm、$h=0.5$m 时，此时空气的流量为多少（m³/h）？当地大气压强为 101.33×10^3 Pa。

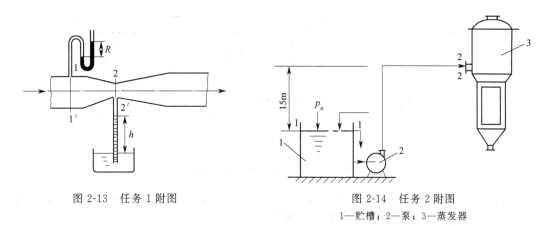

图 2-13　任务 1 附图　　　　图 2-14　任务 2 附图
　　　　　　　　　　　　　1—贮槽；2—泵；3—蒸发器

任务 2：用泵将贮槽中密度为 1200kg/m³ 的溶液送到蒸发器内，贮槽内液面维持恒定，其上方压强为 101.33×10^3Pa，蒸发器上部的蒸发室内操作压强为 26670Pa（真空度），蒸发器进料口高于贮槽内液面 15m，进料量为 20m³/h，溶液流经全部管路的能量损失为 120J/kg，求泵的有效功率。管路直径为 60mm。

相关知识

流体流量的确定，除使用仪器仪表测量外，还可根据流体流动的动力学相关知识进行计算求得；泵的有效功率测定，也涉及流体在管路中的流动规律等，都涉及流体的相关知识与理论。

一、流量与流速

1. 流量

单位时间内流过管道任一截面的流体数量称为流量，流量分为体积流量和质量流量。

(1) 体积流量 单位时间内流体流经管道任一截面的体积，称为体积流量。用 V 或 V_s 表示，单位为 m^3/s。

(2) 质量流量 单位时间内流体流经管道任一截面的质量，称为质量流量。用 m_s 表示，单位为 kg/s。

二者的关系为：

$$m_s = V_s \rho \tag{2-11}$$

2. 流速

(1) 平均流速 单位时间内流体质点在流动方向上所流经的距离，称为平均流速，用 u 表示，单位为 m/s。

之所以引入平均流速的概念，是因为流体在管道内流动时，由于其具有黏性，管道横截面上流体质点速度沿半径变化。管道中心流速最大，越靠近管壁速度越小。在紧靠管壁处，由于流体质点黏附在管壁上，故其速度为零。速度分布如图 2-15 所示。工程上一般以体积流量除以管道截面积所得的值来表示流体在管道中的速度。通常把平均流速称为流速，其与流量的关系为：

$$u = \frac{V_s}{A} = \frac{m_s}{\rho A} \tag{2-12}$$

式中，A 为管道的截面积，单位为 m^2。

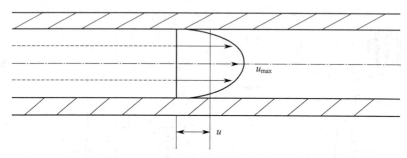

图 2-15 流体在管道内的速度分布

(2) 质量流速 单位时间内流体流经单位管道截面的质量，称为质量流速，用 ω 表示，单位为 $kg/(m^2 \cdot s)$。质量流速与平均流速之间的关系为：

$$\omega = \frac{m_s}{A} = \rho u \tag{2-13}$$

对气体而言，用质量流速（或质量流量）更方便，原因是气体的体积流量随温度、压力而变化，相应的流速亦随之而变，但其质量流量不变。而对液体而言，用体积流量更方便些。

(3) 管道直径的估算　以 d 表示管道内径,由 $V=Au=\dfrac{\pi}{4}d^2u$ 得:

$$d=\sqrt{\dfrac{4V_s}{\pi u}} \tag{2-14}$$

式(2-14)是确定输送流体的管道直径的最基本公式。当流量 V_s 由生产任务确定后,只要确定流速 u,便可估算出所需管道的大小。流体平均流速则需综合考虑各种因素后进行合理地选择。流速选择过高,管径变小,但流体流经管道的阻力增大,操作费用随之增大;反之,流速选择过低,操作费用可相应减少,但管径增大,管路的投资费用随之增加。所以,适宜的流速需根据经济权衡决定,综合考虑投资费用和操作费用确定。表 2-2 列出了一些流体在管道中的常用流速范围。

表 2-2　某些流体在管道中的常用流速范围

流体的类别及状态	流速范围/(m/s)	流体的类别及状态	流速范围/(m/s)
自来水(3.04×10⁵Pa 左右)	1~1.5	过热蒸汽	30~50
水及低黏度液[(1.013~10.13)×10⁵Pa]	1.5~3.0	蛇管、螺旋管内的冷却水	>1.0
高黏度液体	0.5~1.0	低压空气	12~15
工业供水(8.106×10⁵Pa 以下)	1.5~3.0	高压空气	15~25
工业供水(8.106×10⁵Pa 以上)	>3.0	一般气体(常压)	10~20
饱和蒸汽	20~40	真空操作下气体	<10

二、连续性方程

1. 定态流动与非定态流动

根据流体在管路系统中流动时流速和压强等参数的变化情况,可以将流体的流动分为定态流动和非定态流动。若流动系统中各物理量的大小仅随位置变化、不随时间变化,则称为定态流动。化工厂中流体的流动情况大多视为定态流动(也称为稳定流动)。若流动系统中各物理量的大小不仅随位置变化,而且随时间变化,则称为非定态流动(也称为不稳定流动)。

如图 2-16(a) 所示,水箱上部不断地有水从进水管 1 注入,而从下部排水管 3 不断排出。多余的水由水箱上方的溢流管 4 溢出,以维持水箱内水位恒定不变。若在流动系统中任意取两个截面 1—1′ 及 2—2″,经测定可知,每一截面上的流速和压力并不随时间而变化,这种流动状态属于定态流动。如图 2-16(b) 所示,此时水箱上方没有进水管,但水箱内的

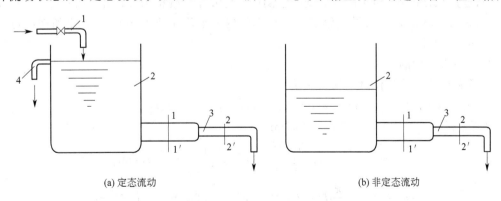

图 2-16　流动状态示意图
1—进水管;2—水箱;3—排水管;4—溢流管

水仍由排水管不断排出，由于箱内无水补充，则水位逐渐下降，各截面上水的流速与压力也随之而降低，此时各截面上的流速与压力不但随位置而变，还随时间而改变，这种流动状态属于非定态流动。

工业生产中的连续操作过程，如生产条件控制正常，则流体流动多属于定态流动。但是连续操作的开车、停车过程及间歇操作过程属于非定态流动。本项目所讨论的流体流动为定态流动过程。

2. 连续性方程式

如图2-12所示为一定态流动系统，流体充满管道，并连续不断地从截面1—1流入，从截面2—2流出。以管内壁、截面1—1与2—2为衡算范围，以单位时间为衡算基准，依质量守恒定律，进入截面1—1的流体质量流量与流出截面2—2的流体质量流量相等，即：

$$m_{s1} = m_{s2} \tag{2-15}$$

则

$$\rho_1 A_1 u_1 = \rho_2 A_2 u_2 \tag{2-16}$$

上述方程式表示流体做定态流动时，每单位时间内通过流动系统任一截面的质量流量均相等。它反映了在定态流动系统中，当流量一定时，管路各截面上流速的变化规律，此规律与管路的安排以及管路上是否装有管件、阀门或输送设备等无关。

若流体为不可压缩流体，即 ρ = 常数，则：

$$V_s = Au = 常数 \tag{2-17}$$

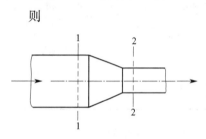

图2-17 流体流动的连续性

这说明不可压缩流体不仅流经各截面的质量流量相等，而且它们的体积流量也相等。同时可知，流体流速与管道的截面积成反比。截面积愈大之处，流速愈小，反之亦然。

若不可压缩流体在圆管内流动，因 $A = \dfrac{\pi}{4}d^2$，则：

$$\frac{u_1}{u_2} = \frac{A_2}{A_1} = \left(\frac{d_2}{d_1}\right)^2 \tag{2-18}$$

上式说明不可压缩流体在管道内的流速 u 与管道内径的平方 d^2 成反比。

式(2-15)～式(2-18)称为流体在管道中作定态流动的连续性方程。连续性方程反映了在定态流动系统中，流量一定时管路各截面上流速的变化规律。

【例题】 如图2-17所示的串联变径管路中，已知小管规格为 $\phi 57\text{mm} \times 3\text{mm}$，大管规格为 $\phi 89\text{mm} \times 3.5\text{mm}$，均为无缝钢管，水在小管内的平均流速为2.5m/s，水的密度可取为 1000kg/m^3。试求：

① 水在大管中的流速。

② 管路中水的体积流量和质量流量。

解：① 小管直径 $d_1 = 57 - 2 \times 3 = 51(\text{mm})$，$u_1 = 2.5\text{m/s}$

大管直径：$d_2 = 89 - 2 \times 3.5 = 82(\text{mm})$

$$u_2 = u_1 \frac{A_1}{A_2} = u_1 \left(\frac{d_1}{d_2}\right)^2 = 2.5 \times \left(\frac{51}{82}\right)^2 = 0.967(\text{m/s})$$

② $$V_s = u_1 A_1 = u_1 \frac{\pi}{4} d_1^2 = 2.5 \times 0.785 \times (0.051)^2 = 0.0051(\text{m}^3/\text{s})$$

$$m_s = \rho V_s = 0.0051 \times 1000 = 5.1(\text{kg/s})$$

三、伯努利方程式

依据质量守恒定律,定态流体流动过程中可得到连续性方程;依据能量守恒定律,定态流体流动过程中可得到伯努利方程。伯努利方程及其应用极为重要,是解决流体输送问题的基本依据。

流动系统中涉及的能量有多种形式,包括内能、机械能、功、热、损失能量。

1. 流动流体具有的能量

(1) 本身所具有的机械能

① 位能。流体因受重力作用而具有的能量。计算位能时,必须先规定一个基准水平面。若质量为 $m(kg)$ 的流体与基准水平面的垂直距离为 $z(m)$,则位能为 $mgz(J)$,单位质量流体的位能则为 $gz(J/kg)$。

② 动能。流动着的流体因为有速度而具有的能量。质量为 $m(kg)$ 的流体,当其流速为 $u(m/s)$ 时具有的动能为 $\frac{1}{2}mu^2(J)$,单位质量流体的动能为 $\frac{1}{2}u^2(J/kg)$。

③ 静压能。静止流体内部任一位置都具有相应的静压强,流动流体内部任一位置上也有静压强。如果在有液体流动的管壁上开一小孔并接上一个垂直的细玻璃管,液体就会在玻璃管内升起一定的高度,说明静压强具有做功的本领,使流体势能增加。此液柱高度即表示管内流体在该截面处的静压强值。

管路系统中,某截面处流体压力为 p,流体要流过该截面,则必须克服此压力做功,于是流体带着与此功相当的能量进入系统,流体的这种能量称为静压能。质量为 $m(kg)$ 的流体的静压能为 $pV(J)$,单位质量流体的静压能为 $\frac{p}{\rho}(J/kg)$。

(2) 系统与外界交换的能量

① 外加功。流体在流动过程中,经常有机械能输入,如在系统中安装有水泵或风机。单位质量流体从输送机械中所获得的能量称为外加功,用 W_e 表示,其单位为 J/kg。

② 损失能量。由于流体具有黏性,在流动过程中会产生摩擦阻力,同时在管路上一些局部装置会引起流动的干扰、突然变化而产生附加阻力,所以流动过程中有要克服这些阻力而产生的能量损失。单位质量流体流动时为克服阻力而损失的能量,用 $\sum h_f$ 表示,其单位为 J/kg。

2. 伯努利方程式

如图 2-18 所示,不可压缩流体在系统中做定态流动,流体从截面 1—1 经泵输送到截面 2—2。根据定态流动系统的能量守恒,输入系统的能量应等于输出系统的能量。

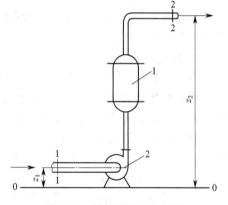

图 2-18 柏努利方程的推导

若以 0—0' 面为基准水平面,两个截面距基准水平面的垂直距离分别为 z_1、z_2,两截面处的流速分别为 u_1、u_2,两截面处的压强分别为 p_1、p_2,流体在两截面处的密度为 ρ,单位质量流体从泵所获得的外加功为 W_e,从截面 1—1' 流到截面 2—2' 的全部能量损失为 $\sum h_f$。

根据能量守恒定律

$$gz_1 + \frac{p_1}{\rho} + \frac{1}{2}u_1^2 + W_e = gz_2 + \frac{p_2}{\rho} + \frac{1}{2}u_2^2 + \sum h_f \qquad (2-19)$$

式中 gz_1，$\frac{1}{2}u_1^2$，$\frac{p_1}{\rho}$——分别为单位质量流体在截面 1—1 上的位能、动能、静压能，J/kg；

gz_2，$\frac{1}{2}u_2^2$，$\frac{p_2}{\rho}$——分别为单位质量流体在截面 2—2 上的位能、动能、静压能，J/kg。

式(2-19)称为实际流体的伯努利方程，是以单位质量流体为计算基准，式中各项的单位均为 J/kg。它反映了流体流动过程中各种能量的转化和守恒规律，在流体输送中具有重要意义。

伯努利方程有多种表示方法，将以单位质量流体为基准的伯努利方程中的各项除以 g，则可得：

$$z_1+\frac{p_1}{\rho g}+\frac{u_1^2}{2g}+\frac{W_e}{g}=z_2+\frac{p_2}{\rho g}+\frac{u_2^2}{2g}+\frac{\sum h_f}{g}$$

令

$$H_e=\frac{W_e}{g} \qquad H_f=\frac{\sum h_f}{g}$$

则

$$z_1+\frac{p_1}{\rho g}+\frac{u_1^2}{2g}+H_e=z_2+\frac{p_2}{\rho g}+\frac{u_2^2}{2g}+H_f \tag{2-20}$$

式中 z，$\frac{u^2}{2g}$，$\frac{p}{\rho g}$——分别称为位压头、动压头、静压头，即单位重量（1N）流体所具有的机械能，m；

H_e——有效压头，单位重量流体在截面 1—1 与截面 2—2 间所获得的外加功，m；

H_f——压头损失，单位重量流体从截面 1—1 流到截面 2—2 的能量损失，m。

上式为以单位重量流体为计算基准的伯努利方程，式中各项均表示单位重量流体所具有的能量，单位为 J/N(m)。m 的物理意义是：单位重量流体所具有的机械能，把自身从基准水平面升举的高度。

3. 流动阻力

在伯努利方程中，凡是涉及流体流动阻力或能量阻力的时候，我们或者把阻力忽略不计，或者把阻力当作已知数。而事实上，实际流体在绝大多数情况下，都不能把阻力忽略不计，否则，就会造成较大的计算误差。

(1) 流体的流动类型与雷诺准数 英国物理学家奥斯本·雷诺经过多次实验发现，在不同的条件下，流体运动有不同的运动状态。图 2-19 是雷诺实验装置的示意图。

图中采用溢流装置维持水箱内液面稳定，在水箱 B 内装有溢流装置，以保持水位恒定。水箱下部装有水平玻璃管，用阀门 A 调节流量。玻璃管入口的轴线上插入一根细管，细管上方与装有有色液体的容器 C 相连。雷诺在实验中观察到下列现象。

① 当水在玻璃管内流速不大时，有色液体呈一条直线在整个管子中心线位置上流过，如图 2-20(a) 所示。这说明玻璃管中水的流线都与轴线平行，流体质点仅沿着与管轴平行的方向作直线运动，质点无径向脉动，质点之间互不混合。雷诺称这种状态为层流或滞流。

② 当水平玻璃管中水的流速增大到一定程度时，有色液体线发生弯曲，如图 2-20(b) 所示。这说明水的质点在沿轴向前进的同时，在垂直于轴线的方向上也有分速度，水的流线已不再是平行于轴线的直线而是呈不规则的曲线。

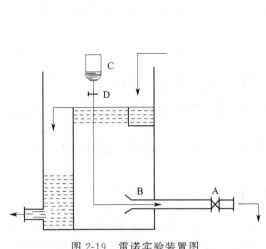
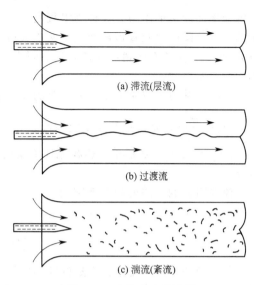

图 2-19 雷诺实验装置图　　　　　图 2-20 流体流动类型图

③ 当流速增大到某种程度时，有色液体线已在主体流体中混乱分布，这表明流体质点除了沿管轴方向向前流动外，还有径向脉动，各质点的速度在大小和方向上都随时变化，质点互相碰撞和混合，但整个主流仍沿轴向流动，如图 2-20(c) 所示。雷诺称这种流动状态为湍流或紊流。

雷诺通过对大量实验数据的研究发现，除了流速影响运动情况外，管子的直径、流体的黏度和密度也都对流动状态有影响。把这四个物理量组成一个无因次数群，即：

$$Re=\frac{du\rho}{\mu}=\frac{du}{\nu} \tag{2-21}$$

式中　d——管道的内径，m；

　　　ρ——流体的密度，kg/m³；

　　　u——流体的平均流速，m/s；

　　　μ——流体的动力黏度，Pa·s；

　　　ν——流体的运动黏度，m²/s。

无因次数群 Re 称为雷诺准数或简称雷诺数。它的数值不论采用哪种单位制，计算的结果都相同。Re 反映了流体流动中惯性力与黏性力的对比关系，标志流体流动的湍动程度。其值愈大，流体的湍动愈剧烈，内摩擦力也愈大。

大量的实验表明，对于在平直圆管中流动的流体，当 $Re \leqslant 2000$ 时流动状态是层流，当 $Re \geqslant 4000$ 时，流动状态是湍流，当 $2000 < Re < 4000$ 时，流体流动状态是不稳定的，可能转向层流也可能转变为湍流，一般称为过渡流。因此依据雷诺数的大小可以判断流体流动的类型。

实验证明，不论湍流程度如何。由于流体的黏性和管壁的摩擦作用，在紧贴管壁附近总有一层流体保持层流运动状态，这一薄层流体称为层流内层。层流内层的厚度随着雷诺数的增大而减小。层流内层的厚薄对流体运动时的摩擦阻力损失以及传热、传质等有很大的影响。在壁面附近存在着较大速度梯度的流体层称为流动边界层。

(2) 流体阻力的求法　流动阻力的大小与流体本身的物理性质、流动状况及壁面的形状等因素有关。

化工管路系统主要由两部分组成，一部分是直管，另一部分是管件、阀门等。相应流体流动阻力也分为直管阻力和局部阻力两种。直管阻力是流体流经一定长度的直管时，由于流体内摩擦而产生的阻力,又称为沿程阻力,以 h_f 表示。局部阻力主要是由于流体流经管路中的管件、阀门以及管道截面的突然扩大或缩小等局部变化所引起的阻力,又称形体阻力,以 h_f' 表示。流体在管道内流动时的总阻力 $\sum h_f = h_f + h_f'$。流体阻力随计算基准的不同而有不同的表示形式。

$\sum h_f$,是指单位质量流体流动时的流体阻力,单位是 J/kg;

$H_f = \dfrac{\sum h_f}{g}$,是指单位重量流体流动时的流体阻力,单位是 J/N=m;

$\Delta p_f = \rho \sum h_f$,是指单位体积流体流动时的流体阻力,单位是 J/m^3=Pa,Δp_f 又称为压强降。

流体阻力的求法可利用范宁公式、哈根-泊稷叶公式等计算,也可通过图示法求取,此处不一一介绍。

任务实施

化工管路中流体流速、流量的控制以及与管径的关系等,都涉及伯努利方程与流动性方程。二者是解决流体流动问题的基础,主要用于解决以下几类问题:确定容器间的相对位置,管道中流体流量的确定,确定输送设备的有效功率,确定管路中流体的压强。

应用伯努利方程的具体步骤如下。

首先要选取计算截面,截面的选取就是确定衡算系统的范围。在选取截面时必须注意两截面间的流体必须连续、定态流动;截面的各个物理量应是截面上的平均值;两截面均应与流动方向垂直。

其次要选取基准水平面,基准面是用于衡量位能大小的基准,为了简化计算,通常取相应于所选定的截面之中较低的一个水平面作为基准面。

再次要确定各项的物理量。压力 p_1 与 p_2 只能同时使用表压或绝对压力,外加能量 W_e 是对每千克流体而言的,单位要统一。

最后是列伯努利方程求解。列出伯努利方程,伯努利方程总共有 8 个变量,将已知的代入,可求解得未知项。

任务 1:

解:如图 2-13 任务 1 附图所示,文丘里管上游测压口处的压强为:

$$p_1 = \rho_{Hg} g R = 13600 \times 9.81 \times 0.025 = 3335 \text{Pa}(表压)$$

喉颈处的压强为:

$$p_2 = -\rho g h = -1000 \times 9.81 \times 0.5 = -4905 \text{Pa}(表压)$$

空气流经截面 1—1′ 与 2—2′ 的压强变化为:

$$\dfrac{p_1 - p_2}{p_1} = \dfrac{(101330 + 3335) - (101330 - 4905)}{101330 + 3335} = 0.079 = 7.9\% < 20\%$$

故可按不可压缩流体来处理。

两截面间的空气平均密度为:

$$\rho = \rho_m = \dfrac{M}{22.4} \times \dfrac{T_0 p_m}{T p_0} = \dfrac{29}{22.4} \times \dfrac{273 \left[101330 + \dfrac{1}{2}(3335 - 4905) \right]}{293 \times 101330} = 1.20 \text{kg/m}^3$$

在截面 1—1′ 与 2—2′ 之间列伯努利方程式,以管道中心线作为基准水平面。两截面间无外功加入,即 $W_e = 0$;能量损失可忽略,即 $\sum h_f = 0$。据此,柏努利方程式可写为:

$$g z_1 + \dfrac{u_1^2}{2} + \dfrac{p_1}{\rho} = g z_2 + \dfrac{u_2^2}{2} + \dfrac{p_2}{\rho}$$

式中
$$z_1 = z_2 = 0$$

所以
$$\frac{u_1^2}{2} + \frac{3335}{1.2} = \frac{u_2^2}{2} - \frac{4905}{1.2}$$

简化得
$$u_2^2 - u_1^2 = 1373 \tag{a}$$

据连续性方程
$$u_1 A_1 = u_2 A_2$$

得
$$u_2 = u_1 \frac{A_1}{A_2} = u_1 \left(\frac{d_1}{d_2}\right)^2 = u_1 \left(\frac{0.08}{0.02}\right)^2$$

$$u_2 = 16 u_1 \tag{b}$$

将式(b)代入式(a)，即
$$(16u_1)^2 - u_1^2 = 13733$$

解得
$$u_1 = 7.34 \text{m/s}$$

空气的流量为
$$V_s = 3600 \times \frac{\pi}{4} d_1^2 u_1 = 3600 \times \frac{\pi}{4} \times 0.08^2 \times 7.34 = 132.8 \text{m}^3/\text{h}$$

任务 2：

解：如图 2-14 任务 2 附图所示，取贮槽液面为 1—1 截面，管路出口内侧为 2—2 截面，并以 1—1 截面为基准水平面，在两截面间列伯努利方程：

$$gz_1 + \frac{u_1^2}{2} + \frac{p_1}{\rho} + W_e = gz_2 + \frac{u_2^2}{2} + \frac{p_2}{\rho} + \sum h_f$$

式中，$z_1 = 0$，$z_2 = 15\text{m}$，$p_1 = 0$(表压)，$p_2 = -26670\text{Pa}$(表压)，$u_1 = 0$

$$u_2 = \frac{\frac{20}{3600}}{0.785 \times (0.06)^2} = 1.97 \text{(m/s)}$$

$$\sum h_f = 120 \text{(J/kg)}$$

将上述各项数值代入伯努利方程，则：

$$W_e = 15 \times 9.81 + \frac{(1.97)^2}{2} + 120 - \frac{26670}{1200} = 246.9 \text{(J/kg)}$$

泵的有效功率 N_e 为：

$$N_e = W_e m_s$$

式中
$$m_s = V_s \rho = \frac{20 \times 1200}{3600} = 6.67 \text{kg}$$

$$N_e = 246.9 \times 6.67 = 1647 \text{W} = 1.65 \text{kW}$$

实际上泵所做的功并不是全部有效的，故要考虑泵的效率 η，实际上泵所消耗的功率（称轴功率）N 为：

$$N = \frac{N_e}{\eta}$$

设本题泵的效率为 0.65，则泵的轴功率为：$N = \frac{1.65}{0.65} = 2.54 \text{kW}$

讨论与习题

讨论：

1. 连续性方程及伯努利方程的依据及应用条件是什么？应用伯努利方程时，如何选择计算截面及基准面？

2. 伯努利方程有几种表达方式？式中每项的单位及物理意义是什么？
3. 流体流动有几种类型？判断依据是什么？
4. 雷诺准数的物理意义是什么？
5. 层流与湍流的本质区别是什么？
6. 何为层流内层？其厚度与哪些因素有关？
7. 黏性流体在流动过程中产生直管阻力的原因是什么？产生局部阻力的原因又是什么？
8. 流体在圆形直管中流动，若管径一定而将流量增大一倍，则层流时能量损失是原来的多少倍？完全湍流时能量损失又是原来的多少倍？（忽略 ε/d 的变化）
9. 若要减小流动阻力，可采取哪些措施？

习题：

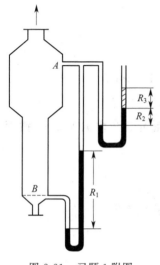

图 2-21 习题 1 附图

1. 某流化床反应器上装有两个 U 形管压差计，如图 2-21 所示。测得 $R_1=400\text{mm}$，$R_2=50\text{mm}$，指示液为水银。为防止水银蒸气向空间扩散，于右侧的 U 形管与大气连通的玻璃管内灌入一段水，高度 $R_3=50\text{mm}$。试求 A、B 两处的表压强。

2. 图 2-22 为远距离测量控制装置，用以测定分相槽内煤油和水的两相界面位置。已知两吹气管出口的距离 $H=1\text{m}$，U 形管压差计的指示液为水银，煤油的密度为 820kg/m^3。试求当压差计读数 $R=68\text{mm}$ 时，相界面与油层的吹气管出口距离 h。

3. 用图 2-23 中的串联 U 形管压差计测量蒸气压，U 形管压差计的指示液为水银，两 U 形管间的连接管内充满水。已知水银面与基准面的垂直距离分别为：$h_1=2.3\text{m}$、$h_2=1.2\text{m}$、$h_3=2.5\text{m}$ 及 $h_4=1.4\text{m}$。锅中水面与基准面间的垂直距离 $h_5=3\text{m}$。大气压强 P_a 为 $99.3\times10^3\text{Pa}$。试求锅炉上方水蒸气的压强（分别以 Pa 和 kgf/cm^2 来计量）。

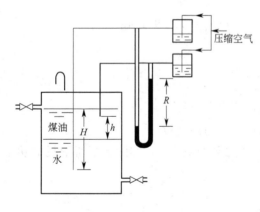

图 2-22 习题 2 附图

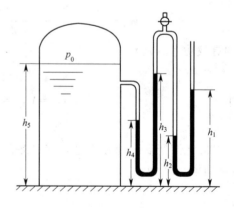

图 2-23 习题 3 附图

4. 常温的水在图 2-24 所示的管道中流过，为了测量 a—a' 与 b—b' 两截面间的压强差，安装了两个串联的 U 形管压差计，压差计中的指示液为汞。两 U 形管的连接管内充满了水，指示液的各个液面与管道中心线的垂直距离为：$h_1=1.2\text{m}$、$h_2=0.3\text{m}$、$h_3=1.3\text{m}$、$h_4=0.35\text{m}$。试根据以上数据计算 a—a' 及 b—b' 两截面间的压强差。

5. 用鼓泡式测量装置来测量储罐内对硝基氯苯的液位，其流程如图 2-25 所示。压缩氮气经调节阀 1 调节后进入鼓泡观察器 2。管路中氮气的流速控制得很小，只要在鼓泡观察器 2 内看出有气泡缓慢逸出即可。因此气体通过吹气管 4 的流动阻力可以忽略不计。吹气管某截面处的压力用 U 形管压差计 3 来测量。压差计读数 R 的大小，即反映储罐 5 内液面的高度。

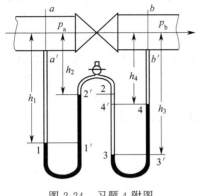

图 2-24 习题 4 附图

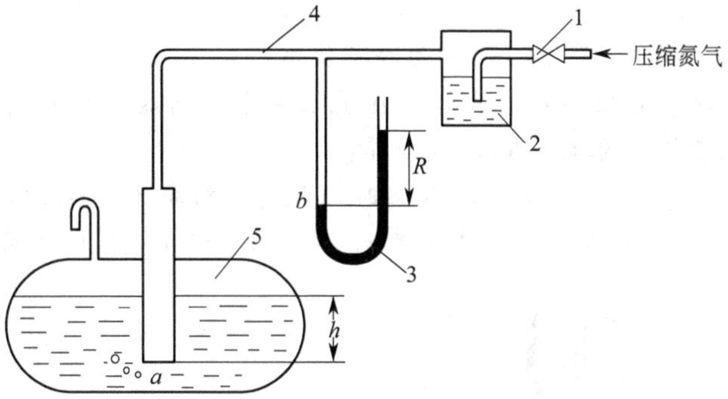

图 2-25 习题 5 附图

1—调节阀；2—鼓泡观察器；3—U 形管压差计；4—吹气管；5—储罐

现已知 U 形管压差计的指示液为水银，其读数 $R=160\mathrm{mm}$，罐内对硝基氯苯的密度 $\rho=1250\mathrm{kg/m^3}$，储罐上方与大气相通。试求储罐中液面离吹气管出口的距离 h 为多少？

6. 用高位槽内料液向塔内加料。高位槽和塔内的压力均为大气压，要求料液在管内以 0.5m/s 的速度流动。设料液在管内压头损失为 1.2m（不包括出口压头损失），试求高位槽的液面应该比塔入口处高出多少米？

7. 有一输水系统，如图 2-26 所示，水箱内水面维持恒定，输水管直径为 $\phi 60\mathrm{mm}\times 3\mathrm{mm}$，输水量为 $18.3\mathrm{m^3/h}$，水流经全部管道（不包括排出口）的能量损失可按 $\Sigma h_\mathrm{f}=15u^2$ 公式计算，式中 u 为管道内水的流速（m/s）。试求：

① 水箱中水面必须高于排出口的高度 H；

② 若输水量增加 5%，管路的直径及其布置不变，管路的能量损失仍可按上述公式计算，则水箱内的水面将升高多少米？

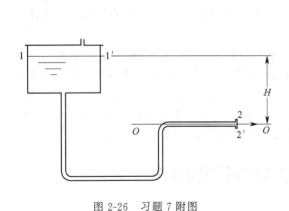

图 2-26 习题 7 附图

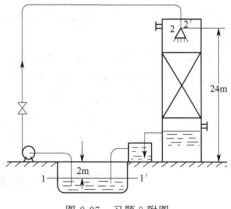

图 2-27 习题 8 附图

8. 用泵将贮液池中常温下的水送至吸收塔顶部，贮液池水面维持恒定，各部分的相对位置如图 2-27 所示。输水管的直径为 $\phi 76\mathrm{mm}\times 3\mathrm{mm}$，排水管出口喷头连接处的压强为 $6.15\times 10^4\mathrm{Pa}$（表压），送水量为 $34.5\mathrm{m^3/h}$，水流经全部管道（不包括喷头）的能量损失为 160J/kg，试求泵的有效功率。

9. 20℃的空气在直径为80mm的水平管中流过。现于管路中接一文丘里管，如图2-28所示。文丘里管的上游接一水银U形管压差计，在直径为20mm的喉颈处接一细管，其下部插入水槽中。空气流过文丘里管的能量损失可忽略不计。当U形管压差计读数$R=25$mm、$h=0.5$m时，试求此时空气的流量为多少 m^3/h（大气压强为 $101.33×10^3$Pa）。

10. 如图2-29所示为冷冻盐水循环系统。盐水的密度为 $1100kg/m^3$，循环量为 $36m^3/h$。管路的直径相同，盐水由A流经两个换热器而至B的能量损失为98.1J/kg，由B流至A的能量损失为49J/kg，试计算：

① 若泵的效率为70%时，泵的轴功率为多少kW？

② 若A的压力表读数为 $14.7×10^4$Pa，则B处的压力表读数应为多少Pa？

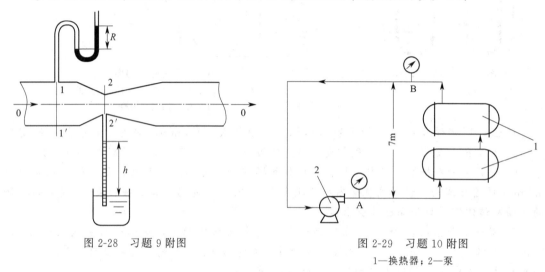

图2-28 习题9附图   图2-29 习题10附图
                        1—换热器；2—泵

11. 密度为 $850kg/m^3$、黏度为 $8×10^{-3}$Pa·s的液体在内径为14mm的钢管内流动，溶液的流速为1m/s。试计算：

① 雷诺准数，并指出其属于何种流型；

② 局部速度等于平均速度处与管轴的距离；

③ 该管路为水平管，若上游压强为 $147×10^3$Pa，液体流经多长的管子其压强才下降到 $127.5×10^3$Pa？

12. 用泵把20℃的苯从地下储罐送到高位槽，流量为450L/min。设高位槽液面比储罐液面恒高10m。泵吸入管用ϕ89mm×4mm的无缝钢管，直管长15m，管路上装有一个底阀（可粗略地按旋启式止回阀全开时计）、一个标准弯头；泵排出管用ϕ57mm×3.5mm的无缝钢管，直管长度为50m，管路上装有一个全开的闸阀、一个全开的截止阀和三个标准弯头。储罐及高位槽液面上方均为大气压，试求泵的轴功率（设泵的效率为70%）。

任务四　管路认知与拆装操作

> 任务引入

化工管路就像人体的血管一样，承担着全厂所有物料的输送任务，是化工生产能够顺利进行的重要基础。管子是管路的主体，由于生产系统中的物料和所处工艺条件各不相同，所以用于连接设备和输送物料的管子除需满足强度和通过能力的要求外，还必须满足耐温、耐压、耐腐蚀以及导热等性能的要求。根据所输送物料的性质（如腐蚀性、易燃性、易爆性等）和操作条件（如温度、压力等）来选择合适的管材，是化工生产中经常遇到的问题之一。化工生产管路系统中，经常还需要测量管路的流量、流速等。本任务给定一段化工管路系统的带控制点的工艺流程图，如图2-30任务附图所示，要求学生熟悉选用各类化工管件、阀门及不同规格的管材，正确进行管路的安装与拆卸，掌握基本操作技能。

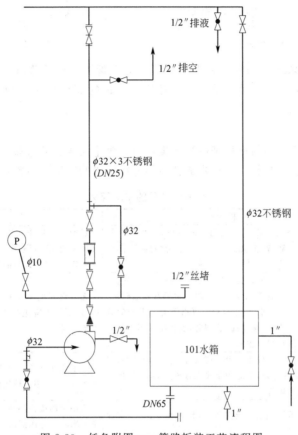

图2-30　任务附图——管路拆装工艺流程图

■ 相关知识 ■

完成本任务不仅要求学生掌握管路系统的主要构成，还要求学生熟知管路布置的基本原则，了解常用的管件及其基本作用，了解管路系统中一些重要部件比如流量计的工作原理，熟练进行化工管路的拆卸和安装。

一、化工管路的基本构成

化工生产过程中的管路通常以是否分出支管来分类，见表2-3。

表2-3　管路的分类

类　型		结　构
简单管路	单一管路	单一管路是指直径不变、无分支的管路，如图2-31(a)所示
	串联管路	虽无分支但管径多变的管路，如图2-31(b)所示
复杂管路	分支管路	流体由总管分流到几个分支，各分支出口不同，如图2-32(a)所示
	并联管路	并联管路中，分支最终又汇合到总管，如图2-32(b)所示

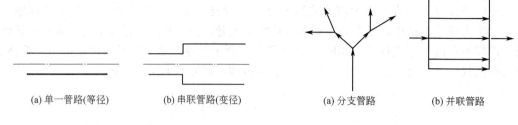

(a) 单一管路(等径)　　(b) 串联管路(变径)　　(a) 分支管路　　(b) 并联管路

图 2-31　简单管路　　　　　　　　　图 2-32　复杂管路

对于重要的管路系统，如全厂或大型车间的动力管线（包括蒸汽、煤气、上水及其他循环管道等），一般均应按并联管路铺设，以有利于能量的综合利用，减少因局部故障所造成的影响。

1. 管材

通常按制造管子所使用的材料来进行分类，可分为金属管、非金属管和复合管，其中金属管占绝大部分。复合管指的是金属与非金属两种材料组成的管子，最常见的化工管材见表 2-4。

表 2-4　常见的化工管材

种类及名称		结构特点	用途
金属管	钢管 — 有缝钢管	有缝钢管是用低碳钢焊接而成的钢管，又称为焊接管。易于加工制造、价格低。主要有水管和煤气管，分为镀锌管和黑铁管(不镀锌管)两种	目前主要用于输送水、蒸汽、煤气、腐蚀性低的液体和压缩空气等。因为有焊缝而不适宜在 0.8MPa(表压)以上的压力条件下使用
	钢管 — 无缝钢管	无缝钢管是用棒料钢材经穿孔热轧或冷拔制成的，它没有接缝。用于制造无缝钢管的材料主要有普通碳钢、优质碳钢、低合金钢、不锈钢和耐高铬钢等。无缝钢管的特点是质地均匀、强度高、管壁薄，少数特殊用途的无缝钢管的壁厚也可以很厚	无缝钢管能用于在各种压力和温度下输送流体，广泛用于输送高压、有毒、易燃易爆和强腐蚀性流体等
	铸铁管	有普通铸铁管和硅铸铁管。铸铁管价廉而耐腐蚀，但强度低，气密性也差，不能用于输送有压力的蒸汽、爆炸性及有毒性气体等	一般作为埋在地下的给水总管、煤气管及污水管等，也可以用来输送碱液及浓硫酸等
	有色金属管 — 铜管与黄铜管	由紫铜或黄铜制成。导热性好，延展性好，易于弯曲成型	适用于制造换热器的管子；用于油压系统、润滑系统来输送有压液体；铜管还适用于低温管路，黄铜管在海水管路中也广泛使用
	有色金属管 — 铅管	铅管因抗腐蚀性好，能抗硫酸及 10% 以下的盐酸，其最高工作温度是 413K。由于铅管机械强度差、性软而笨重、导热能力小，目前正被合金管及塑料管所取代	主要用于硫酸及稀盐酸的输送，但不适用于浓盐酸、硝酸和乙酸的输送
	有色金属管 — 铝管	铝管也有较好的耐酸性，其耐酸性主要由其纯度决定，但耐碱性差	铝管广泛用于输送浓硫酸、浓硝酸、甲酸和醋酸等。小直径铝管可以代替铜管来输送有压流体。当温度超过 433K 时，不宜在较高的压力下使用
非金属管		非金属管是用各种非金属材料制作而成的管子的总称，主要有陶瓷管、水泥管、玻璃管、塑料管和橡胶管等。塑料管的用途越来越广，很多原来用金属管的场合逐渐被塑料管所代替	

2. 管件

管件是用来连接管子以达到延长管路、改变管路方向或直径、分支、合流或封闭管路的附件的总称。最基本的管件如图 2-33 所示，其用途有如下几种。

① 用以改变流向，如 90°弯头、45°弯头、180°回弯头等。

② 用以堵截管路，如管帽、丝堵（堵头）、盲板等。

③ 用以连接支管，如三通、四通，有时三通也用来改变流向，多余的一个通道接头用管帽或盲板封上，在需要时打开再连接一条分支管。

④ 用以改变管径，如异径管、内外螺纹接头（补芯）等。

⑤ 用以延长管路，如管箍（束节）、螺纹短节、活接头、法兰等。法兰多用于焊接连接管路，而活接头多用于螺纹连接管路。在闭合管路上必须设置活接头或法兰，尤其是在需要经常维修或更换的设备、阀门附近必须设置，因为它们可以就地拆开，就地连接。

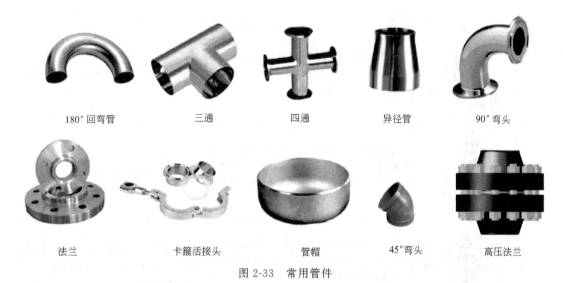

图 2-33　常用管件

3. 阀门

阀门是用来启闭和调节流量及控制安全的部件。通过阀门可以调节流量、系统压力及流动方向，从而确保工艺条件的实现与安全生产。化工生产中阀门种类繁多，常用的有以下几种，见表 2-5。

表 2-5　常用的阀门

名称	图示	结构特点	用　途
闸阀		主要部件为一闸板，通过闸板的升降以启闭管路。阀门全开时流体阻力小，全闭时较严密	多用于大直径管路上作启闭阀，在小直径管路中也有用作调节阀的。不宜用于含有固体颗粒或物料易于沉积的流体
截止阀		主要部件为阀盘与阀座，流体自下而上通过阀座，其构造比较复杂，流体阻力较大，但密封性与调节性能较好	不宜用于黏度大且含有易沉淀颗粒的介质
止回阀		一种根据阀前、后的压力差自动启闭的阀门，介质只作一定方向的流动，分为升降式和旋启式两种。前者密封性较好，但流动阻力大，后者用摇板来启闭。安装时应注意介质流向与安装方向	一般适用于清洁介质

续表

名称	图示	结构特点	用途
球阀		阀芯呈球状,中间为一与管内径相近的连通孔,结构比闸阀和截止阀简单,启闭迅速,操作方便,体积小,重量轻,零部件少,流体阻力也小	适用于低温高压及黏度大的介质,但不宜用于调节流量
旋塞阀		主要部分为一可转动的圆锥形旋塞,中间有孔,当旋塞旋转至90°时,流动通道即全部封闭。需要较大的转动力矩	温度变化大时容易卡死,不能用于高压
安全阀		是为了管道设备的安全保险而设置的截断装置,它能根据工作压力而自动启闭,将管道设备的压力控制在某一数值以下,从而保证其安全	主要用在蒸汽锅炉及高压设备上
疏水阀		疏水阀安装在蒸汽加热设备与凝结水回水集管之间。疏水阀在蒸汽加热系统中起到阻汽排水作用,选择合适的疏水阀,可使蒸汽加热设备达到最高工作效率	将蒸汽系统中的凝结水、空气和二氧化碳气体尽快排出,同时最大限度地自动防止蒸汽的泄漏
减压阀		是一个局部阻力可以变化的节流元件,即通过改变节流面积,使流速及流体的动能改变,造成不同的压力损失,从而达到减压的目的。然后依靠控制与调节系统的调节,使阀后压力的波动与弹簧力相平衡,使阀后压力在一定的误差范围内保持恒定	减压阀是通过调节,将进口压力减至某一需要的出口压力,并依靠介质本身的能量,使出口压力自动保持稳定的阀门

二、流体流量的测量仪器与仪表

流体的流量是化工生产过程中必须测量并加以调节、控制的重要参数之一,流体流量的测量仪表很多,下面简单介绍几种常见的根据机械能转化原理设计的流速计与流量计。

1. 测速管

测速管又称皮托管,用来测量管路中流体的点速度。如图 2-34 所示,它使用两根弯成直角的同心圆套管组成,为了减少流体的涡流,外管端口制成封闭的半球体,操作时将测速管放在管道内任意位置,使内管的管口与流动方向垂直,测得该位置上的动能与静压能之和,称为冲压能。测速管的外管前端壁面四周的测压孔口与管道中流体的流动方向相平行,故测得的是流体的静压能。故压差计的读数反映出冲压能与静压能之差,即为该位置的动能。

测速管测得的是流体在测速管放置位置上的局部流速,而不能测得平均流速。将测速管放在管道中心时,测得的是管道中心的最大流速 u_{max}。

用测速管测量流速时应注意以下几点:

① 内管的管口要与流动方向相垂直。

② 测速管安装的上、下游都要保证一定长度的稳定段,最好大于 50 倍的管径,至少应大于 8~12 倍的管径。

③ 测速管的外径不应大于管径的 1/50。

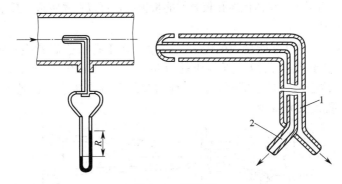

图 2-34 测速管
1—外管；2—内管

④ 不适用于含尘气体的测量。

2. 孔板流量计

孔板流量计属于差压式流量计，是利用流体流经节流元件产生的压力差来实现流量测量的。孔板流量计的节流元件为孔板，即中央开有圆孔的金属板，其结构如图 2-35 所示。将孔板垂直安装在管道中，以一定取压方式测取孔板前后两端的压差，并与压差计相连，即构成孔板流量计。

在图 2-35 中，流体在管道截面 1—1′ 前，以一定的流速 u_1 流动，因后面有节流元件，当到达截面 1—1′ 后流束开始收缩，流速即增加。由于惯性的作用，流束的最小截面并不在孔口处，而是经过孔板后仍继续收缩，到截面 2—2′ 达到最小，流速 u_2 达到最大。流束截面最小处称为缩脉。随后流束又逐渐扩大，直至截面 3—3′ 处，又恢复到原有管截面，流速也降低到原来的数值。

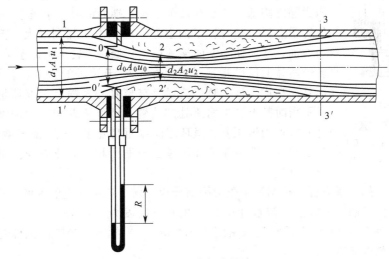

图 2-35 孔板流量计

孔板流量计的流量与压差的关系，可由连续性方程和伯努利方程推导。

孔板流量计安装位置上、下游都要有一段内径不变的支管道，以保证流体通过孔板之前的速度分布稳定。若孔板上游不远处有弯头、阀门等，流量计读数的精确性和重现性都会受到影响。通常要求上游直管长度至少为管径的 10 倍，下游直管长度为管径的 5 倍。

孔板流量计的优点是构造简单，制造方便，当流量发生变化时可调换孔板，比较方便；其缺点是阻力损失较大。为了减少流体流经孔板时的能量损失，可以用喷嘴或文丘里管代替孔板。

3. 文丘里流量计

孔板流量计的主要缺点是能量损失较大，其原因在于孔板前后的突然缩小与突然扩大。若用一段渐缩、渐扩管代替孔板，所构成的流量计称为文丘里流量计或文氏流量计，如图 2-36 所示。当流体经过文丘里管时，由于均匀收缩和逐渐扩大，流速变化平缓，涡流较少，故能量损失比孔板大大减少。

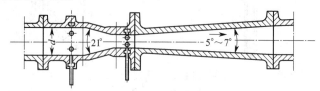

图 2-36 文丘里流量计

文丘里流量计的测量原理与孔板流量计相同，也属于差压式流量计。由于文丘里流量计的能量损失较小，其流量系数较孔板大，因此相同压差计读数 R 时的流量比孔板流量计大。

文丘里流量计的缺点是加工较难、精度要求高，因而造价高，安装时需占去一定的管长位置。

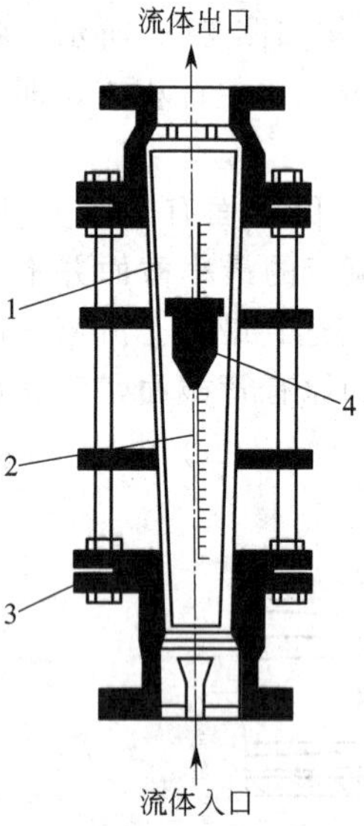

4. 转子流量计

转子流量计的结构如图 2-37 所示，由一段上粗下细的锥形玻璃管（锥角约在 $4°$）和管内一个密度大于被测流体的固体转子（或称浮子）构成。流体自玻璃管底部流入，经过转子和管壁之间的环隙，再从顶部流出。

管中无流体通过时，转子沉在管底部。当被测流体以一定的流量流经转子与管壁之间的环隙时，由于流道截面减小，流速增大，压力随之降低，于是在转子上、下端面形成一个压差，将转子托起，使转子上浮。随着转子的上浮，环隙面积逐渐增大，流速减小，压力增加，从而使转子两端的压差降低。当转子上浮至某一定高度时，转子两端面压差造成的升力恰好等于转子的重力，转子不再上升，而悬浮在该高度。转子流量计玻璃管外表面上刻有流量值，根据转子平衡时其上端平面所处的位置，即可读取相应的流量。转子流量计的特点为恒压差、恒环隙流速而变流通面积，属于截面式流量计。与之相反，孔板流量计则是恒流通面积，而压差随流量变化，为差压式流量计。

图 2-37 转子流量计
1—锥形硬玻璃管；2—刻度；
3—突缘填函盖板；4—转子

转子流量计的流量方程可根据转子受力平衡导出。转子流量计上的刻度，是在出厂前用某种流体进行标定的。一般液体流量计用 20℃ 的水（密度为 $1000 kg/m^3$）标定，而气体流量计则用 20℃ 和 101.3kPa 下的空气（密度为 $1.2 kg/m^3$）标定。当被测流体与上述条件不符时，应进行刻度换算。

转子流量计必须垂直安装在管路上，为便于检修，应设置支路。

转子流量计读数方便，流动阻力很小，测量范围宽，测量精度较高，对不同的流体适用性广。缺点是玻璃管不能经受高温和高压，在安装使用过程中玻璃容易破碎。

三、化工管路布置原则

工业上的管路布置既要考虑到工艺要求，又要考虑到经济要求，还要考虑到操作方便与安全,在可能的情况下还要尽可能美观。因此,布置管路时应遵守以下原则。

① 在工艺条件允许的前提下,应使管路尽可能短,管件阀件应尽可能少,以减少投资,使流体阻力减到最低。

② 应合理安排管路,使管路与墙壁、柱子、场面、其他管路等之间有适当的距离,以便于安装、操作、巡查与检修。如管路最突出的部分距墙壁或柱边的净空不小于100mm,距管架支柱也不应小于100mm,两管路的最突出部分间距净空,中压保持40~60mm,高压应保持70~90mm,并排管路上安装手轮操作阀门时,手轮间距约100mm。

③ 管路排列时,通常使热的在上,冷的在下,无腐蚀的在上,有腐蚀的在下,输气的在上,输液的在下,不经常检修的在上,经常检修的在下,高压的在上,低压的在下,保温的在上,不保温的在下,金属的在上,非金属的在下;在水平方向上,通常使常温管路、大管路、振动大的管路及不经常检修的管路靠近墙或柱子。

④ 管子、管件与阀门应尽量采用标准件,以便于安装与维修。

⑤ 对于温度变化较大的管路应采取热补偿措施,有凝液的管路要安排凝液排出装置,有气体积聚的管路要设置气体排放装置。

⑥ 管路通过人行道时高度不得低于2m,通过公路时不得小于4.5m,与铁轨的净距离不得小于6m,通过工厂主要交通干线时一般为5m。

⑦ 一般化工管路采用明线安装,但上、下水管及废水管采用埋地铺设,埋地安装深度应当在当地冰冻线以下。

总之,在布置化工管路时,应参阅有关资料,依据上述原则制订方案,确保管路的布置科学、经济、合理、安全。

四、化工管路安装原则

1. 化工管路的连接

管子与管子、管子与管件、管子与阀件、管子与设备之间的连接方式主要有4种,即螺纹连接、法兰连接、承插式连接及焊接。

① 螺纹连接是依靠螺纹把管子与管路附件连接在一起,连接方式主要有内牙管、长外牙管及活接头等。通常用连接天然气、炼厂气、低压蒸汽、水、压缩空气等的小直径管路。安装时,为了保证连接处的密封,常在螺纹上涂上胶黏剂或包上填料。

② 法兰连接是最常用的连接方法,其主要特点是已标准化,装拆方便,密封可靠,适应管径、温度及压力范围均很大,但费用较高。连接时,为了保证接头处的密封,需在两法兰盘间加垫片,并用螺栓将其拧紧。

③ 承插式连接是将管子的一端插入另一管子的钟形插套内,并在形成的空隙中装填料(丝麻、油绳、水泥、胶黏剂、熔铅等)以密封的一种连接方法。主要用于水泥管、陶瓷管和铸铁管的连接,其特点是安装方便,对各管段中心重合度要求不高,但拆卸困难,不能耐高压。

④ 焊接连接是一种方便、价廉、不漏但却难以拆卸的连接方法,广泛使用于钢管、有色金属管及塑料管的连接。主要用在长管路和高压管路中,但当管路需要经常拆卸时,或在不允许动火的车间,不宜采用焊接方法连接管路。

2. 化工管路的热补偿

化工管路的两端是固定的,当温度发生较大的变化时,管路就会因管材的热胀冷缩而承受压力或拉力,严重时将造成管子弯曲、断裂或接头松脱。因此必须采取措施消除这种应力,这就是管路的热补偿。热补偿的方法主要有两种:其一是依靠弯管的自然补偿,通常,当管路转角不大于150°时，均能起到一定的补偿作用；其二是利用补偿器进行补偿，主要有方形、波形及填料3种补偿器。

3. 化工管路的试压与吹扫

化工管路在投入运行之前，必须保证其强度与严密性符合设计要求，因此，当管路安装完毕后，必须进行压力试验，称为试压，试压主要采用液压试验，少数特殊情况也可以采用气压试验。另外，为了保证管路系统内部的清洁，必须对管路系统进行吹扫与清洗，以除去铁锈、焊渣、土及其他污物，称为吹洗，管路吹洗根据被输送介质不同，有水冲洗、空气吹扫、蒸汽吹洗、酸洗、油清洗和脱脂等。

4. 化工管路的保温与涂色

化工管路通常是在异于常温的条件下操作的，为了维持生产需要的高温或低温条件，节约能源，维护劳动条件，必须采取措施减少管路与环境的热量交换，这就叫管路的保温。保温方法是在管道外包上一层或多层保温材料。化工厂中的管路是很多的，为了方便操作者区别各种类型的管路，常常在管外（保护层外或保温层外）涂上不同的颜色，称为管路的涂色。管路涂色有两种方法，其一是整个管路均涂上一种颜色（涂单色），其二是在底色上每间隔2m涂上一个50~100mm的色圈。常见化工管路的颜色可参阅手册。如给水管为绿色，饱和蒸汽管为红色。

5. 化工管路的防静电措施

静电是一种常见的带电现象，在化工生产中，电解质之间、电解质与金属之间都会因为摩擦而产生静电，如当粉尘、液体和气体电解质在管路中流动，从容器中抽出或注入容器时，都会产生静电。这些静电如不及时消除，很容易产生电火花而引起火灾或爆炸。管路的抗静电措施主要是静电接地和控制流体的流速。

五、化工管路常见故障处理方法、原则与基本程序

化工管路常见故障、产生的原因及其处理方法见表2-6。

表2-6 化工管路常见故障、产生的原因及其处理方法

故障类型	产生的原因	消除方法
管路振动	旋转零件的不平衡	对旋转件进行静、动平衡
	联轴器不同心	进行联轴器找正
	零件的配合间隙过大	调整配合间隙
	机座和基础间连接不牢	加固机座和基础的连接
	介质流向引起的突变	采用大弯曲半径弯头
	介质激振频率和管路固有频率相接近	加固或增设支架，改变管路的固有频率
	介质的周期性波动	控制波动幅度，减少波动范围
管路泄漏	密封垫破坏	更换密封垫，带压堵漏
	介质压力过高	使用耐高压的垫片
	法兰螺栓松动	拧紧法兰螺栓
	法兰密封面破坏	修理或更换法兰，带压堵漏
	螺纹连接没有拧紧、螺纹部分破坏	拧紧螺纹连接螺栓，修理管端螺纹
	阀门故障	修理或更换阀门
	螺纹连接的密封失效	更换连接处的密封件，带压堵漏
	铸铁管子上有气孔或夹渣	在泄漏处打上卡箍，带压堵漏
	焊接焊缝处有气孔或夹渣	清理焊缝、补焊，带压堵漏
	管路腐蚀	更换管路，带压堵漏

续表

故障类型	产生的原因	消除方法
管路裂纹	管路连接不同心,弯曲或扭转过大	校正
	冻裂	加设保温层
	保温层破坏	更换保温层
	振动剧烈	消除振动
	机械损伤	避免碰撞

任务实施——管路拆装

管路拆装实训的工作内容包括现场测绘并画出安装配管图、备料、管路安装、试漏、拆卸等。过程可反复进行,直至熟练掌握。

管路系统及设备已定,要求在拆除后恢复原样,反复地进行拆装训练。

按指定的工艺流程图及相关实训材料,安装一段流体输送管路,安装后要求试漏合格。

安装完毕后要写出管路拆装实训报告,并进行现场操作考核。

管路拆装的工艺流程图如图 2-30 任务附图所示。

一、设备、材料

IS 型离心水泵（25～125，$4m^3/h$，20m），LZB-25 转子流量计，2.5MPa 手动试压泵，手推车，规格分别为 $\phi 76mm \times 4mm$（DN65）、$\phi 57mm \times 3.5mm$（DN50）、$\phi 32mm \times 3mm$（DN25）的不锈钢管（带法兰），规格分别为 DN50、DN25 的不锈钢三通（带法兰），规格分别为 DN50、DN25 的不锈钢弯头（带法兰），规格分别为 1in、3/4in、1/2in 的镀锌管，1/2in 的不锈钢球阀和普通截止阀，DN25 法兰式不锈钢球阀、闸阀、截止阀、止回阀和过滤阀，$\phi 10mm$ 不锈钢仪表阀，$\phi 10mm$ 不锈钢压力表弯管，0～1.6MPa 压力表，-1～1.6MPa 真空压力表，内丝弯头、活接头、大小头、短接、丝堵、螺栓、螺母、橡胶板及垫片、红纸箔板及垫片、生料带等。

二、工具

1/2～1in 铰板（攻丝钳），割刀，刀片，管子钳，三角管架，活络扳手，固定扳手，套筒扳手，老虎钳，尖嘴钳，剪刀，美工刀，圆榔头，5m 卷尺，一字螺丝刀，十字螺丝刀，锯工，半圆锉，人字梯，安全帽等。

三、安装注意事项

① 进实训室一律要戴安全帽、穿工作服,操作中要注意安全。

② 要在教师指导下进行,每个组可安排 2～3 人。

③ 管路的安装要横平竖直,做到水平管偏差不大于 15mm/10m,垂直管偏差不大于 10mm/10m。

④ 法兰紧固前要将法兰密封面清理干净,其表面不得有沟纹;垫片要完好,不得有裂纹,大小要合适,不得用双层垫片,垫片的位置要放正;法兰与法兰的对接要正、要同心;紧固螺丝时应按对称位置的顺序拧紧,紧好后两头螺栓应露出 2～4 扣;活接头的连接特别要注意垫圈的放置;螺纹连接时,应注意生料带的缠绕方向与圈数。

⑤ 阀门安装前要清理干净,将阀关闭后进行安装;截止阀、单向阀安装时要注意方向性;转子流量计的安装要垂直,防止损坏。

⑥ 水压试验时，试验的压力取操作压力的 1.25 倍，维持 5min 不漏为合格。要注意缓慢升压。

四、考核表

考核表见表 2-7。

表 2-7　考核表

考核内容	考核要点	配分	评分标准	完成情况	得分
熟悉流程	熟悉工艺流程	5	按物料走向叙述流程		
	熟悉各管件、阀门	5	管件、阀门错一项扣 2 分		
管路拆卸	正确使用拆卸工具	5	实际		
	拆卸过程	10	实际		
	管件、管道摆放	5	摆放整齐、有序		
管路安装	正确使用安装工具	5	实际		
	安装次序正确	5	实际		
	选用管件、阀门正确	5	实际		
	安装方法	5	螺栓、法兰安装方法正确		
	安装后外观	5	管路系统整体		
注意事项	安全注意事项	5	戴安全帽、穿工作服		
	常见故障处理	5	实际		
	团队协作能力	5	协调一致		
试漏试压	管路系统试漏	15	系统密封完好		
	系统试压	15	系统试压维持 5min		
总分		100			

讨论与拓展

讨论：

1. 试比较孔板流量计与转子流量计。
2. 测速管是根据什么原理测量的？测的是什么速度？如何换算成管道的平均流速？

拓展：

学生参观某实训基地的某段管路系统，并与所给出的带控制点工艺流程图（见图 2-30）相对照。

任务五　离心泵认知与操作

任务引入

在化工生产过程的各道工序中，都会涉及液体或气体物料输送的操作。在流体输送中，常会遇到选择适用的泵、确定其安装高度、控制调节泵、泵的操作等问题，如离心泵的选用、安装、流量调节和往复式真空泵操作，本任务要解决以上四个问题。

相关知识

离心泵具有结构简单、流量大而且均匀、操作方便的优点。而且离心泵能适用于多种特殊性质物料，因此在工业生产中普遍被采用。在化工生产中也得到广泛应用，占化工用泵的 80%～90%。

泵的选用与安装是流体输送最为典型的任务之一。工业用泵种类繁多，泵的型号千差万别，如何选用合适的泵并按要求安装是完成流体输送任务的关键所在。这就要求学生熟知各种泵的特点和工作原理，掌握离心泵的工作原理、特性参数和特性曲线，知悉离心泵的安装高度的求算。

一、离心泵的结构、工作原理与性能

1. 结构

图 2-38 是离心泵的装置简图，其主要部件为旋转的叶轮和固定的泵壳。具有弯曲叶片的叶轮安装在泵壳内，并且叶轮紧固于泵轴上，位于泵壳中央的吸入口与吸入管路连接，泵壳侧旁的排出口与排出管路连接，排出管路上装有调节阀。

(1) 叶轮 叶轮是离心泵最重要的部件，其作用是将电机能量传给流体。如图 2-39 所示，叶轮按结构可分为以下三种。

① 敞式叶轮。敞式叶轮两侧都没有盖板，制造简单，清洗方便。但由于叶轮和壳体不能很好地密合，部分液体会流回吸液侧，因而效率较低。它适用于输送含杂质的悬浮液。

② 半闭式叶轮。半闭式叶轮吸入口一侧没有前盖板，而另一侧有后盖板，它也适用于输送悬浮液。

③ 闭式叶轮。闭式叶轮叶片两侧都有盖板，这种叶轮效率较高，应用最广，但只适用于输送清洁液体。

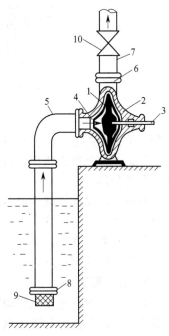

图 2-38 离心泵的装置简图
1—叶轮；2—泵壳；3—泵轴；
4—吸入口；5—吸入管；6—排出口；
7—排出管；8—底阀；
9—滤网；10—调节阀

闭式或半闭式叶轮的后盖板与泵壳之间的缝隙内，液体的压力较入口侧为高，这使叶轮遭受到向入口端推移的轴向推力。轴向推力能引起泵的振动，轴承发热，甚至损坏机件。为了减弱轴向推力，可在后盖板上钻几个小孔，称为平衡孔，让一部分高压液体漏到低压区以降低叶轮两侧的压力差。这种方法虽然简便，但由于液体通过平衡孔短路回流，增加了内泄漏量，因而降低了泵的效率。

如图 2-40 所示，按吸液方式的不同，离心泵可分为单吸和双吸两种，单吸式构造简单，液体从叶轮一侧被吸入；双吸式比较复杂，液体从叶轮两侧吸入。显然，双吸式具有较大的吸液能力，而且基本上可以消除轴向推力。

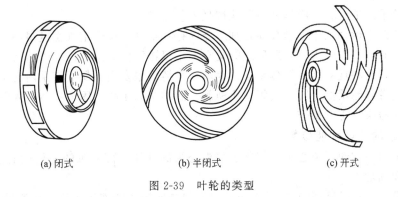

(a) 闭式　　　　　(b) 半闭式　　　　　(c) 开式

图 2-39 叶轮的类型

(2) 泵壳 离心泵的外壳多做成蜗壳形，其内有一个截面逐渐扩大的蜗形通道。泵壳的

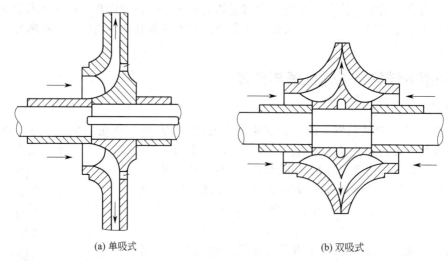

(a) 单吸式　　　　　　　　　(b) 双吸式

图 2-40　吸液方式

作用是集液和能量转换。叶轮在泵壳内顺着蜗形通道逐渐扩大的方向旋转。由于通道逐渐扩大，以高速度从叶轮四周抛出的液体可逐渐降低流速，减少能量损失，从而使部分动能有效地转化为静压能。

有的离心泵为了减少液体进入蜗壳时的碰撞，在叶轮与泵壳之间安装一固定的导轮，导轮具有很多逐渐转向的孔道，使高速液体流过时能均匀而缓慢地将动能转化为静压能，使能量损失降到最小程度。

泵壳与轴要密封好，以免液体漏出泵外，或外界空气漏进泵内。

2. 工作原理

离心泵一般由电动机驱动，启动前需先向泵壳内灌输被输送的流体。启动后泵轴带动叶轮高速旋转，叶片间的液体也随之旋转。因此在惯性离心力的作用下液体从叶轮中心向外周作径向运动，并获得了能量，即液体的静压能和动能均有所增高。液体离开叶轮进入泵壳内后，由于泵壳中流道逐渐扩大，液体的流速减小，使部分动能转化为静压能。最终液体以较高的压强从泵的排出口进入排出管路，达到输送的目的。

当泵内的液体自叶轮中心甩向外周时，便在叶轮中心处形成了低压区。由于贮槽液面上方的压强大于泵吸入口处的压强，在该压强差的作用下，液体便经底阀、吸入管被连续吸入泵内，填补了液体排出后的空间。

只要叶轮不断地旋转，液体就不停地被吸入与排出。

如果离心泵在启动前未充满液体，则泵壳内存在空气。由于空气密度很小，所产生的离心力也很小。此时，在吸入口处所形成的真空不足以将液体吸入泵内。虽然启动离心泵，但不能输送液体，这种现象称为气缚现象。为防止气缚现象发生，便于使泵内充满液体，在吸入管底部安装带吸滤网的底阀，底阀为止逆阀。滤网是为了防止固体物质进入泵内，损坏叶轮的叶片或妨碍泵的正常操作。

3. 离心泵的主要性能参数

为了正确选择和使用离心泵，需要了解离心泵的性能。离心泵的主要性能参数为流量、扬程、效率和轴功率。

(1) 流量（又称送液能力）　是指单位时间内泵所输送的液体体积，用符号 Q 表示，单位为 L/s 或 m^3/h。

（2）扬程（又称泵的压头） 是指单位重量液体流经泵后所获得的能量，用符号 H 表示，单位为米液柱。离心泵扬程的大小，取决于泵的结构（如叶轮直径的大小，叶片的弯曲情况等）、转速及流量。

泵的扬程可用实验方法测定。不要误认为扬程就是升举高度，升举高度只是扬程的一部分。根据伯努利方程，泵的扬程一般用于克服输送过程位压头、动压头和静压头的增加以及压头损失。

（3）效率 液体在泵内流动的过程中，由于泵内有各种能量损失，泵轴从电机得到的轴功率，没有全部为液体所获得。泵的效率 η 就是反映这种能量损失的。泵内部损失主要有三种，即容积损失、水力损失及机械损失，现将其产生原因分述如下。

① 容积损失。容积损失是由于泵的泄漏造成的。离心泵在运转过程中，有一部分获得能量的高压液体，通过叶轮与泵壳之间的间隙流回吸入口。因此，从泵排出的实际流量要比理论排出流量为低。

② 水力损失。水力损失是由于流体流过叶轮、泵壳时，由于流速大小和方向要改变且发生冲击而产生的能量损失。所以泵的实际压头要比泵理论上所能提供的压头为低。

③ 机械损失。机械损失是泵在运转时，在轴承、轴封装置等机械部件接触处由于机械摩擦而消耗部分能量，故泵的轴功率大于泵的理论功率（即理论压头与理论流量所对应的功率）。

对离心泵来说，效率一般为 0.6～0.85，大型泵可达 0.90。

（4）轴功率 是指泵轴所需要的功率。如用电动机直接驱动离心泵，它就是电动机传给泵轴的功率，用 N 表示，单位是 J/s、W 或者 kW。而单位时间泵对流体所做的功称为泵的有效功率，用 N_e 表示，单位是 J/s、W 或者 kW。

泵的有效功率可写成

$$N_e = QH\rho g \tag{2-22}$$

式中　N_e——泵的有效功率，W；
　　　Q——泵的流量，m³/s；
　　　H——泵的压头，m；
　　　ρ——液体的密度，kg/m³；
　　　g——重力加速度，m/s²。

由于有容积损失、水力损失与机械损失，所以泵的轴功率 N 要大于液体实际得到的有效功率，即

$$N = \frac{N_e}{\eta} \tag{2-23}$$

泵在运转时可能发生超负荷的情况，所配电动机的功率应比泵的轴功率大。在机电产品样本中所列出的泵的轴功率，除非特殊说明以外，均系指输送清水时的数值。

（5）离心泵的特性曲线 指扬程、轴功率、效率与流量之间的关系曲线。其数值通常是指额定转数和标准状态（大气压 101.325kPa、20℃清水）下的数值，可用实验测得。通常在泵的产品样本中附有泵的主要性能参数和特性曲线，供选泵和操作参考。

特性曲线是在固定的转速下测出的，只适用于该转速，故特性曲线图上都注明转速 n 的数值。图 2-41 为国产 4B20 型离心泵在 $n=2900$ r/min 时的特性曲线。特性曲线由 H-Q、N-Q 及 η-Q 三条曲线组成。

各种型号的离心泵都各有独自的特性曲线，但它们都有如下的共同点。

① H-Q 曲线表示泵的扬程 H 和流量 Q 之间的关系。离心泵的扬程随流量的增大而下

降(在流量极小时有例外)。

② N-Q 曲线表示泵的轴功率 N 和流量 Q 之间的关系,轴功率随流量的增大而增大。显然,当 $Q=0$ 时,泵轴消耗的功率最小。因此,启动离心泵时,应将出口阀关闭,使启动电流减少,以保护电机。

③ η-Q 曲线表示泵的流量 Q 和效率 η 之间的关系,当 $Q=0$ 时,$\eta=0$,随着流量的增大,效率随之而上升达到一个最大值;而后流量再增大,效率便下降。上述关系表明离心泵在某一定转速下有一个最高效率点,称为设计点。泵在最高效率点相对应的流量及扬程下工作最为经济。所以与最高效率点对应的 Q、H、N 值称为最佳工况参数,离心泵的铭牌上标出的性能参数就是上述的最佳工况参数。根据生产任务选用离心泵时,应尽可能地使泵在最高效率点附近运转,一般以泵的工作效率不低于最高效率的 92% 为合理,如图中波折号所划出的即是该泵的流量和扬程的适宜使用范围。

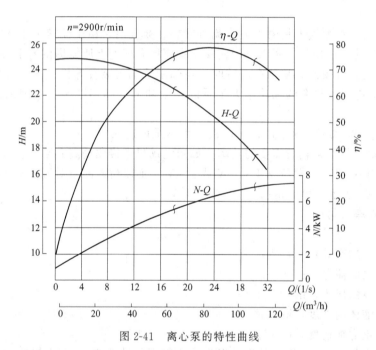

图 2-41 离心泵的特性曲线

二、管路特性曲线和离心泵的工作点

离心泵的扬程、轴功率、效率与流量的关系是离心泵的特性曲线。当把离心泵连接到流体输送系统后则构成了管路系统。管路系统扬程与流量相互之间的关系称为管路系统的特性曲线。

图 2-42 是管路输送系统示意图。设液体贮槽与受液体槽的液面均维持恒定,输送管路的直径均一,在图中截面 1—1′ 和截面 2—2′ 间列伯努利方程式,则可求得液体流过管路系统所需离心泵提供的能量 H_e,即:

$$H_e = \Delta z + \frac{\Delta p}{\rho g} + H_f$$

式中,H_f 是管路中的阻力损失。根据总管路阻力计算公式,令:

$$K = \Delta z + \frac{\Delta p}{\rho g}, \quad B = \left(\frac{8}{\pi^2 \times g}\right)\left(\lambda \frac{l + \Sigma l_e}{d^5} + \frac{\Sigma \xi}{d^4}\right) Q_e^2$$

经整理有：

$$H_e = K + BQ_e^2 \qquad (2\text{-}24)$$

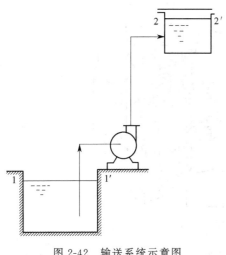

图 2-42 输送系统示意图　　　　图 2-43 离心泵的工作点

式（2-24）是管路特性方程式，将关系式中 H_e 随 Q_e 变化的函数关系在坐标图上表示出来，如图 2-43 所示的 H_e-Q_e 就是管路特性曲线。

离心泵安装在一定管路上工作时，由于泵与管路是串联的，所以泵所提供的扬程与流量，必然应与管路所需的压头与流量一致。离心泵在一定转速下运转时，某一流量对应一定扬程即泵的工作点应在该泵的 H-Q 特性曲线上。从管路来看，当管路一定时，输送一定流量 Q_e 的液体所需外加压头 H_e，应为在 H_e-Q_e 特性曲线上与 Q_e 所对应的数值。所以，把离心泵的特性曲线 H-Q 和管路特性曲线 H_e-Q_e 画在同一坐标图上表示出来，如图 2-43 所示，两曲线的交点 M 就是离心泵的工作点。M 点表示离心泵在该管路系统中运行时，泵所提供的扬程和流量恰为管路系统所要求的压头和流量，即 $Q=Q_e$，$H=H_e$。也就是说，对选定的离心泵，以一定的转速在该特定管路中运行时，只能在 M 点工作。

离心泵的特性曲线在离心泵的流量调节中起到重要的作用。

三、离心泵的类型

1. 清水泵

凡是输送清水及理化性质与水相似的液体，可选用清水泵。清水泵按进液方式可分为单吸和双吸两种类型。单吸是指一面进液，双吸是指两面进液。应用最为广泛的是 IS 型号系列。该系列的扬程范围是 8～98m，流量范围是 4.5～360 m³/h。其典型结构如图 2-44 所示。

若要求压头高但流量并不太大，则可选用多级离心泵，其系列代号为"D"。一根轴上串联多个叶轮，液体在几个叶轮中多次接受能量，故达到较高的压头。其扬程范围可达到 14～351m，流量范围为 10.8～850m³/h。

若输送液体流量大但不要求很高的压头，则可选用双吸式泵，其系列代号为"sh"。双吸式叶轮厚度较大，两面吸液流量大。扬程范围为 9～140m，流量范围为 120～12500m³/h。

2. 耐腐蚀型泵

化工车间输送的液体常具有不同程度的酸碱性，因而对金属设备有腐蚀作用，要使用耐腐蚀泵进行液体的输送。耐腐蚀泵系列代号为"F"。F 型泵与液体接触部分是由耐腐蚀性材

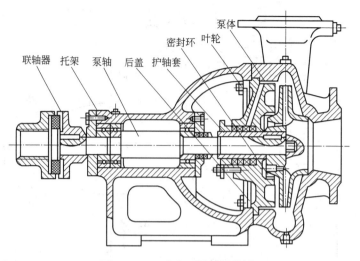

图 2-44 IS型离心泵的结构图

料制造成的,并且密封要求高,因而采用机械密封装置。全系列扬程范围是 15~105m,流量范围是 2~400m³/h。

3. 油泵

输送石油产品的离心泵叫油泵,其系列代号为"Y"。对油泵的重要要求是:密封性能好,冷却效果好。全系列扬程范围是 60~600m,流量范围是 6.25~500m³/h。

4. 杂质泵

杂质泵用于输送悬浮液和浆液等,其系列代号为"P"。可分为污水泵"Pw"型、泥浆泵"PN"型。

四、其他类型的泵

1. 往复泵

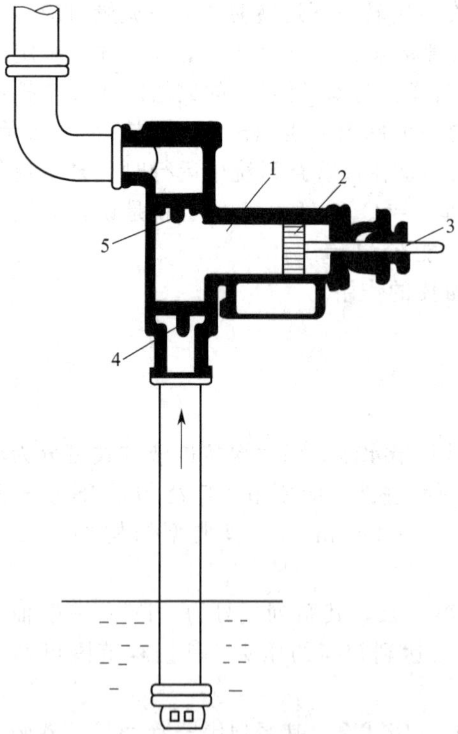

往复泵是一种容积式泵。图 2-45 是往复泵装置结构简图,它主要由泵缸、活塞、活塞杆、吸入单向阀和排出单向阀构成。活塞杆通过曲柄连杆机构将电机的回转运动转换成直线往复运动。当活塞自左向右运动时泵缸容积增大,形成低压,此时因受排出管内压力的作用,排出阀关闭,吸入阀则受贮池液体压强的作用而被顶开,液体流入缸内。当活塞移至最右端时,泵缸容积最大,吸入的液体最多。此后活塞向左运动,缸内液体被挤压,吸入阀关闭,排出阀被顶开,液体被压入排出管中,排液完毕,完成一个工作循环。

通常把活塞移动的距离称为冲程。若在一个工作循环中只有一次吸入和一次排出则称为单动泵。它是不连续地输送液体。若在一个工作循环中,无论活塞向左、向右运动,都有吸入液

图 2-45 往复泵的工作原理示意图
1—泵缸;2—活塞;3—活塞杆;
4—吸入阀;5—排出阀

体和排出液体的过程，则称这种泵为双动泵。

往复泵缸内低压的形成是靠扩大泵内的容积实现的。因此，往复泵有自吸作用，启动前不需要向往复泵缸内灌满液体。但是，由于往复泵是依靠外界和泵内的压强差吸入液体的，因此往复泵的吸上高度受到限制，其安装高度随地区的大气压、被输送液体的性质及温度等条件的变化而变化。

往复泵的流量是不均匀的，单动泵的流量是间歇性的，双动泵的流量连续但不均匀，只有采用多缸体往复泵才可改善往复泵的不均匀性，如三联泵的流量就比较均匀。

往复泵的扬程与泵的几何尺寸无关，只要泵的力学强度和原动机的功率允许，理论上泵的压头不受限制，即可以满足输送系统对扬程的各种要求，实际上由于活塞环、轴封及阀门等处的泄漏，降低了往复泵可能达到的压头。可见往复泵的扬程是与流量无关的。

往复泵的排液能力与活塞位移有关，与管路状况无关；而压头则受管路的承压能力所限制。这种性质称为正位移特性，具有这种特性的泵统称为正位移泵。正位移泵的流量不能用出口阀门来调节。

往复泵的效率一般都在70%以上，最高可达90%，它主要用于低流量、高压强的管路输送系统，输送高黏度液体时效果也较好，但不能用来输送腐蚀性的液体及含有固体粒子的悬浮液。

往复泵流量调节不能用像离心泵一样的出口阀调节方法。往复泵的流量调节方法主要有旁路阀调节和改变曲柄转速调节两种方法。

（1）用旁路阀调节流量　泵的送液量不变，只是让部分被压出的液体返回贮池，使主管中的流量发生变化。显然这种调节方法很不经济，只适用于流量变化幅度较小的经常性调节。

（2）改变曲柄转速　因电动机是通过减速装置与往复泵相连的，所以改变减速装置的传动比可以很方便地改变曲柄转速，从而改变活塞做往复运动的频率，达到调节流量的目的。

2. 计量泵

在工业生产中普遍使用的计量泵是往复泵的一种，它正是利用往复泵流量固定这一特点发展起来的，工作原理与往复泵完全相同。它可以用电动机带动偏心轮从而实现柱塞的往复运动。偏心轮的偏心度可以调整，柱塞的冲程就发生变化，以此来实现流量的调节。

计量泵主要应用在一些要求精确地输送液体至某一设备的场合，或将几种液体按精确的比例输送，如化学反应器一种或几种催化剂的投放，后者是靠分别调节多缸计量泵中每个活塞的行程来实现的。

3. 旋转泵

旋转泵又称齿轮泵，它是靠泵体内一个或多个转子的旋转来吸入和排出液体的。旋转泵的形式很多，但工作原理基本相同，且都是正位移泵。

（1）齿轮泵　结构如图2-46所示。泵壳内有两个齿轮，一个是主动轮靠电动机驱动旋转，另一个是从动轮靠与主动轮齿合而转动。当齿轮转动时，在泵的吸入端，两个齿轮的齿互相拔开，形成低压而吸入液体，然后随齿轮转动，液体分两路封闭于齿穴和壳体之间，并被压向排出端，在排出端两齿轮互相合拢，形成高压而将液体排出。

齿轮泵扬程高而流量小，流速均匀，适用于输送黏稠性液体，但不能输送含有固体颗粒的悬浮液体。

（2）螺杆泵　主要由泵壳和一根或多根螺杆构成，如图 2-47 所示。其工作原理与齿轮泵相似，它是利用互相齿合的螺杆来排出液体，当需要的扬程较高时可用较长的螺杆。

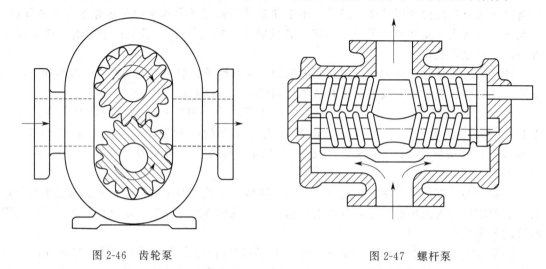

图 2-46　齿轮泵　　　　　　　　图 2-47　螺杆泵

螺杆泵的特点是扬程高、效率高和噪声低，适宜于输送气体和高黏度液体。

4. 旋涡泵

旋涡泵是一类特殊类型的离心泵，由泵壳、叶轮构成，如图 2-48 所示。其叶轮是一个圆盘，从盘中心向外成辐射状排列的众多凹槽构成叶片。叶轮在泵壳内旋转，泵壳内有液体流道，吸入口和排出口之间有间壁。间壁与叶轮之间的缝隙很小，可使吸入腔和排出腔分开。旋涡泵运行时泵内液体随叶轮旋转的同时，又在引液道与各片之间做反复迂回运动，从而使液体获得较高的能量而被排出。

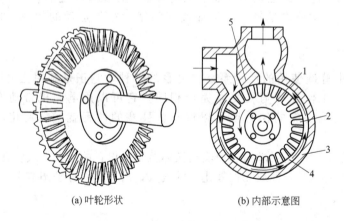

(a) 叶轮形状　　　　(b) 内部示意图

图 2-48　旋涡泵
1—叶轮；2—叶片；3—泵壳；
4—流道；5—吸入口与排出口的间隔

旋涡泵结构简单、加工容易，且可采用各种耐腐蚀的材料制造。旋涡泵的压头和功率随流量增加下降较快，因此启动时应打开出口阀，改变流量时，旁路调节比安装调节阀经济。在叶轮直径和转速相同的条件下，旋涡泵的压头比离心泵高出 2～4 倍，适用于高压头、小流量的场合。旋涡泵适合输送液体的黏度不宜过大，否则泵的扬程和效率都将大幅度下降，且输送液体不能含有固体颗粒。

任务实施——离心泵的选用、安装、调节与操作

一、离心泵的选用

离心泵的选择原则上按下列步骤进行。

首先，根据被输送液体的理化性质和操作条件，确定类型。

然后，根据管路系统对流量和扬程提出的要求，从泵的样本产品目录或者系列特性曲线选出合适的型号。在选定型号时，要留有余地，即所选型号提供的扬程、流量、效率等参数要适当大一些。当有几种型号都能满足要求时选择效率最大的离心泵。

选好型号后，要列出泵的有关性能参数和转速。如果输送液体的黏度和密度与水相差较大，则应校核泵的流量、压头及轴功率是否符合要求。

【例题】 现有某化工厂用泵将地面处贮槽内的75℃稀硫酸输送至15m高的高位槽中，该系统所需扬程为21m，流量要求为 $0.014 m^3/s$，间歇操作，现需选择泵的型号并决定其安装高度。

解： 本任务属于离心泵的选型问题。学生分组进行泵的选用，并列出有关计算过程。根据以下步骤来确定。

① 介质、操作条件、性能数据

介质：无颗粒和杂质的稀硫酸，有腐蚀性、间歇操作。

密度：$975 kg/m^3$。

根据离心泵的选用原则，确定流量和扬程，必要时放大数据。

	要求数据	选型数据
流量	$0.014 m^3/s$	因间歇操作，不用扩大
扬程	21m	21×1.05＝22m

② 确定泵型和系列。由流量 $Q=0.014×3600=50.4 m^3/h$ 和扬程22m，参考泵的性能范围图，选择离心式耐腐蚀泵，即F系列，材料采用高硅铁G15。

③ 确定具体型号。由 H 和 Q 查F型系列谱图，查得型号为F80-24。查得F系列泵的具体性能参数为：$Q=54 m^3/h$，$H=24m$，电机功率为7.5kW，$n=2960 r/min$，$\eta=72\%$，$[H_a]=5.5m$，从谱图上看，选择的泵的参数与设计点接近，故该泵完全合适。

④ 由于间歇操作，不考虑备用泵。

⑤ 因介质密度小于20℃时水的密度，所以不用校核电机功率，原配电机可用。

⑥ 由于输送介质有腐蚀性，故将泵轴心线安在低于贮槽液面位置，不用灌泵即可启动。

二、离心泵的安装

离心泵的安装要考虑离心泵的汽蚀现象与安装高度要求。

离心泵在工作过程中，液体汽化，汽泡产生和破裂的过程中所引起的剥蚀现象，称为汽蚀现象。

如图2-49所示，对离心泵的吸液管路，以贮液槽的液面为基准面，列出槽液面0—0′与泵入口1—1′截面间的伯努利方程，得：

$$\frac{p_1}{\rho g}=\frac{p_0}{\rho g}-H_g-\frac{u_1^2}{2g}-\sum H_f \tag{2-25}$$

当贮液槽的液面上方 p_0 一定时，若泵的安装高度 H_g 越高，或吸液管路内液体流速 u_1 越大，或两截面间的压头损失 $\sum H_f$ 越大，则 p_1 就越小。但叶轮入口最低压力点处的压力不

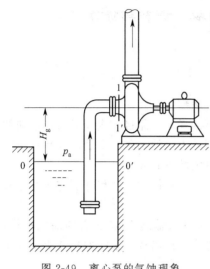

图 2-49 离心泵的气蚀现象

允许低于该处温度下的液体饱和蒸气压 p_v，即要保证 $p_1 > p_v$，以便推动液体进入叶轮。如果 $p_1 < p_v$，液体将有部分汽化，溶解于液体的气体解吸出来，产生大量小汽泡，小汽泡随液体流到叶轮内压力高于 p_v 区域时便会突然破裂，其中的蒸汽会迅速凝结，周围的液体将以高速冲向刚消失的汽泡中心，造成很高的局部冲击压力，冲击叶轮，发生噪声，引起震动，金属表面因受到压力大、频率高的冲击而剥蚀，使叶轮表面呈现海绵状、鱼鳞状破坏。

离心泵开始发生汽蚀时，汽蚀区域较小，对泵的正常工作没有明显影响，但当汽蚀发展到移动程度时，由于大量汽泡占据了液体流道的一部分空间，使泵内液体流动的连续性遭到破坏，导致泵的流量、扬程和效率明显下降，不能正常操作。为了避免汽蚀现象发生，通常用汽蚀余量对泵的安装高度 H_g 进行限制。

必需汽蚀余量定义为离心泵低压区的绝对压强必须大于操作温度下液体的饱和蒸气压某一规定的数值，用 $(NPSH)_r$ 表示，国际上普遍称为必需净正吸入头，国内以前以 Δh 表示，单位是 m。必需汽蚀余量是泵本身具有的一种特性，一般由泵生产厂通过实验测定。

为了防止汽蚀现象发生，装置汽蚀余量为离心泵入口处的静压头超过被输送液体在操作温度下的饱和蒸气压头与动压头之和的值，用 $(NPSH)_a$ 表示：

$$(NPSH)_a = \frac{p_1 - p_v}{\rho g} + \frac{u_1^2}{2g} \tag{2-26}$$

泵的必需汽蚀余量 $(NPSH)_r$ 值越小，则允许的入口压强就越低，说明泵的抗气蚀能力越强，而装置汽蚀余量 $(NPSH)_a$ 值越高，则泵避免汽蚀的安全性就越大。

当输送的流体为清水时，泵的安全运行要求为：

$$(NPSH)_a \geq (NPSH)_r + 0.3 \tag{2-27}$$

当输送的流体为工艺液体时，泵的安全运行要求为：

$$(NPSH)_a \geq (1.1 \sim 1.3)(NPSH)_r \tag{2-28}$$

离心泵的允许吸上高度又称为允许安装高度，即为图 2-49 所示的 H_g。

$$H_g = \frac{p_0}{\rho g} - \frac{p_v}{\rho g} - (NPSH)_a - \sum H_f \tag{2-29}$$

当 $(NPSH)_a = (NPSH)_r$ 时，有

$$H_{max} = \frac{p_0}{\rho g} - \frac{p_v}{\rho g} - (NPSH)_r - \sum H_f \tag{2-30}$$

此时，H_{max} 称为离心泵的最大安装高度，一般泵的实际安装高度必须低于此值 0.3m 以上，否则将有发生汽蚀的危险。

【例题】 选用某台离心泵，从样本上查得其允许吸上真空高度 $H_s = 7.5$m，现将该泵安装在海拔高度为 500m 处，已知吸入管的压头损失为 $1mH_2O$，泵入口处动压头为 $0.2mH_2O$，夏季平均水温为 40℃，问该泵安装在离水面 5m 高处是否合适？

解：使用时的水温及大气压强与实验条件不同，需校正：

当水温为 40℃ 时 $p_v = 7377$Pa

在海拔 500m 处大气压强可查手册得

$$H_a = 9.74 \text{mH}_2\text{O}$$

$$H'_s = H_s + (H_a - 10) - \left(\frac{p_v}{9.81 \times 10^3} - 0.24\right)$$

$$= 7.5 + (9.74 - 10) - (0.75 - 0.24) = 6.73 \text{mH}_2\text{O}$$

泵的允许安装高度为：

$$H_g = H'_s - \frac{u_1^2}{2g} - \sum H_{f0-1} = 6.73 - 0.2 - 1 = 5.53\text{m} > 5\text{m}$$

故泵安装在离水面5m处合适。

三、离心泵的流量调节

泵在实际操作过程中，经常需要调节流量。从泵的工作点可知，调节流量实质上就是改变离心泵的特性曲线或管路特性曲线，从而改变泵的工作点的问题。所以，离心泵的流量调节，不外从两方面考虑，其一是在排出管线上装适当的调节阀，以改变管路特性曲线；其二是改变离心泵的转速或改变叶轮外径，以改变泵的特性曲线，两者均可以改变泵的工作点，以调节流量。

1. 改变阀门开度

在生产过程中，流量的控制是通过调节离心泵出口阀门的开度实现的。如图2-50所示。离心泵在额定工作点 M 工作时，相应的流量为 Q_M。若关小阀门，管路的局部阻力增大，管路特性曲线变陡，工作点由 M 点移向 M_1 点，流量被调节为 Q_{M_1}。若开大阀门，管路局部阻力减小，管路特性曲线变得平坦，工作点由 M 点移向 M_2 点，流量被调节增大到 Q_{M_2}。阀门调节快速简便，流量可连续性地变化，使用非常广泛。

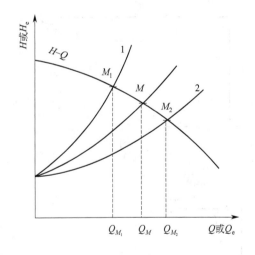

图2-50 改变阀门开度时流量变化示意图

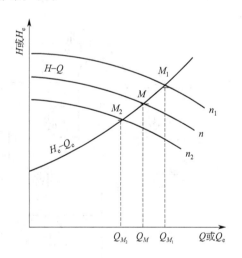

图2-51 改变转速时流量变化示意图

2. 改变泵的转速

通常可以采用改变泵的转速来调节流量。如图2-51所示，转速为 n 时的工作点为 M，相应的流量为 Q_M。若提高转速为 n_1，则泵的特性曲线上移，工作点由 M 移向 M_1，流量由 Q_M 增大到 Q_{M_1}。若把离心泵转速降低到 n_2，则泵的特性曲线下移，工作点由 M 移到 M_2，流量由 Q_M 减小到 Q_{M_2}。这种调节方法可保持管路特性曲线不改变。工作点流量随转速下降而减小，动力消耗也相应降低，既能降低生产成本，又能提高经济效益。所以，从动力消耗角度来看，通过改变泵的转速来调节流量是比较合理的，但通常需要配置可以变速的原动机。

另外，还可以通过改变叶轮直径，采用离心泵的串联或并联来调节流量。采用什么方法来调节流量，关系到能耗问题。当转速不变采用阀门来调节流量，这种方法简便，并为工厂广泛采用。但关小阀门会使阻力加大，因而需要多消耗一部分能量以克服附加的阻力，这是不经济的。当采用改变转速调节流量时，可使管路特性曲线保持不变，流量随转速下降而减小，动力消耗也相应降低，因而采用改变转速调节流量节能效果是显著的。但需要变速装置或价格昂贵的变速原动机，且难以做到流量连续调节，这是其主要的缺点。减小叶轮直径可改变泵的特性曲线，但其主要缺点是可调节流量范围不大，且直径减小不当还会降低泵的效率。在输送流体量不大的管路中，一般都用阀门来调节流量，只有输液量很大的管路才考虑使用调速的方法。

四、离心泵仿真操作

1. 工艺流程说明

(1) 工艺流程简介 离心泵是化工生产过程中输送液体的常用设备之一，其工作原理是靠离心泵内外压差不断吸入液体，靠叶轮的高速旋转使液体获得动能，靠扩压管或导叶将动能转化为压力，从而达到输送液体的目的。

本工艺为单独培训离心泵而设计，其工艺流程（参考流程仿真界面）如图 2-52 所示。

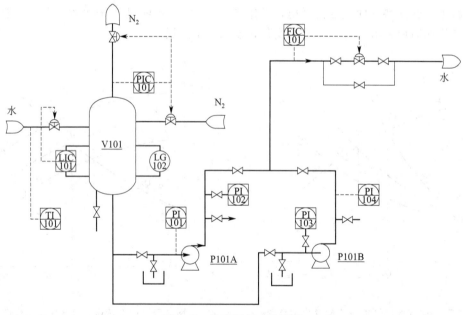

图 2-52　仿真操作工艺流程

来自某一设备约 40℃ 的带压液体经调节阀 LIC101 进入带压罐 V101，罐液位由液位控制器 LIC101 调节 V101 的进料量来控制；罐内压力由 PIC101 分程控制，PIC101A、PIC101B 分别调节进入 V101 和排出 V101 的氮气量，从而保持罐压恒定在 5.0atm（表）。罐内液体由泵 P101A/B 抽出，泵出口流量在流量调节器 FIC101 的控制下输送到其他设备。

(2) 控制方案 V101 的压力由调节器 PIC101 分程控制，调节阀 PV101 的分程动作示意图如图 2-53 所示。

(3) 设备一览

离心泵前罐（V101）；离心泵 A（P101A）；离心泵 B（P101B）（备用泵）。

2. 离心泵单元操作规程

(1) 开车操作规程 本操作规程仅供参考，详细操作以评分系统为准。

① 准备工作

a. 盘车。

b. 核对吸入条件。

c. 调整填料或机械密封装置。

② 罐 V101 充液、充压

a. 向罐 V101 充液

（a）打开 LIC101 调节阀，开度约为 30%，向 V101 罐充液。

（b）当 LIC101 达到 50% 时，LIC101 设定 50%，投自动。

b. 罐 V101 充压

（a）待 V101 罐液位>5% 后，缓慢打开分程压力调节阀 PV101A 向 V101 罐充压。

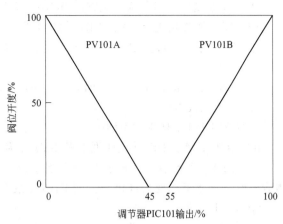

图 2-53 调节阀分程动作示意图

（b）当压力升高到 5.0atm 时，PIC101 设定 5.0atm，投自动。

③ 启动泵前准备工作

a. 灌泵。待 V101 罐充压充到正常值 5.0atm 后，打开 P101A 泵入口阀 VD01，向离心泵充液。观察 VD01 出口标志变为绿色后，说明灌泵完毕。

b. 排气

（a）打开 P101A 泵后排气阀 VD03 排放泵内不凝性气体。

（b）观察 P101A 泵后排气阀 VD03 的出口，当有液体溢出时，显示标志变为绿色，标志着 P101A 泵已无不凝性气体，关闭 P101A 泵后排气阀 VD03，启动离心泵的准备工作已就绪。

④ 启动离心泵

a. 启动离心泵。启动 P101A（或 B）泵。

b. 流体输送

（a）待 PI102 指示比入口压力大 1.5~2.0 倍后，打开 P101A 泵出口阀（VD04）。

（b）将 FIC101 调节阀的前阀、后阀打开。

（c）逐渐开大调节阀 FIC101 的开度，使 PI101、PI102 趋于正常值。

c. 调整操作参数。微调 FV101 调节阀，在测量值与给定值相对误差 5% 范围内且较稳定时，FIC101 设定到正常值，投自动。

(2) 正常操作规程

① 正常工况操作参数

a. P101A 泵出口压力 PI102：12.0atm。

b. V101 罐液位 LIC101：50.0%。

c. V101 罐内压力 PIC101：5.0atm。

d. 泵出口流量 FIC101：20000kg/h。

② 负荷调整。可任意改变泵、按键的开关状态，手操阀的开度及液位调节阀、流量调节阀、分程压力调节阀的开度，观察其现象。

P101A 泵功率正常值为 15kW，FIC101 量程正常值为 20t/h。

(3) 停车操作规程 本操作规程仅供参考，详细操作以评分系统为准。

① V101 罐停进料。LIC101 置于手动，并手动关闭调节阀 LV101，停 V101 罐进料。

② 停泵

a. 待罐 V101 液位小于 10% 时，关闭 P101A（或 B）泵的出口阀。

b. 停 P101A 泵。

c. 关闭 P101A 泵前阀 VD01。

d. FIC101 置于手动并关闭调节阀 FV101 及其前、后阀。

③ 泵 P101A 泄液。打开泵 P101A 泄液阀，观察 P101A 泵泄液阀的出口，当不再有液体泄出时，显示标志变为红色，关闭 P101A 泵泄液阀。

④ V101 罐泄压、泄液

a. 待罐 V101 液位小于 10% 时，打开 V101 罐泄液阀。

b. 待 V101 罐液位小于 5% 时，打开 PIC101 泄压阀。

c. 观察 V101 罐泄液阀的出口，当不再有液体泄出时，显示标志变为红色，待罐 V101 液体排净后，关闭泄液阀。

(4) 仪表及报警一览表 仪器及报警一览表见表 2-8。

表 2-8 仪器及报警一览表

位号	说明	类型	正常值	量程上限	量程下限	工程单位	高报	低报	高高报	低低报
FIC101	离心泵出口流量	PID	20000.0	40000.0	0.0	kg/h				
LIC101	V101 液位控制系统	PID	50.0	100.0	0.0	%	80.0	20.0		
PIC101	V101 压力控制系统	PID	5.0	10.0	0.0	atm(G)		2.0		
PI101	泵 P101A 入口压力	AI	4.0	20.0	0.0	atm(G)				
PI102	泵 P101A 出口压力	AI	12.0	30.0	0.0	atm(G)	13.0			
PI103	泵 P101B 入口压力	AI		20.0	0.0	atm(G)				
PI104	泵 P101B 出口压力	AI		30.0	0.0	atm(G)	13.0			
TI101	进料温度	AI	50.0	100.0	0.0	DEG C				

3. 事故设置一览

下列事故处理操作仅供参考，详细操作以评分系统为准。

(1) P101A 泵坏的操作规程

事故现象：①P101A 泵出口压力急剧下降；②FIC101 流量急剧减小。

处理方法：切换到备用泵 P101B。

① 全开 P101B 泵入口阀 VD05、向泵 P101B 灌液，全开排空阀 VD07 排 P101B 的不凝气，当显示标志为绿色后，关闭 VD07。

② 灌泵和排气结束后，启动 P101B。

③ 待泵 P101B 出口压力升至入口压力的 1.5～2 倍后，打开 P101B 出口阀 VD08，同时缓慢关闭 P101A 出口阀 VD04，以尽量减少流量波动。

④ 待 P101B 进出口压力指示正常，按停泵顺序停止 P101A 运转，关闭泵 P101A 入口阀 VD01，并通知维修工。

(2) 调节阀 FV101 阀卡的操作规程

事故现象：FIC101 的液体流量不可调节。

处理方法：① 打开 FV101 的旁通阀 VD09，调节流量使其达到正常值。

② 手动关闭调节阀 FV101 及其后阀 VB04、前阀 VB03。

③ 通知维修部门。

(3) P101A 入口管线堵的操作规程

事故现象：①P101A 泵入口、出口压力急剧下降。②FIC101 流量急剧减小到零。

处理方法：按泵的切换步骤切换到备用泵 P101B，并通知维修部门进行维修。

(4) P101A 泵气蚀的操作规程

事故现象：①P101A 泵入口、出口压力上下波动。②P101A 泵出口流量波动（大部分时间达不到正常值）。

处理方法：按泵的切换步骤切换到备用泵 P101B。

(5) P101A 泵气缚操作规程

事故现象：①P101A 泵入口、出口压力急剧下降。②FIC101 流量急剧减少。

处理方法：按泵的切换步骤切换到备用泵 P101B。

4. 仿真界面

仿真界面如图 2-54、图 2-55 所示。

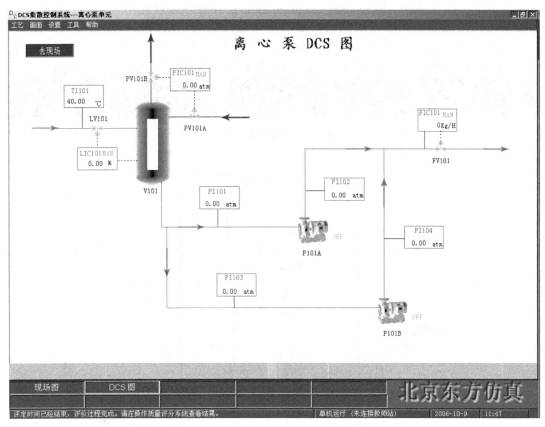

图 2-54　离心泵 DCS 图

5. 往复式真空泵操作

往复式真空泵的操作主要包含启动、停车及真空抽吸等基本的操作技术，涉及装置了解、操作规范与要求等。

训练装置如图 2-56 所示。真空泵为 W3 型往复式真空泵，抽送物料为水。

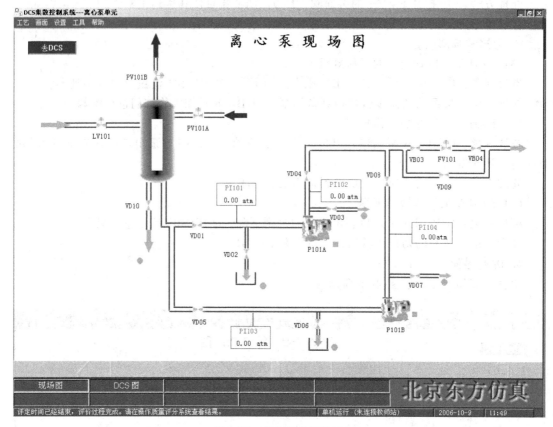

图 2-55　离心泵现场界面

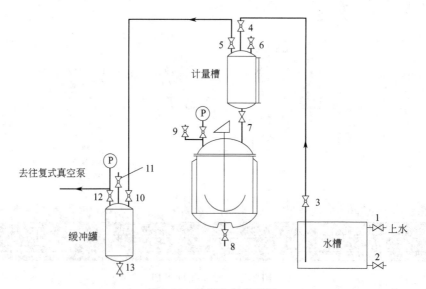

图 2-56　抽送物料流程图

1—上水阀；2—放水阀；3,4—抽水阀；5,10,12—抽气阀；6,9,11—放空阀；7,8—放料阀；13—排污阀

(1) 开车前准备

① 检查各连接部分的螺栓是否有松动现象。

② 检查真空泵进口、出口法兰等真空系统是否有漏气的可能。

③ 关闭缓冲罐上的阀 10、13，打开真空泵的进气阀 12 及通大气阀 11。

④ 检查真空泵的转动部件，盘皮带轮 2~3 圈，要求灵活、无摩擦和卡死现象。

⑤ 清洁真空泵，在曲轴箱内不许有杂质或其他任何脏物；在曲轴箱内加入清洁的润滑油，直到油窗上指示的刻度，用于曲轴箱内的润滑油冬天为 40 号机械油，夏天为 60 号机械油；油杯内加入清洁的润滑油并微微启开它们的针阀，使润滑油逐滴注入气缸中。用于油杯的润滑油冬天用 13 号低压压缩机油，夏天用 19 号高压压缩机油。

⑥ 打开真空泵的冷却水阀。开启三通阀门并使泵和大气畅通。旋开气缸下部的泄水旋塞。

⑦ 启动真空泵，观察泵的转动方向应与要求的方向一致。一般情况下，从皮带轮一侧看应该是按顺时针方向旋转。

⑧ 逐渐关闭通大气阀 11，观察真空表的读数，当泵达到极限真空时，检查一下电流负荷，运转时电流表的读数应稳定，如电流急剧上升超载，应立即停车找出原因进行处理。

⑨ 当运行正常后，使缓冲罐与被抽容器逐渐接通，进行所需的真空操作。

（2）运转

① 水箱进水至 2/3。

② 按上述步骤启动真空泵。

③ 当真空泵运行正常后，开启相关的阀门，将水抽至高位计量槽，并按要求的量将其放入反应锅中。

如果吸入的气体要分解润滑油或对金属有腐蚀作用，则润滑油必须增加。如果润滑油还不能有效地避免气体的分解作用，则与润滑油供应单位联系采用适宜于工作条件的润滑油。

下列零件的最高允许温升为：气室 90℃，轴承 40℃，冷却水进口温差约为 5℃，它的最高水温度不超过 40℃。

（3）停车

① 关闭缓冲罐与被抽容器的相关阀门，打开缓冲罐的通大气阀 11。

② 停真空泵。

③ 关闭真空泵油杯针阀。

④ 关闭杯和针形阀，开启泄水旋塞，停泵 10min 后，关闭真空泵的冷却水。

（4）日常维修保养

每日检查曲轴箱和油杯内的油面，如需加油即行补足。用过的油在经过仔细过滤后，以 1∶1 的比例与新油混合后可以再用，但不允许再加到油杯中去。

经常检查进水阀和进气阀，如发现泄漏即行修理。

经常检查三角胶带的松紧，如果有过紧过松即行调理。

经常对轴承、十字头等部位进行检查，如有过热现象进行检修。

经常检查活塞杆填料，如遇太松或损坏，则应更换新填料。

在运转 1000~1500h 以后，应更换曲轴箱中的润滑油，但在第一次使用经 100~120h 运转后，曲轴箱中的润滑油需换新。

在运转 1000~1500h 以后，须检查真空泵的各摩擦部位。如气缸内壁对该活塞或活塞环、十字头对滑轨、轴颈对轴承等，如发现有磨损不平即予以修理。

在经过 1000~1500h 运转后，检查并清洁气缸和气阀的气槽通路。

如果抽出的气体和润滑油化合而成黏糊状物质，或者其他脏物阻塞通道，这些通道必须按条件需要在短期内进行检查和清洁。

泵在经过2500h运转后应进行大修,所有零件必须进行拆洗并重新装配。在修理后活塞的位置必须进行调整,活塞在上下死点时,应对气缸盖和气缸颈端面各保持1.5～2mm的间隙。

经常检查活塞、连杆、曲轴、十字头螺帽是否松动。

讨论与习题

讨论:

1. 什么是液体输送机械的压头或扬程?
2. 离心泵的压头受哪些因素影响?
3. 影响离心泵性能的因素有哪些?
4. 后弯叶片有什么优点?有什么缺点?
5. 何谓"气缚"现象?产生此现象的原因是什么?如何防止"气缚"?
6. 影响离心泵特性曲线的主要因素有哪些?
7. 离心泵的工作点是如何确定的?
8. 一离心泵将江水送至敞口高位槽,若管路条件不变,随着江面的上升,泵的压头、管路总阻力损失、泵入口处真空表读数、泵出口处压力表读数将分别作何变化?
9. 何谓泵的"汽蚀"?如何避免"汽蚀"?
10. 离心泵的流量调节方法有哪些?

习题:

1. 在用水测定离心泵性能的实验中,当流量为26m³/h时,泵出口处压强表和入口处真空表的读数分别为152kPa和24.7kPa,轴功率为2.45kW,转速为2900r/min。若真空表和压强表两测压口间的垂直距离为0.4m,泵的进、出口管径相同,两测压口间管路的流动阻力可忽略不计。试计算该泵的效率,并列出该效率下泵的性能。

2. 密度为1200kg/m³的盐水,以25m³/h的流量流过内径为75mm的无缝钢管。两液面间的垂直距离为30m,钢管总长为120m,管件、阀门等的局部阻力为钢管阻力的25%,试求泵的轴功率。假设:①摩擦系数$\lambda=0.03$;②泵的效率$\eta=0.6$。

3. 用某离心泵以40m³/h的流量将贮水池中65℃的热水输送到凉水塔顶,并经喷头喷出而落入凉水池中,以达到冷却的目的。已知水在进入喷头之前需要维持49kPa的表压强,喷头入口较贮水池水面高8m。吸入管路和排出管路中压头损失分别为1m和5m,管路中的动压头可以忽略不计。试选用合适的离心泵,并确定泵的安装高度。当地大气压按101.33kPa计。

4. 如图2-57所示,用离心泵将30℃的水由水池送到吸收塔内。已知塔内操作压力为500kPa(表压),要求流量为65m³/h,输送管是$\phi108\text{mm}\times4\text{mm}$钢管,总长40m,其中吸入管路长6m,局部阻力系数总和$\sum\zeta_1=5$,压出管路的局部阻力系数总和$\sum\zeta_2=15$。

① 试通过计算选用合适的离心泵。
② 泵的安装高度是否合适?大气压为760mmHg。
③ 若用图中入口管路上的阀来调节流量,可否保证输送系统正常操作?管路布置是否合理?为什么?

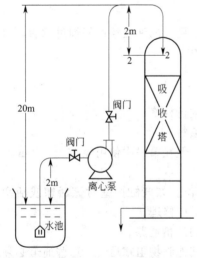

图2-57 习题4附图

5. 常压贮槽内盛有石油产品,其密度为760kg/m³,

黏度小于20cSt，在贮存条件下饱和蒸气压为80kPa，现拟用65Y-60B型油泵将此油品以15m³/h的流量送往表压强为177kPa的设备内。贮槽液面恒定，设备的油品入口比贮槽液面高5m，吸入管路和排出管路的全部压头损失分别为1m和4m。试核算该泵是否合适。

若油泵位于贮槽液面以下1.2m处，问此泵能否正常操作？当地大气压按101.33kPa计。

项目考核与评价

本项目考核采用过程性考核与结论性考核相结合的方式，面向学生的整个学习过程，注重化工能力素质考核，其中能力目标和素质目标考核情况主要结合实训等操作情况给分。具体考核方案见考核表。

项目二 考核评价表

考核类型	考核项目	考核内容及配分			配分	得分
		知识目标掌握情况（教师评价,30%）	能力目标掌握情况（本人评价,40%）	素质目标掌握情况（组员评价,30%）		
过程性考核（60分）	任务一 流体输送方式认知				12	
	任务二 流体静力学理论及应用				12	
	任务三 流体动力学理论及应用				12	
	任务四 管路认知与拆装操作				12	
	任务五 离心泵认知与操作				12	
结论性考核（40分）	考核内容	考核指标			配分	得分
	往复泵实操(见任务五,地点:实训室、仿真室)	考核准备	企业调研(物料输送有哪些方法)		3	
			实训室规章制度		3	
		操作方案制定	内容完整性		3	
			熟知流程图		3	
		操作过程	开车		3	
			停车		3	
			抽吸		4	
			操作过程及结束后的工作场地、环境整理好		4	
		任务结果	报告记录完整、规范、整洁		4	
		项目完成报告	撰写项目完成报告，数据真实，提出建议		3	
			能完整、流畅地汇报项目实施情况		4	
			根据教师点评，进一步完善工作报告		3	
		其它	未成功		－30	
			损坏设备、仪器		－10	
			发生安全事故		－40	
			乱倒(丢)废物		－10	
总分					100	

项目三 非均相物系分离过程及操作

项目设置依据

化工生产中的原料、半成品、排放的废物等大多为混合物。这些混合物可分两类：均相（混合）物系，指不同组分的物质混合形成一个相的物系，如不同气体组成的混合气体、能相互溶解的液体组成的各种溶液、气体溶解于液体得到的溶液等；非均相（混合）物系，指存在两个或两个以上相的混合物，如雾（气相-液相）、烟尘（气相-固相）、悬浮液（液相-固相）、乳浊液（两种不同的液相）等。

为了得到纯度较高的产品以及环保的需要等，要对混合物进行分离。如以硫铁矿为原料生产硫酸，炉气中含有大量铁、铅、铜、铋的氧化物和硫酸盐等矿尘，此外还含有三氧化硫、三氧化二砷气体杂质，这些杂质能够堵塞管路和催化床，并使催化剂（V_2O_5）中毒，故炉气需要净化除去粗粒矿尘，然后再除去其他杂质和有害气体。在日常生活中，水泥厂上空总是粉尘飞扬，火力发电厂的烟囱时不时也是黑烟滚滚，为了保护环境要将其净化处理，这些都是我们所要解决的非均相物系分离的问题。

学习目标

◆ 了解非均相物系分离的主要方法与工业应用。

◆ 在了解重力沉降原理，熟悉沉降室、旋风除尘器等设备的结构和工作原理基础上，能够根据生产任务，通过正确合理地进行除尘器的操作型计算，掌握操作方法与技能。

◆ 熟悉过滤基本概念，了解悬浮液的过滤与过滤速率基本方程式，了解板框压滤机的工作原理和特点，在此基础上熟练掌握板框压滤机开车、运行和停车等的操作方法，具有操作过程中异常现象的诊断处置技能及工艺参数的调节能力。

项目任务与教学情境

以某非均相物系分离过程为载体，面对具体的分离任务，提出该生产过程中涉及的沉降或过滤分离原理。按两个模块三个任务安排教学内容，并把学生分成不同的小组，每组选出一组长，以组为单位进行工艺研究。而后，根据系统物性与任务的要求，结合各型设备的特点，确定所应采用的分离方式，进行简单计算，并结合生产过程，模拟实操，完成整个项目的实施，见表3-1。

表 3-1　本项目具体任务

任　务	工　作　任　务	教　学　情　境
任务一	非均相物系分离认知	实训室现场教学
任务二	沉降分离	在多媒体教室讲授相关知识与理论；在一体化教室将学生分组、了解过滤方法与设备；在实训室将学生分组（岗位）模拟操作
任务三	过滤设备认知与操作	
任务四	板框压滤机操作与维护	

项目实施与教学内容

任务一　非均相物系分离认知

任务引入

自 2012 年以来，雾霾污染已成为令北京及华北地区众多城市头疼不已的问题。现如今，其影响范围已经扩大到长三角、珠三角等南方地区。造成灰霾天气的主要凶手是一种被称作 PM2.5 的细颗粒物，你知道什么是 PM2.5 吗？含尘气体如何净化处理？

相关知识

化工生产过程中遇到的大多数原料、产品和排放的废物等都是混合物，为了便于生产、得到纯度较高的产品或者环保需要等，常常需要将上述混合物进行分离。混合物可分为均相物系和非均相物系。均相物系是指不同组分的物质混合形成单一相的物质，表现为物系内部不存在相界面，如混合气体、乙醇-水溶液等；非均相物系是指物系内部存在两个或两个以上的相，表现为物系内部存在明显的相界面，如由固体颗粒与液体构成的悬浮液、由固体颗粒与气体构成的含尘气体等。

在非均相物系中，处于分散状态的物质称为分散相或分散物质，如悬浮液中的固体颗粒、含尘气体中的尘粒。包围分散物质，处于连续状态的介质称为连续相或分散介质，如悬浮液中的液相、含尘气体中的气相。

本项目主要讨论非均相物系的分离，它是依据分散相和连续相之间物理性质的差异，采用机械方法进行分离的操作。

非均相混合物的工业应用主要有以下几个方面。

① 回收分散物质：比如从结晶器排出的母液中分离出晶体，从流化床反应器的出口气体中回收催化剂颗粒等。

② 净制分散介质：例如工业原料气在进入反应器之前先去除含尘气体中的尘粒。

③ 满足劳动保护和环境卫生的要求：如工业生产中的废气和废液在排放前，必须除去其中对环境有害的物质，同时回收其中的有用物质，重新利用，提高效益。

非均相混合物的分离方法有以下几种：

① 沉降分离法：使气体或液体中的固体颗粒受重力、离心力或惯性力作用而沉降的方法。

② 过滤分离法：利用气体或液体能通过过滤介质而固体颗粒不能通过的性质进行分离的方法。

此外，对于含尘气体，还有液体洗涤除尘法和电除尘法。

▇▇▇▇▇ 任务实施 ▇▇▇▇▇

实训室现场参观旋风分离器，了解其基本结构，理解在旋风分离器中固体颗粒是如何从气流中分离出来的。

▇▇▇▇▇ 讨论与拓展 ▇▇▇▇▇

参观合成氨厂或石油化工厂，了解典型化工生产工艺流程，在哪些地方用到了非均相混合物的分离操作？其应用于工业生产过程的目的是什么？

任务二 沉 降 分 离

▇▇▇▇▇ 任务引入 ▇▇▇▇▇

在化工生产过程的原料预处理中，常用沉降操作将悬浮在气体或液体中密度大、颗粒粗的固体微粒除去，以达到初步净化的目的。

如小氮肥企业的原料合成氨生产中，煤气化产生的半水煤气中除含有气体杂质外，还含有灰尘等固体杂质，容易产生气-固夹带现象，不仅会影响后续工序的正常生产，且易造成合成催化剂中毒，必须将这些固体杂质去除。因此，多数氮肥企业在半水煤气发生炉后增设了旋风分离器，半水煤气经旋风分离器除尘、水膜除尘并降温后，为下一工序脱硫作准备。

不论是哪一种降尘，都牵涉到采用何种方法及设备、如何控制条件以获得最佳的降尘效果等问题。如已知降尘室的宽和长、气体处理量、炉气温度和速度，流体相应的密度、黏度、固体颗粒密度，如何确定降尘效率和效果，以及设备是否合适。

▇▇▇▇▇ 相关知识 ▇▇▇▇▇

由于非均相物系中的连续相和分散相具有不同的物理性质（如密度），故一般可用机械方法将它们分离。按两相运动方式的不同，机械分离大致分为沉降分离和过滤分离两种操作。

沉降操作是指利用连续相与分散相的密度差异，借助某种机械力的作用，使颗粒和流体发生相对运动而得以分离的操作过程，主要有重力沉降和离心沉降两种方式。

一、重力沉降

在重力作用下使流体与颗粒之间发生相对运动而得以分离的操作，称为重力沉降。重力沉降既可以用于分离气态非均相混合物，也可以用于分离液态非均相混合物，同时也可使大小、密度不同的颗粒分开。

1. 概述

(1) 自由沉降与自由沉降速度 根据颗粒在沉降过程中是否受到其他粒子、流体运动及器壁的影响，可将沉降分为自由沉降和干扰沉降。颗粒在沉降过程中不受周围颗粒、流体及器壁影响的沉降称为自由沉降，否则称为干扰沉降。颗粒的沉降可分为两个阶段：加速沉降阶段和恒速沉降阶段。对于细小颗粒，沉降的加速阶段很短，加速沉降阶段沉降的距离也很短。因此，加速沉降阶段可以忽略，近似认为颗粒始终以 u_t 恒速沉降，此速度称为颗粒的沉降速度，对于自由沉降，则称为自由沉降速度。

将直径为 d、密度为 ρ_s 的光滑球形颗粒置于密度为 ρ 的静止流体中，对颗粒做受力分析。在沉降之初,颗粒处于静止状态,在竖直方向上将受向下的重力 $F_g = \frac{\pi}{6}d^3\rho_s g$ 和向上的浮力 $F_b = \frac{\pi}{6}d^3\rho g$ 作用,当 $\rho_s > \rho$ 时,颗粒将在合力 $F_g - F_b > 0$ 的作用下发生向下的加速运动。当颗粒与流体发生相对运动时,颗粒将受到流体的阻力,与颗粒运动方向相反,大小等于流体沿球形颗粒表面进行绕流运动所受到的颗粒局部阻力,$F_d = \xi A \frac{\rho u^2}{2} = \xi \frac{\pi}{4}d^2 \frac{\rho u^2}{2}$。$F_d$ 将随颗粒沉降速度的加快而增大,当 $F_d = F_g - F_b$ 时,颗粒受力达到平衡进入匀速运动状态,此时颗粒的沉降速度称为自由沉降速度 u_t(m/s),为:

$$u_t = \sqrt{\frac{4d(\rho_s - \rho)}{3\xi\rho}g} \tag{3-1}$$

在上式中,阻力系数 ξ 是颗粒与流体做相对运动时的雷诺准数 Re 和颗粒球形度 ϕ_s 的函数,即:

$$\xi = f(Re_t, \phi_s) \tag{3-2}$$

式中,$Re_t = \frac{du_t\rho}{\mu}$,其中 ρ、μ 为连续相的密度和黏度;由于工程上所处理的颗粒往往并非球形颗粒,为了修正颗粒形状对阻力系数的影响,特引进函数 ϕ_s,其定义为:

$$\phi_s = \frac{\text{与实际颗粒体积相等的球形颗粒的表面积}}{\text{实际颗粒的表面积}}$$

在化工生产中小颗粒沉降最为常见,加速阶段十分短暂,常可忽略,可直接将 u_t 用于重力沉降设备的计算。

ξ 与 Re_t 的关系可由实验测定,如图3-1所示。图中将球形颗粒($\phi_s = 1$)的曲线分为三个区域,即:

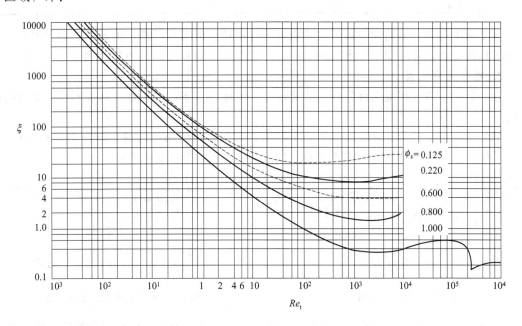

图3-1 ξ-Re_t 关系曲线

层流区　$10^{-4}<Re_t\leqslant 1$，　$\xi=\dfrac{24}{Re_t}$，$u_t=\dfrac{d^2(\rho_s-\rho)}{18\mu}g$ 　　　　(3-3)

过渡区　$1<Re_t\leqslant 10^3$，　$\xi=\dfrac{18.5}{Re_t^{0.6}}$，$u_t=0.27\sqrt{\dfrac{d(\rho_s-\rho)}{\rho}Re_t^{0.6}}g$ 　　　　(3-4)

湍流区　$10^3\leqslant Re_t<2\times 10^5$，　$\xi=0.44$，$u_t=1.74\sqrt{\dfrac{d(\rho_s-\rho)}{\rho}g}$ 　　　　(3-5)

式(3-3)、式(3-4)和式(3-5)分别称为斯托克斯公式、艾伦公式和牛顿公式。

要计算沉降速度 u_t，必须先确定沉降区域，但由于 u_t 待求，则 Re_t 未知，沉降区域无法确定。为此，需采用试差法，先假设颗粒处于某一沉降区域，按该区公式求得 u_t，然后算出 Re_t，如果在所设范围内，则计算结果有效；否则，需另选一区域重新计算，直至算得 Re_t 与所设范围相符为止。由于沉降操作中所处理的颗粒一般粒径较小，沉降过程大多属于层流区，因此，进行试差时，通常先假设在层流区。

(2) 实际沉降及其影响因素　颗粒在沉降过程中将受到周围颗粒、流体、器壁等因素的影响，一般来说，实际沉降速度小于自由沉降速度。实际沉降速度的主要影响因素见表3-2。

表3-2　实际沉降速度的主要影响因素

因　素	对实际沉降速度的影响
颗粒含量	颗粒含量较大，周围颗粒的存在和运动将改变原来单个颗粒的沉降，使颗粒的沉降速度较自由沉降时小
颗粒形状	对于同种颗粒，球形颗粒的沉降速度要大于非球形颗粒的沉降速度
颗粒大小	粒径越大，沉降速度越大，越容易分离。如果颗粒大小不一，大颗粒将对小颗粒产生撞击，其结果是大颗粒的沉降速度减小，而对沉降起控制作用的小颗粒的沉降速度增大，甚至因撞击导致颗粒聚集而进一步加快沉降
流体性质	流体与颗粒的密度差越大，沉降速度越大；流体黏度越大，沉降速度越小，对于高温含尘气体的沉降，通常需先散热降温，以便获得更好的沉降效果
流体流动	对颗粒的沉降产生干扰，为了减少干扰，进行沉降时要尽可能控制流体流动处于稳定的低速
器壁	器壁的干扰主要有两个方面：一是摩擦干扰，使颗粒的沉降速度下降；二是吸附干扰，使颗粒的沉降距离缩短

需要指出的是，为简化计算，实际沉降可近似按自由沉降处理，由此引起的误差在工程上是可以接受的。只有当颗粒含量很大时，才需要考虑颗粒之间的相互干扰。

2. 重力沉降设备

在一定设备内实现重力沉降的基本要求是，流体在设备内的停留时间应不小于颗粒的沉降时间。

(1) 降尘室　降尘室又称除尘室，是利用重力沉降的作用从气流中分离出尘粒的设备。最常见的形式是在气道中装置若干垂直挡板的降尘气道，如图3-2所示。

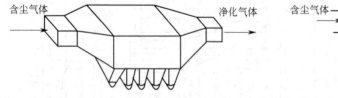

图3-2　降尘室结构图

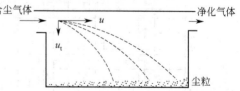

图3-3　降尘室中颗粒运动情况

现结合图3-3分析水平流动的降尘室性能。含尘气体沿水平方向缓慢通过降尘室，气流中的颗粒除了与气体一样具有水平速度 u 外，受重力作用，还具有向下的沉降速度 u_t。设

降尘室的高为 H，长为 L，宽为 B，三者的单位均为 m。若气流在整个流动截面上分布均匀，则流体在设备内的停留时间为 $t_r = \dfrac{L}{u}$；需要沉降完全的最小颗粒粒径为 d_c，其沉降速度为 u_{ts}，最大沉降距离是 H，则颗粒的沉降时间应计为 $t_s = \dfrac{H}{u_{tc}}$。

为满足沉降分离实现的基本要求，则 $\dfrac{L}{u} \geqslant \dfrac{H}{u_{tc}}$，变形得 $uH \leqslant Lu_{tc}$。

含尘气体的体积流量应满足 $q_v = HBu \leqslant BLu_{tc}$，可推导出降尘室生产能力（最大流量）$q_{v\max}$ (m³/s) 为：

$$q_{v\max} = BLu_t \tag{3-6}$$

由上式可知，降尘室的生产能力仅与其沉降面积及微粒的沉降速度有关，而与其高度无关，故降尘室设计成扁平的几何形状或将降沉室设置成多层，如图 3-4 所示，室内以水平隔板均匀分成若干层，隔板间隔为 40~100mm。但必须注意控制气流的速度不能过大，一般应使气流速度小于 1.5m/s，以免干扰颗粒的沉降或将已沉降的尘粒重新卷起。

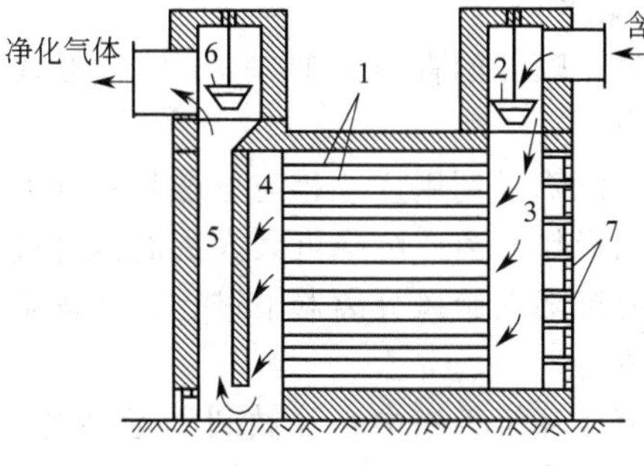

若用 n 块隔板将降尘室隔为 $n+1$ 层，单层高度为 H，则流体流通截面积为 $(n+1)HB$，降尘室生产能力 $q_{v\max} = (n+1)BLu_t$。

图 3-4 多层降尘室示意图
1—隔板；2,6—调节闸阀；3—气体分配道；
4—气体收集道；5—气道；7—清灰道

多层降尘室结构简单，流动阻力小，但体积大，实际净制的程度低，分离效果不理想，只适用于分离直径在 50μm 以上的粗粒，通常用作预除尘设备使用。多层结构可提高分离效果并节省地面，但有清灰不便等问题。

（2）连续沉降槽 沉降槽又称增稠器或澄清器，是用来处理悬浮液以提高其浓度或得到澄清液的重力沉降设备。

如图 3-5 所示，沉降槽是一个带锥形底的圆形槽，悬浮液于沉降槽中心液面下 0.3~1m 处连续加入，颗粒向下沉降至器底，底部缓慢旋转的齿耙将沉降颗粒收集至中心，然后从底部中心处出口连续排出；沉降槽上部得到澄清液体，清液由四周连续溢出。

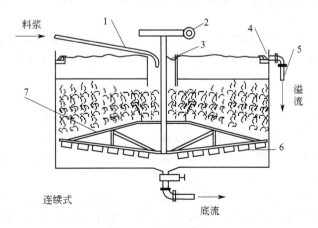

图 3-5 连续沉降槽
1—进料槽道；2—转动机构；3—料井；4—溢流槽；5—溢流管；6—叶片；7—转耙

为使沉降槽在澄清液体和增稠悬浮液两方面都有较好的效果,应保证有足够的大的直径以获取清液,同时还应有一定的深度使颗粒有足够的停留时间以获得指定增稠浓度的沉渣。

为加速分离常加入聚凝剂或絮凝剂,使小颗粒相互结合成大颗粒。聚凝是通过加入电解质,改变颗粒表面的电性,使颗粒相互吸引而结合;絮凝则是加入高分子聚合物或高聚电解质,使颗粒相互团聚成絮状。常见的聚凝剂和絮凝剂有 $AlCl_3$、$FeCl_3$ 等无机电解质,聚丙烯酰胺、聚乙胺和淀粉等高分子聚合物。

沉降槽一般用于大流量、低浓度、较粗颗粒悬浮液的处理。工业上大多数污水处理都采用连续沉降槽。

二、离心沉降

1. 概述

当重相颗粒的直径小于 75μm 时,在重力作用下的沉降非常缓慢。为加速分离,可采用离心分离。

离心沉降是利用连续相与分散相在离心力场中所受离心力的差异使重相颗粒迅速沉降实现分离的操作。离心沉降可大大提高沉降速度,设备尺寸也可缩小很多。通常气固非均相物系的离心沉降在旋风分离器中进行,液固悬浮物系的离心沉降一般可在旋液分离器或沉降离心机中进行。

当流体环绕某一中心轴做圆周运动时,则形成了惯性离心力场,具有离心加速度。显然,离心加速度不是常数,随位置及切向速度而变,其方向沿旋转半径从中心指向外周。当颗粒随着流体旋转时,如颗粒密度大于流体的密度,则惯性离心力将会使颗粒在径向上与流体发生相对运动而飞离中心,此相对速度称为离心沉降速度 u_r。如果球形颗粒的直径为 d、密度为 ρ_s,旋转半径为 r(m),旋转角速度为 ω(rad/s),切向速度为 u_T(m/s),则离心加速度为 $a=u_T^2/r=\omega^2 r$,流体密度为 ρ,则颗粒的离心沉降速度同在重力场中相似,也可通过颗粒的受力分析得到,进而计算沉降效率。

离心沉降速度计算式为:

$$u_r=\sqrt{\frac{4d(\rho_s-\rho)}{3\xi\rho}a} \tag{3-7}$$

与重力沉降速度的区别仅在加速度的不同。对式中阻力系数 ξ 的计算仍可用图 3-1,不同区域中颗粒的离心沉降速度与重力沉降速度相似,只需将重力加速度改为离心加速度即可。

重力沉降速度与离心沉降速度的比值取决于重力加速度和离心加速度之比,将惯性离心力与重力之比称为离心分离因数,用 K_c 表示。离心分离因数是反映离心沉降设备工作性能的主要参数。

2. 离心沉降设备

(1) 旋风分离器 旋风分离器是工业中应用较广泛的气固分离设备之一,是利用离心力的作用从气流中分离出尘灰(或液滴)的设备。含固体颗粒的气流在旋风分离器中做旋转运动,由于作用于固体颗粒的离心力比气体的大,因此固体粒子被甩向旋风分离器的器壁,达到气固分离的目的。

各种形式的旋风分离器其各部分的尺寸都有一定的比例。标准型旋风分离器的基本结构如图 3-6 所示。主体上部为圆筒形,下部为圆锥形。各部分尺寸比例见图注说明,从中可以看出,只要确定了圆筒直径,就可以按比例确定出其它各部分的尺寸。下面简单分析旋风分离器的除尘过程,如图 3-7 所示。

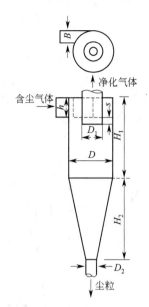
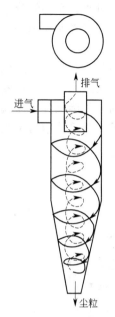

图 3-6　标准型旋风分离器尺寸结构示意图
$h=D/2$；$B=D/4$；$D_1=D/2$；$H_1=2D$；
$H_2=2D$；$s=D/8$；$D_2=D/4$

图 3-7　气体在旋风分离器内的运动情况

含尘气体以 15~20m/s 的速度由圆筒形上部的切向长方形入口进入筒体，在器内形成一个绕筒体中心向下做螺旋运动的外旋流，颗粒在离心力的作用下，被甩向器壁与气流分离，并沿器壁滑落至锥底排灰口，定期排放；外旋流到达器底后（已除尘）变成向上的内旋流（净化气），由顶部排气管排出。

旋风分离的操作不受温度、压力的限制。压力在器壁附近最高，往中心逐渐降低，到达气芯处常降到负压，一直延伸到分离器的排灰口。因此，排灰口必须密封良好，以免漏入空气而使收集于锥形底的灰尘重新卷起，甚至从灰斗中吸进大量灰尘。

旋风分离器的特点是构造简单，造价低廉；无活动部件，操作和维修简便；压强降适中，动力消耗较低；可用多种材料制造，适应耐磨、耐高温和高压的要求。因而广泛用作化工、采矿、冶金、轻工等工业部门生产中的除尘分离设备。所产生的离心力可分离出小到 $5\mu m$ 的微粒。旋风分离器的缺点是气体在器内的流动阻力较大，微粒对器壁有较严重的机械磨损；分离效率对气体流动的变动敏感，对细粒子的灰尘不能充分除净；不适用于处理黏度较大、湿度较高的粉尘及腐蚀性大的粉尘；此外，气量的波动对除尘效果及设备阻力影响较大。

评价旋风分离器的主要指标是临界粒径和气体经过旋风分离器的压降。

① 临界粒径。临界粒径是指理论上能够完全被旋风分离器分离下来的最小颗粒直径。临界粒径随气速增大而减小，表明气速增加，分离效率提高。但气速过大会将已沉降颗粒卷起，反而降低分离效率，同时使流动阻力急剧上升。临界粒径随设备尺寸的减小而减小，尺寸越小，则 B 越小，从而临界粒径越小，分离效率越高。

② 压降。压降大小是评价旋风分离器性能好坏的一个重要指标，可在入口和出口之间接两个测压点，用 U 形管压差计测压降。

受整个工艺过程对总压降的限制及节能降耗的需要，气体通过旋风分离器的压降应尽可能低。压降的大小除了与设备的结构有关外，主要取决于气体的速度，气体速度越小，压降越低,但气速过小,又会使分离效率降低。因而要选择适宜的气速以满足对分离效率和压降的要求。一般进口气速在 10~25m/s 为宜,最高不超过 35m/s,同时压降应控制在 2000Pa 以下。

随着石油化工尤其是液态化技术的发展,提高旋风分离器的性能十分重要。对标准式旋风分离器加以改进,出现了一些别的型式,其目的就在于提高分离效率或降低气流阻力。我国对已定型的若干旋风分离器编有标准系列,如 CLT、CLT/A、CLP/A、CLP/B 以及扩散式旋风分离器,其尺寸结构及主要性能可查阅有关资料(图 3-8)及手册。

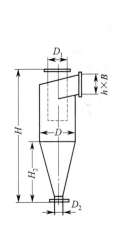 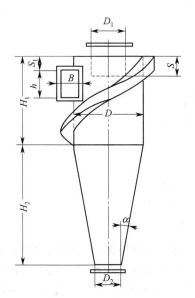 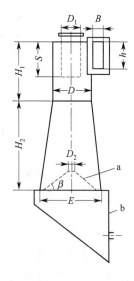

(a) CLT/A型旋风分离器
　　$h=0.66D$　　$B=0.26D$
　　$D_1=0.6D$　　$D_2=0.3D$
　　$H_2=2D$
　　$H=(4.5-4.8)D$

(b) CLP/B型旋风分离器
　　$h=0.6D$　　$B=0.3D$　　$D_1=0.6D$
　　$D_2=0.43D$　　$H_1=1.7D$
　　$H_2=2.3D$　　$S=0.28D+0.3h$
　　$S_1=0.28D$　　$\alpha=14°$

(c) 扩散式旋风分离器
　　$h=D$　　$B=0.26D$　　$D_1=0.5D$
　　$D_2=0.1D$　　$H_1=2D$　　$H_2=3D$
　　$S=1.1D$　　$E=1.65D$　　$\beta=45°$

图 3-8　工业上常见的旋风分离器类型

(2) 其他离心沉降设备　旋风分离器是分离气态非均相物系的典型离心沉降设备,除此之外,还有分离液态非均相物系的旋液分离器、离心沉降机等,其中旋液分离器的结构和作用原理与旋风分离器相类似,如图 3-9 所示。

旋液分离器又称水力旋流器,是利用离心沉降原理从悬浮液中分离出固体颗粒的设备,其结构与操作原理和旋风分离器相似。但是由于固液间密度差较小,所以旋液分离器的结构特点是直径小,而圆锥部分长。在一定的切向进口速度下,小直圆筒有利于增大惯性离心力,可以提高沉降速度;锥形部分加长,可增大液流的行程,延长了悬浮液在器内的停留时间。悬浮液经入口管切向进入圆筒,向下做螺旋运动,增浓液从底部排出管排出,称为底流,清液或含有细微颗粒的液体成为上升的内旋流,从顶部中心管排出,称为溢流。

旋液分离器既可用于悬浮液增浓,也可用于不同粒径或不同密度颗粒的分级。同时,旋液分离器还可用于不互溶液体的分离,气液分离,以及传热、传质和雾化等操作中,因此广泛应用于工业领域。

旋液分离器中,颗粒沿壁面快速运动时,产生严重磨损,故旋液分离器应采用耐磨材料制造或采用耐磨材料作内衬。

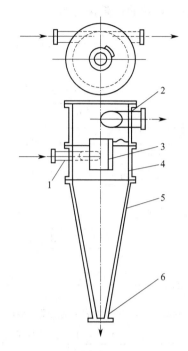

图 3-9 旋液分离器结构示意图

1—悬浮液进口；2—溢流出口；3—中心溢流管；
4—筒体；5—锥体；6—底流出口

化工中常用的几种旋风除尘器的主要性能列于表 3-3 中。

表 3-3 若干种旋风分离器的性能

项　　目	CLT 型	CLP 型	CLK 型
适宜气速/(m/s)	12~18	12~20	12~20
除尘范围/μm	>10	>5	>5
含尘浓度/(g/m³)	4.0~5.0	>0.5	1.7~200
阻力系数 ξ 值	5.0~5.5	4.8~5.8	7~8

表中所列生产能力的数值为气体流量，单位为 m³/h；所列压强降是当气体密度为 1.2kg/m³ 时的数值，当气体密度不同时，压强降数值应予以校正。然后，可根据气体的处理量和允许压降，选定具体型号。如果气体处理量较大，可以采用多个旋风分离器并联操作。

任务实施——沉降的操作型计算

沉降除去流体中固体物质需采用何种方法及设备、如何控制条件以获得最佳的降尘效果等问题，可通过沉降的操作型计算来解决。

沉降的操作型计算主要有以下两种类型：已知设备条件 A 及操作条件 q_v、ρ_p、ρ、μ，求操作结果 d_{min}；已知设备条件 A 及操作条件 d_{min}、ρ_p、ρ、μ，核算处理能力 q_v。

各类型计算的实例如下。

【例题 3-1】 某除尘室高 2m、宽 2m、长 5m，用于矿石焙烧炉的炉气除尘。矿尘的密度为 4500kg/m³，其形状近于圆球。操作条件下气体流量为 25000m³/h，气体密度为 0.6kg/m³、黏度为 $3×10^{-5}$ Pa·s。试求理论上能完全除去的最小矿粒直径。

项目三　非均相物系分离过程及操作

解：降尘室能完全除去的最小颗粒的沉降速度为：

$$u_t = \frac{q_v}{Bl} = \frac{25000/3600}{2\times 5} = 0.694 \text{m/s}$$

假定沉降在层流区：

$$u_t = \frac{d^2(\rho_s - \rho)g}{18\mu}$$

$$d = \sqrt{\frac{18\times 3\times 10^{-5}\times 0.694}{4500\times 9.81}} = 9.21\times 10^{-5} \text{m}$$

而

$$Re_t = \frac{du_t\rho}{\mu} = \frac{9.21\times 10^{-5}\times 0.694\times 0.6}{3\times 10^{-5}} = 1.28 > 1$$

证明不在层流区，再假定在过渡区：

$$u_t = 0.27\sqrt{\frac{d(\rho_s - \rho)g}{\rho}Re_t^{0.6}}$$

所以

$$(0.694)^2 = (0.27)^2 \frac{d\times 4500\times 9.81}{0.6}\times \left(\frac{d\times 0.694\times 0.6}{3\times 10^{-5}}\right)^{0.6}$$

$$d^{1.6} = 2.94\times 10^{-7} \Rightarrow d = 8.27\times 10^{-5}\text{m}$$

而

$$Re_t = \frac{du_t\rho}{\mu} = \frac{8.27\times 10^{-5}\times 0.694\times 0.6}{3\times 10^{-5}} = 1.14 > 1$$

假设成立，所以 $d = 8.27\times 10^{-5}$ m $= 82.7\mu$m。

【例题 3-2】 拟采用降尘室除去常压炉气中的球形尘粒。降尘室的宽和长分别为 2m 和 6m，气体处理量为 1m³/s，炉气温度为 427℃，相应的密度 $\rho = 0.5$kg/m³，黏度 $\mu = 3.4\times 10^{-5}$Pa·s，固体密度 $\rho_s = 400$kg/m³ 操作条件下，规定气体速度不大于 0.5m/s，试求：①降尘室的总高度 H；②理论上能完全分离下来的最小颗粒尺寸；③粒径为 40μm 的颗粒的去除百分率；④欲使粒径为 10μm 的颗粒完全分离下来，需在降尘室内设置几层水平隔板？

解：① 降尘室的总高度 H

$$q_{vs} = q_{v0}\frac{273+t}{273} = 1\times \frac{273+427}{273} = 2.564 \text{m}^3/\text{s}$$

假设气流在流动截面上分布均匀，则

$$q_{vs} = uHB \Rightarrow H = \frac{q_{vs}}{Bu} = \frac{2.564}{2\times 0.5} = 2.564 \text{m}$$

$$u_t = \frac{q_{vs}}{A} = \frac{q_{vs}}{BL} = \frac{2.564}{2\times 6} = 0.214 \text{m/s}$$

② 理论上能完全除去的最小颗粒尺寸。用试差法由 u_t 求 d_{min}。假设沉降在层流区

$$d_{min} = \sqrt{\frac{18\mu u_t}{(\rho_s - \rho)g}} = \sqrt{\frac{18\times 3.4\times 10^{-5}\times 0.214}{(4000-0.5)\times 9.807}} = 5.78\times 10^{-5}\text{m}$$

核算沉降流型

$$Re_t = \frac{d_{min} u_t \rho}{\mu} = \frac{5.78\times 10^{-5}\times 0.214\times 0.5}{3.14\times 10^{-5}} = 0.182 < 2$$

所以原假设正确

③ 粒径为 40μm 的颗粒的回收百分率（粒径为 40μm 的颗粒在除尘室中被除去的百分数）。假设粒径为 40μm 的颗粒在斯托克斯区，其沉降速度

$$u'_t = \frac{d^2(\rho_s - \rho)g}{18\mu} = \frac{(40 \times 10^{-6})^2(4000 - 0.5) \times 9.807}{18 \times 3.4 \times 10^{-5}} = 0.103 \text{m/s}$$

气体通过降尘室的时间为：$t_r = \dfrac{L}{u} = \dfrac{6}{0.5} = 12\text{s}$

直径为 40μm 的颗粒在 12s 内的沉降高度为：$H' = u'_t t_r = 0.103 \times 12 = 1.234\text{m}$

直径为 40μm 的颗粒被回收的百分率为：

$$\eta = \frac{H'B}{HB} = \frac{1.234}{2.564} \times 100\% = 48.1\%$$

$$\eta = \frac{H'}{H} = \frac{u'_t t_r}{u_t t_r} = \left(\frac{d}{d_{\min}}\right)^2 = \left(\frac{4.0 \times 10^{-5}}{5.78 \times 10^{-5}}\right)^2 = 48.1\%$$

结论：颗粒被去除的百分率等于颗粒的沉降高度与降尘室高度之比，也等于颗粒直径与 100% 完全去除最小颗粒直径之比的平方。

④ 水平隔板层数。增加水平隔板的实质：降低沉降高度，增大底面积 $A \to (n+1)A$，粒径为 10μm 的颗粒的沉降必在斯托克斯区。

$$(n+1)A = (n+1)BL = \frac{q_{vs}}{u_t} \Rightarrow n = \frac{q_{vs}}{Au_t} - 1$$

$$u_t = \frac{d^2(\rho_s - \rho)g}{18\mu} = \frac{(1 \times 10^{-5})^2(4000 - 0.5) \times 9.807}{18 \times 3.4 \times 10^{-6}} = 6.41 \times 10^{-3} \text{m/s}$$

$$n = \frac{q_{vs}}{Au_t} - 1 = \frac{2.564}{2 \times 6 \times 6.41 \times 10^{-3}} - 1 = 32.4$$

取 33 层。板间距为：$h = \dfrac{H}{n+1} = \dfrac{2.564}{33+1} = 0.0754\text{m}$

讨论与习题

讨论：

1. 什么是非均相物系？
2. 非均相物系分离在化工生产中有哪些应用？举例说明。
3. 简述沉降操作的原理。
4. 简述沉降速度基本计算式中 ξ 的物理意义及计算时的处理方法。
5. 试画出旋风分离器的基本结构图，并说明气流在旋风分离器中的运动规律。
6. 旋风分离器的进口为什么要设置成切线方向？
7. 如何根据生产任务合理选择非均相物系的分离方法？

习题：

1. 粒径为 58μm、密度为 1800kg/m³、温度为 20℃、压强为 101.3Pa 的含尘气体，在进入反应器之前需除去尘粒并升温至 400℃。降尘室的底面积为 60m²。试计算先除尘后升温和先升温后除尘两种方案的气体最大处理量（m³/s）。20℃ 时气体黏度为 1.81×10^{-5} Pa·s；400℃ 时为 3.31×10^{-5} Pa·s（沉降在斯托克斯区）。

2. 密度为 2150kg/m³ 的烟灰球形颗粒在 20℃ 空气中滞流沉降的最大颗粒直径是多少？

任务三　过滤设备认知与操作

■ 任务引入 ■

过滤操作是分离悬浮液最普遍和行之有效的单元操作之一，它可以迅速地使固体微粒和液体分离得比较完全，尤其是对粒径很小、很难分离的悬浮液，分离效果更加明显。在大多数情况下过滤是沉降的后工序，与蒸发、干燥等机械操作相比，过滤操作具有耗能低的优点。同时，过滤是化工生产中重要的、不断在发展的单元操作过程，它几乎渗透进了各个化工生产工艺过程中。

如在化肥工业中，由于生产规模大，生产连续性要求高，因而对过滤设备的单机能力和生产的连续性要求也高。如氮肥主要有尿素、硫酸铵、硝酸铵、碳酸氢铵等，均以合成氨为基本原料。虽然氨生产过程中很少用到过滤设备，但硫酸铵和碳酸氢铵生产中，结晶产品和母液的分离必须使用过滤设备。由于要求硫酸铵结晶体含水率尽可能低，而硫酸铵的生产规模均很大，年产量一般在几万吨到几十万吨，因此采用生产能力高、自动化程度高的卧式刮刀卸料离心机或卧式活塞推料离心过滤机。

在过滤操作中，经常遇到生产能力判定与计算，如：有一过滤面积为 $0.093 m^2$ 的小型板框压滤机，恒压过滤含有碳酸钙颗粒的水悬浮液。过滤时间为 50s 时，共得到 $2.27 \times 10^{-3} m^3$ 的滤液；过滤时间为 100s 时，共得到 $3.35 \times 10^{-3} m^3$ 的滤液。问当过滤时间为 200s 时，可得到多少滤液？

■ 相关知识（任务分析与准备）■

过滤是利用两相对多孔介质穿透性的差异，在某种推动力的作用下，使悬浮液中的液体通过多孔介质的孔道，悬浮液中的固体颗粒被截留在介质上，从而实现固、液分离的操作，如图 3-10 所示。

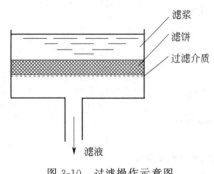

图 3-10　过滤操作示意图

在过滤操作中，所处理的悬浮液称为滤浆或料浆，被截留下来的固体颗粒称为滤渣或滤饼，透过固体隔层的液体称为滤液，所用固体隔层称为过滤介质。过滤过程的外力（即过滤推动力）可以是重力、惯性离心力和压差，其中尤以压差为推动力在化工生产中应用最广。过滤操作的目的可以是为了获得清净的液体产品，也可以是为了得到固体产品。洗涤的作用是回收滤饼中残留的滤液或除去滤饼中的可溶性盐。

一、基本概念

1. 过滤操作分类

过滤操作有两种典型的方式，即恒压过滤及恒速过滤。在恒定压差下进行的过滤称为恒压过滤，此时由于随着过滤的进行，滤饼厚度逐渐增加，阻力随之上升，过滤速率则不断下降。维持过滤速率不变的过滤称为恒速过滤，为了维持过滤速率恒定，必须相应地不断增大压差，以克服由于滤饼增厚而上升的阻力。生产中一般采用恒压过滤。有时为避免初期因压强差过高而引起滤液浑浊或滤布堵塞，可采用先恒速后恒压的复合操作方式。当然，工业上也有既非恒速亦非恒压的过滤操作,如用离心泵向压滤机送料浆即属此例。

过滤按操作方式不同还可分为滤饼过滤、深层过滤和动态过滤,见表3-4。在化工生产中得到广泛应用的是滤饼过滤。

表 3-4　过滤操作分类

分类	特点及应用
滤饼过滤	利用滤饼本身作为过滤隔层的一种过滤方式。在过滤开始阶段,会有一部分细小颗粒从介质孔道中通过而使滤液浑浊。随着过滤的进行,颗粒便会在介质的孔道中和孔道上发生"架桥"现象,从而使得尺寸小于孔道直径的颗粒也能被拦截,随着被拦截的颗粒越来越多,在过滤介质的上游便形成了滤饼,同时滤液也慢慢变清。在滤饼形成后,过滤操作才真正有效,滤饼本身起到了主要过滤介质的作用。常用于分离固体含量较高(固体体积分数>1%)的悬浮液
深层过滤	当过滤介质为很厚的床层且过滤介质直径较大时,固体颗粒通过在床层内部的架桥现象被截留或被吸附在介质的毛细孔中,在过滤介质的表面并不形成滤饼。起截留颗粒作用的是介质内部曲折而细长的通道。深层过滤是利用介质床层内部通道作为过滤介质的过滤操作。在深层过滤中,介质内部通道会因截留颗粒的增多逐渐减少和变小,因此,过滤介质必须定期更换或清洗再生。深层过滤常用于处理固体含量很少(固体体积分数<0.1%)且颗粒直径较小(<5μm)的悬浮液
动态过滤	在滤饼过滤中,让料浆沿过滤介质平面高速流动,使大部分滤饼得以在剪切力的作用下移去,从而维持较高的过滤速率

2. 过滤介质

过滤介质起着支撑滤饼的作用,并能让滤液通过,对其基本要求是具有足够的机械强度和尽可能小的流动阻力,同时,还应具有相应的耐腐蚀性和耐热性。工业上常见的过滤介质如下。

(1) 织物介质　织物介质又称滤布,用于滤饼过滤操作,在工业上应用最为广泛。包括由棉、毛、丝、麻等天然纤维和由各种合成纤维制成的织物,以及由玻璃丝、金属丝等织成的网。织物介质造价低,清洗、更换方便,可截留的最小颗粒粒径为 $5 \sim 65 \mu m$。

(2) 粒状介质　粒状介质又称堆积介质,一般由各种固体颗粒(砂、木炭、石棉、硅藻土)或非纺织纤维等堆积而成。粒状介质多用于深层过滤,如城市和工厂给水的滤池中。

(3) 多孔固体介质　多孔固体介质是具有很多微细孔道的固体材料,如多孔陶瓷、多孔塑料、由纤维制成的深层多孔介质、多孔金属制成的管或板,能拦截 $1 \sim 3 \mu m$ 的微细颗粒。具有耐腐蚀、孔隙小、过滤效率比较高等优点,常用于处理含少量微粒的腐蚀性悬浮液及其它特殊场合。

(4) 多孔膜　多孔膜是用于膜过滤的各种有机高分子膜和无机材料膜,广泛使用的是醋酸纤维素和芳香酰胺系两大类有机高分子膜,可用于截留 $1 \mu m$ 以下的微小颗粒。

3. 滤饼和助滤剂

(1) 滤饼　滤饼是由被截留下来的颗粒积聚而形成的固体床层。若构成滤饼的颗粒为不易变形的坚硬固体(如硅藻土、碳酸钙等),则当滤饼两侧的压差增大时,颗粒的形状和床层的空隙都基本不变,单位厚度滤饼的流动阻力可以认为恒定,此类滤饼称为不可压缩滤饼。反之,若滤饼由较易变形的物质(如某些氢氧化物之类的胶体)构成,此类滤饼称为可压缩滤饼。

(2) 助滤剂　为了改善滤饼结构,通常需要使用助滤剂。助滤剂一般是质地坚硬的细小固体颗粒,如硅藻土、石棉、炭粉等。使用最广泛的是硅藻土,它形成的滤饼空隙率可高达85%。

一般只是需要获得清净的滤液时才使用助滤剂。过滤完毕,助滤剂和滤饼一起卸除。助滤剂的用量通常为截留固相质量的1%~10%。可将助滤剂加入悬浮液中,在形成滤饼时便能均匀地分散在滤饼中间,改善滤饼结构,使液体得以畅通,或预敷于过滤介质表面以防止介质孔道堵塞。

4. 过滤速率及其影响因素

过滤速率是指过滤设备单位时间所能获得的滤液体积，表明了过滤设备的生产能力；过滤速度是指单位时间单位过滤面积所能获得的滤液体积，表明了过滤设备的生产强度，即设备性能的优劣。过滤速率与过滤推动力成正比，与过滤阻力成反比。在压差过滤中，推动力就是压差，阻力则与滤饼的结构、厚度以及滤液的性质等诸多因素有关，比较复杂。

(1) 悬浮液的性质 悬浮液的黏度越小，过滤速率越快。因此对热料浆不应在冷却后再过滤，有时还可将料浆适当预热或稀释。

(2) 过滤推动力 要使过滤操作得以进行，必须保持一定推动力——滤饼和介质两侧之间的压差。如果压差是靠悬浮液自身重力作用形成的，则称为重力过滤；如果压差是通过在介质上游加压形成的，则称为加压过滤；如果压差是在过滤介质的下游抽真空形成的，则称为减压过滤（或真空抽滤）；如果压差是利用离心力的作用形成的，则称为离心过滤。一般说来，对不可压缩滤饼，增大推动力可提高过滤速率，但对可压缩滤饼，加压却不能有效地提高过程的速率。

(3) 过滤介质与滤饼的性质 过滤介质的影响主要表现在对过程的阻力和过滤效率上，金属网与棉毛织品的空隙大小相差很大，生产能力和滤液的澄清度的差别也就很大。因此，要根据悬浮液中颗粒的大小来选择合适的过滤介质。滤饼的影响因素主要有颗粒的形状、大小、滤饼紧密度和厚度等，显然，颗粒越细，滤饼越紧密、越厚，其阻力越大。当滤饼厚度增大到一定程度，过滤速率会变得很慢，操作再进行下去是不经济的，这时只有将滤饼卸去，进行下一个周期的操作。

二、过滤基本方程

过滤基本方程为：

$$U = \frac{dV}{Ad\theta} = \frac{\Delta p_f}{r\mu(L+L_e)} = \frac{A\Delta p_f}{r\mu v(V+V_e)} \tag{3-8}$$

式中 U——过滤速度（又称滤液流动的表观流速），指单位时间内通过单位过滤面积的滤液体积，m/s，U 是个变量，任何时间内的变化都不同；

A——过滤面积，m^2；

θ——过滤时间，s；

Δp_f——过滤压降，Pa；

r——滤饼的比阻，m^{-2}；

μ——滤液黏度，Pa·s；

L——滤饼厚度，m；

V——在过滤时间内通过的滤液量，m^3；

v——滤饼得率，为每获得 $1 m^3$ 滤液可在介质上得到的滤饼体积；

L_e、V_e——过滤介质的当量滤饼厚度和当量滤液体积。

三、常见的过滤设备

工业上应用的过滤设备称为压滤机。按照操作方式不同，可分为间歇压滤机和连续压滤机；按照采用的压强差不同，可分为压滤压滤机、吸滤压滤机和离心压滤机。

工业上应用最广泛的板框压滤机和叶滤机为间歇压滤型压滤机，转筒真空压滤机则为吸滤型连续压滤机。

1. 板框压滤机

如图 3-11 所示,板框压滤机是一种古老却仍在广泛使用的过滤设备,间歇操作,其过滤推动力为外加压力。它由多块滤板和滤框交替排列组装于机架而构成。滤板和滤框的数量可在机座长度内根据需要自行调整,过滤面积一般为 2~80m²。操作周期为装合→过滤→洗涤→卸渣→整理。

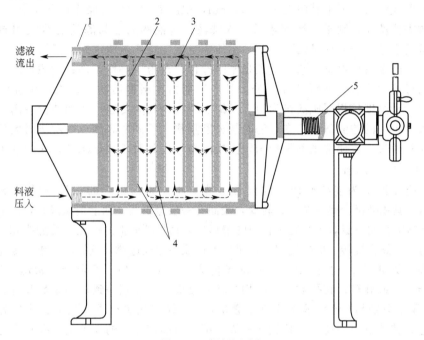

图 3-11　板框压滤机
1—固定头；2—滤板；3—滤框；4—滤布；5—压紧装置

板框压滤机构造简单,制造方便,操作容易;附属设备少,保养方便;单位过滤面积占地少,过滤面积选择范围宽;操作压强较高,滤渣的含水率低;便于用耐腐蚀材料制造,对物料的适应性强。板框压滤机的主要缺点是间歇操作,劳动强度大,产生效率低。

2. 叶滤机

叶滤机主要由一个垂直放置或水平放置的密闭圆柱形滤槽和许多不同宽度的长方形滤叶组成,如图 3-12 所示为一垂直圆形滤叶加压叶滤机的示意图。

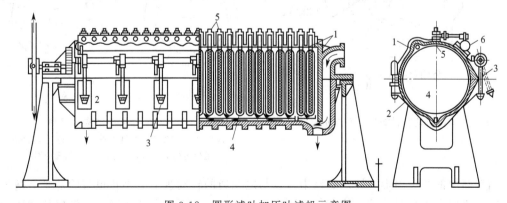

图 3-12　圆形滤叶加压叶滤机示意图
1—外壳上半部；2—外壳下半部；3—活节螺钉；4—滤叶；5—滤液排出管；6—滤液汇集管

滤叶是叶滤机的过滤元件，其形状各异，但其大致均由金属多孔板或金属网制造。常在滤叶周边用框加固，是为了使滤叶在使用中有足够的刚性和强度。对大型滤叶，可用金属板在两侧衬以金属网，外面再包滤布，构成一个加固滤叶。

过滤时，许多叶片连接成组同时工作，其各出口管汇集至一个总管，置于密闭的承压壳体内。当滤浆被压入壳体内时，滤液即穿过滤布进入叶内，汇集总管后排出机外，滤渣则集积于滤布上形成滤饼，通常其厚度为 5～35mm，视滤渣的性质及操作情况而定。

若滤饼需要洗涤，则于过滤完毕后通入洗液，洗液的路径与滤液的路径相同。洗涤过后，打开机壳上盖，开启滤槽的下半部，用压缩空气、蒸汽或清水卸除滤饼。

叶滤机是间歇操作设备，它的优点是密闭操作，改善了操作条件；过滤推动力大，单位地面所容的过滤面积大，滤饼洗涤充分。其产生能力比板框压滤机还大，而且机械化程度高，操作中劳动强度较板框压滤机为轻。其缺点为构造较为复杂，因而造价较高，特别是对于滤浆中大小不一的滤渣微粒，在过滤时能分别集积在不同的高度，在洗涤时大部分洗涤液由粗大颗粒外通过，致使洗涤不易均匀，更换滤布（尤其对于圆形滤叶）比较麻烦。

3. 转筒真空压滤机

转筒真空压滤机为连续操作过滤设备，是工业上应用较广的一种连续式压滤机。如图 3-13 所示，其主体部分是一个卧式转筒，表面有一层金属网，网上覆盖滤布，筒的下部浸入滤浆中。转筒沿径向分成若干个互不相通的扇形格，每格端面上的小孔与分配头相通。凭借分配头的作用，转筒在旋转一周的过程中，每格可按顺序完成过滤、洗涤、卸渣等操作。

分配头是关键部件，由固定盘和转动盘构成（见图 3-14），两者借弹簧压力紧密贴合。转动盘与转筒一起旋转，其孔数、孔径均与转筒端面的小孔相一致，固定盘开有 5 个槽（或孔），槽 1 和 2 分别与真空滤液罐相通，槽 3 和真空洗涤液罐相通，孔 4 和孔 5 分别与压缩空气管相连。转动盘上的任一小孔旋转一周，都将与固定盘上的 5 个槽（孔）连通一次，从而完成不同的操作。

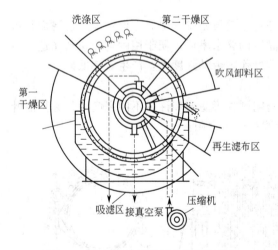

图 3-13　转筒真空过滤机的操作示意图

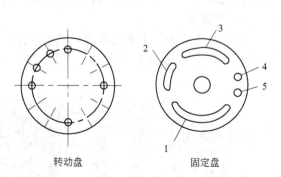

图 3-14　分配头结构示意图

1,2—与真空滤液罐相通的槽；3—与真空洗涤液罐相通的槽；4,5—与压缩空气相通的圆孔

当转筒中的某一扇形格转入滤浆中时，与之相通的转动盘上的小孔也与固定盘上槽 1 相通，在真空状态下抽吸滤液，滤布外侧则形成滤饼；当转至与槽 2 相通时，该格的过滤面已离开滤浆槽，槽 2 的作用是将滤饼中的滤液进一步吸出；当转至与槽 3 相通时，该格上方有

洗涤液喷淋在滤饼上,并由槽 3 抽吸至洗涤液罐。当转至与孔 4 相通时,压缩空气将由内向外吹松滤饼,迫使滤饼与滤布分离,随后由刮刀将滤饼刮下,刮刀与转筒表面的距离可调;当转至与孔 5 相通时,压缩空气吹落滤布上的颗粒,疏通滤布孔隙,使滤布再生。然后进入下一周期的操作。

在我国制定的转筒真空压滤机规格系列中,转筒的直径为 1~3m,过滤面积为 2~50m²。目前大型机的过滤面积有的已达 130m² 以上。转筒真空压滤机的操作流程如图 3-15 所示。

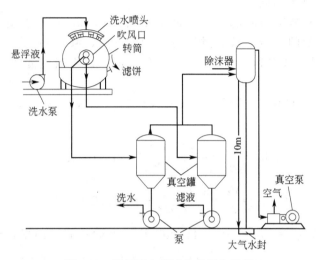

图 3-15　转筒真空压滤机的操作流程

转筒真空压滤机的突出优点是连续自动操作,节省人力,生产能力较大,对处理量大而容易过滤的料浆特别适宜。其缺点是转筒体积庞大而过滤面积相形之下小,过滤的推动力也不大,悬浮液温度不能过高,滤液洗涤不够充分。对于过滤操作以固相为产品、不要求充分洗涤、比较易于分离的液态非均相物系,特别是对于单品种生产,大规模处理固体物含量很大的悬浮液,此种设备是十分适用的。

任务实施

在过滤操作中,经常遇到的问题:一是已知要处理的悬浮液量和推动力,求所需的过滤面积;二是已知过滤面积和推动力,求悬浮液的处理量(生产能力),或已知过滤面积和悬浮液的处理量,求推动力。前者是设计型计算,后者是操作型计算,也是本任务的重点。两种计算均涉及运用过滤方程进行计算的问题。

依据过滤基本方程(3-8),在恒压过滤中,压强差 Δp 为定值,对于一定的悬浮液和过滤介质,γ、μ、υ、V_e 也可视为定值,令 $K=2\Delta p/(\gamma\mu\upsilon)$,忽略过滤介质阻力,过滤基本方程可简化为:

$$V^2 = KA^2 t \tag{3-9}$$

$$q^2 = Kt \tag{3-10}$$

式中　V——获得的滤液体积,m³;
　　　K——一定过滤条件下的过滤常数,与物料特性及压强差有关,m²/s;
　　　A——过滤面积,m²;
　　　t——过滤时间,s;
　　　q——单位过滤面积上获得的滤液体积,m³。

对板框式压滤机：生产能力 $Q=$ 一个循环周期得总滤液量/总时间，单位为（滤液）m^3/h：

$$Q=\frac{3600V}{T} \tag{3-11}$$

式中 V——操作周期获得的滤液总量，m^3；

T——操作周期时间总和（包括过滤时间、洗涤时间以及板框拆除、滤饼清除、装合等辅助操作时间），s。

据此，对本任务提出的问题：有一过滤面积为 $0.093m^2$ 的小型板框压滤机，恒压过滤含有碳酸钙颗粒的水悬浮液。过滤时间为 50s 时，共得到 $2.27\times10^{-3}m^3$ 的滤液；过滤时间为 100s 时，共得到 $3.35\times10^{-3}m^3$ 的滤液。试求当过滤时间为 200s 时，可得到多少滤液？

解：已知 $A=0.093m^2$，$t_1=50s$，$V_1=2.27\times10^{-3}m^3$，$t_2=100s$，$V_2=3.35\times10^{-3}m^3$，$t_3=200s$

由于

$$q_1=\frac{V_1}{A}=\frac{2.27\times10^{-3}}{0.093}=24.41\times10^{-3}$$

$$q_2=\frac{V_2}{A}=\frac{3.35\times10^{-3}}{0.093}=36.02\times10^{-3}$$

$$\begin{cases} q_1^2+2q_eq_1=Kt_1 \\ q_2^2+2q_eq_2=Kt_2 \end{cases} \Rightarrow \begin{cases} (24.41\times10^{-3})^2+2\times24.41\times10^{-3}q_e=50K \\ (36.02\times10^{-3})^2+2\times36.02\times10^{-3}q_e=100K \end{cases}$$

联立解之：$q_e=4.14\times10^{-3}$ $K=1.596\times10^{-5}$

因此

$$q_3^2+2\times4.14\times10^{-3}q_3=200\times1.596\times10^{-5}$$

$$q_3=0.0525$$

所以

$$V_3=q_3A=0.0525\times0.093=4.88\times10^{-3}m^3$$

讨论与习题

讨论：

1. 过滤方法有几种？分别适用于什么场合？
2. 工业上常用的过滤介质有哪几种，分别适用于什么场合？
3. 过滤得到的滤饼是浆状物质，使过滤很难进行，试讨论解决方法。
4. 转筒真空过滤机主要由哪几部分组成？其工作时转筒旋转一周完成哪几个工作循环？

习题：

1. 现有某氮肥厂，其造气工段的半水煤气发生炉每小时送出 $10000m^3$ 带有灰尘的半水煤气，拟采用扩散式旋风分离器除尘，要求压强降不超过 1373Pa，已知气体密度为 $1.0kg/m^3$，应选择何种旋风分离器型号才能达到生产目的？

2. 某生产过程每年须生产滤液 $3800m^3$，年工作时间为 5000h，采用间歇式过滤机，在恒压下每一操作周期为 2.5h，其中过滤时间为 1.5h，将悬浮液在同样操作条件下测得的过滤常数为 $K=4\times10^{-6}m^2/s$，$q_e=2.5\times10^{-2}m^3/m^2$。滤饼不洗涤，试求：

① 所需过滤面积。

② 今有过滤面积 8m² 的过滤机，需要几台？

任务四　板框压滤机操作与维护

任务引入

板框压滤机属于间歇式加压压滤机，是所有加压压滤机中结构最简单的机型，也是最早为工业所用的过滤设备之一，在各种化工生产中应用广泛。在熟悉板框压滤机的构造，掌握其工作流程和操作方法的基础上，要求用板框压滤机在恒定压力（0.05MPa、0.1MPa）下，对 10%～15% 碳酸钙-水悬浮液进行分离。

相关知识

无论是连续过滤还是间歇过滤，都存在一个操作周期。操作周期主要包括以下几个步骤：过滤、洗涤、卸渣、清理等，对于板框压滤机等需装拆的过滤设备，还包括组装。有效操作步骤只是"过滤"这一步，其余均属辅助步骤，但却是必不可少的。同时，过滤设备的使用效果、工作效率、操作的经济性等均影响着产品的成本和质量。所以在化工生产中，正确地选择过滤设备的类型、规格及合理的操作参数是非常重要的。

一、板框压滤机的结构

板框压滤机是由多块带凸凹纹路的滤板和滤框交替排列组装于机架上而构成的，主要包括尾板、滤框、滤板、主梁、头板和压紧装置等，如图 3-16 所示。两根主梁把尾板和压紧装置连在一起构成机架，机架上靠近压紧装置的一端放置头板，在头、尾板之间交替排列着滤板和滤框，板、框间夹着滤布。

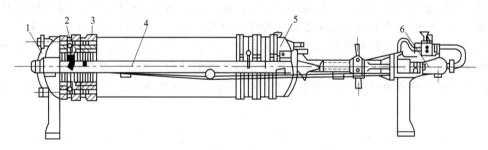

图 3-16　液压压紧板框压滤机示意图
1—尾板；2—滤框；3—滤板；4—主梁；5—头板；6—压紧装置

在板框压紧后，滤框与其两侧滤板所形成的空间构成若干个过滤室，在过滤时用以积存滤渣。压紧方式有两种：一种是手动螺旋压紧，另一种是液压压紧。

板框压滤机在形式上分为明流和暗流，滤液从每片滤板的出液口直接流出的为明流式，滤液集中从尾板的出液口流出的为暗流式。板框压滤机有的又分为可洗和不可洗两种，具有对滤渣进行洗涤的结构称为可洗，反之则为不可洗。

板与框多做成正方形，其构造如图 3-17 所示。滤板和滤框的角端均开有圆孔，装合、压紧后即构成供滤浆、滤液或洗涤液流动的通道。滤框的两侧覆以四角开孔的滤布，滤框与滤布围成了容纳滤浆及滤饼的空间。滤板的侧表面在周边处平滑，而在中间部分有沟槽,滤板上的沟槽都和其下部通道连通,通道的末端有一小旋塞用以排放滤液,滤板的上方两角均有小孔。它又分成两种,如图 3-17(c) 所示为洗板,如图 3-17(a) 所示为非洗板。洗板的特点是左上角的孔还有小通道与板面两侧相通,洗液可由此进入。滤框的上方两角也均有孔,右上角的孔有小通道与框内的空间相通,滤浆由此进入滤室。为了便于区别,在板与框的边上有小钮或其他标志。非洗板以一钮为记,洗板以三钮为记,而滤框则用两钮。

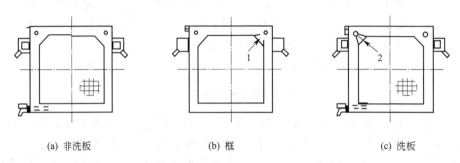

(a) 非洗板　　　(b) 框　　　(c) 洗板

图 3-17　明流式板框压滤机的板与框示意图
1—滤浆进口；2—洗液进口

二、板框压滤机的工作原理

板框压滤机的操作是间歇的,每个操作循环由过滤、洗涤、卸渣、清理、组装等阶段组成。开始装合时将板与框按钮数 1—2—3—2—1……的顺序置于机架上,板的两侧用滤布包起(滤布上亦根据板、框角上孔的位置而开孔),然后用手动或机动的压紧装置将活动机头压向头板,使框与板紧密接触。

过滤时悬浮液在指定压力下,经滤浆通道由滤框角端的暗孔进入框内,如图 3-18(a) 所示为明流式压滤机的过滤情况。滤液分别穿过两侧滤布,沿邻板板面流至滤液出口排出,滤渣则被截留于框内。待滤饼充满全框后,即停止过滤。若滤渣需要洗涤时,则将洗涤液压入洗液通道,并经由洗涤板角端暗孔进入板面与滤布之间。此时关闭洗涤板下部的滤液出口,洗液便在压强差推动下横穿一层滤布及整个滤框厚度的滤渣,然后再横穿过一层滤布,最后由非洗板下部的滤液出口排出,如图 3-18(b) 所示。此种洗涤方式称为横穿洗法。洗涤结

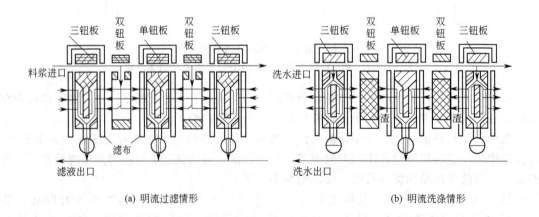

(a) 明流过滤情形　　　(b) 明流洗涤情形

图 3-18　明流式板框压滤机的过滤和洗涤示意图

束后,将压紧装置松开,卸出滤渣,清洗滤布,整理板框,重新装合,进行另一个操作循环。

若滤液不宜暴露在空气之中,则需将各板流出的滤液汇集于总管后送走,在过滤和洗涤时,机内液体流动路径如图 3-19(a) 和图 3-19(b) 所示。暗流式的板与框在构造上比较简单,因为省去了板上的排出阀。

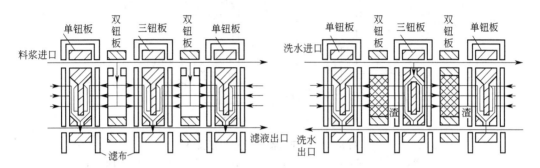

(a) 暗流式过滤情形　　　　　　　　　(b) 暗流式洗涤情形

图 3-19　暗流式板框压滤机的过滤和洗涤示意图

板框压滤机的板、框可用多种金属材料(如铸铁、碳钢、不锈钢、铝等)、塑料、木材制造,操作表压一般不超过 $800kN/m^2$。塑料成型加工简单,对物料的适应性强,便于向大型化发展,因而近来塑料板框压滤机得到了高速发展。目前塑料板框压滤机占压滤机总产量的 60% 以上。

任务实施——板框压滤机的操作

本任务是分离 $CaCO_3$-水悬浮液,以了解板框压滤机的结构和其操作流程及操作性能。学生按操作岗位分组,按照操作要求与规程,在实训室(仿真室)进行操作,熟练掌握后互相轮岗。

压滤机的基本操作方法:将碳酸钙粉末与水按一定比例投入配料釜后,启动搅拌装置形成碳酸钙悬浮液,用浆料泵送至板框压滤机进行过滤,滤液流入收集槽,碳酸钙粉末则在滤布上形成滤饼。当框内充满滤饼后,停止输送浆料,用清水对板框内滤饼进行洗涤,洗涤完成后,卸开板框压滤机板和板框,除去滤饼,洗净滤布。

一、装置

1. 板框过滤设备

如图 3-20 所示,滤浆槽内配有一定浓度的轻质碳酸钙悬浮液(浓度在 2%~4%),用电动搅拌器进行均匀搅拌(以浆液不出现旋涡为好)。启动旋涡泵,调节阀门 3 使压力表 5 指示在规定值。滤液在计量桶内计量。

2. 过滤、洗涤管路

过滤、洗涤管路如图 3-21 所示。

二、操作方法与步骤

① 系统接上电源,打开搅拌器电源开关,启动电动搅拌器 2。将滤浆槽 10 内的浆液搅拌均匀。

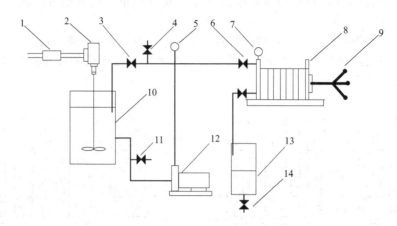

图 3-20 恒压过滤实验流程示意图
1—调速器；2—电动搅拌器；3,4,6,11,14—阀门；5,7—压力表；8—板框过滤机；
9—压紧装置；10—滤浆槽；12—旋涡泵；13—计量桶

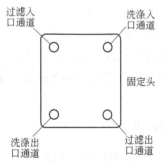

图 3-21 板框压滤机固定头管路分布图

② 滤布使用前用水浸湿，滤布要绷紧。板框过滤机板、框排列顺序为：固定头-非洗涤板-框-洗涤板-框-非洗涤板-可动头。用压紧装置压紧后待用。

③ 使阀门3处于全开，阀4、6、11处于全关状态。启动旋涡泵12，调节阀门3使压力表5达到规定值。

④ 待压力表5稳定后，打开过滤入口阀6过滤开始。当计量桶13内见到第一滴液体时按表计时。记录滤液每增加高度10mm时所用的时间。当计量桶13读数为160mm时，停止计时，并立即关闭入口阀6。

⑤ 打开阀门3使压力表5指示值下降。开启压紧装置卸下过滤框内的滤饼并放回滤浆槽内，将滤布清洗干净。放出计量桶内的滤液并倒回槽内，以保证滤浆浓度恒定。

⑥ 改变压力，从②开始重复上述操作。

⑦ 每组实验结束后，应用洗水管路对滤饼进行洗涤，测定洗涤时间和洗水量。

⑧ 实验结束时阀门11接自来水、阀门4接通下水，关闭阀门3对泵及滤浆进出口管进行冲洗。

三、操作注意事项

① 过滤板与框之间的密封垫应注意放正，过滤板与框的滤液进出口对齐，用摇柄把过滤设备压紧，以免漏液。

② 计量桶的流液管口应贴紧桶壁，否则液面波动影响读数。

③ 实验结束时关闭阀门3，用阀门11、4接通自来水对泵及滤浆进出口管进行冲洗。切忌将自来水灌入料槽中。

④ 使用电动搅拌器时，首先接上系统电源，打开调速器开关，调速钮一定由小到大缓慢调节，切勿反方向调节或调节过快损坏电机。

⑤ 要争取取得较为理想的数据，操作压力的控制和稳定是十分重要的工作。

四、数据记录

数据记录见表3-5。

表 3-5 板框压滤机操作实验数据记录表

装置号：　　　　学生姓名：　　　　　　　年　　月　　日

序号	时间	进料管压力/MPa	浆料泵后压力/MPa	浆料泵温度/℃	离心泵后压力/MPa	离心泵流量/(L/h)	滤液出口压力/MPa	洗涤水罐液位/mm	滤液罐液位/mm	滤液出口温度/℃	滤液体积/m³
1											
2											
3											
4											
5											
6											
操作记事											
异常情况记录											
教师签名											

讨论与拓展

讨论：任务可在实训室进行，也可进行仿真操作。根据实操情况，每组在讨论学习的基础上编写操作规程和操作方案，操作完成后写出总结，并介绍自己操作的体会和经验。

拓展：按组布置查找资料，考虑如何才能强化过滤过程，有条件的可分组让学生进行企业调研，整理出调研企业所用过滤操作的特点和操作规程。

项目考核与评价

本项目考核采用过程性考核与结论性考核相结合的方式，面向学生的整个学习过程，注重能力素质考核，其中能力目标和素质目标考核情况主要结合实训等操作情况给分。具体考核方案见考核表。

项目三 考核评价表

考核类型	考核项目	考核内容及配分			配分	得分
		知识目标掌握情况（学生自评,30%）	能力目标掌握情况（教师评价,40%）	素质目标掌握情况（同学评价,30%）		
过程性考核	任务一 非均相物系分离认知				10	
	任务二 沉降分离				10	
	任务三 过滤设备认知与操作				10	
	任务四 板框压滤机操作与维护				10	

续表

考核类型	考核项目	考核内容及配分			配分	得分
		知识目标掌握情况（学生自评,30%）	能力目标掌握情况（教师评价,40%）	素质目标掌握情况（同学评价,30%）		
	考核内容	考 核 指 标				
结论性考核	板框压滤机操作（见任务三），在实训室进行	考核准备	企业调研		3	
			实训室规章制度掌握情况		3	
		操作方案制定	内容完整性		3	
			实施可行性		3	
		实施过程	搭建装置：符合规范，连接紧密不松动，运转无阻力和杂音		4	
			加料方法正确无误		3	
			过程控制：温度、压力、流速等调节平稳		4	
			正确使用各类仪表，做好调零、校准，读数规范准确		3	
			操作规范，正确开、关、控制阀门、开关		3	
			对产品作分析判断		3	
			数据记录正确、及时		3	
			按规范拆卸装置		3	
			实训过程及结束后的工作场地保持整洁		3	
		任务结果	报告记录完整、规范、整洁		3	
			数据记录完整、规范、整洁、合理		3	
			产品性能优		4	
		项目完成报告	撰写项目完成报告、数据真实、提出建议		4	
			能完整、流畅地汇报项目实施情况		3	
			根据教师点评，进一步完善工作报告		3	
		其他	重做一次		－10	
			损坏一件设备、仪器		－10	
			发生安全事故		－30	
			乱倒（丢）废液、废物		－10	
	总分				100	

项目四 传热过程及操作

项目设置的依据

无论是化工生产中的化学反应过程，还是物理操作过程，几乎都伴有热量的传递——传热。化学反应通常在一定的温度条件下进行，为了保持一定的温度，就需要向反应器输入热量或将反应产生的热量移走；同时化工生产中的一些单元操作，如蒸发、蒸馏、干燥等，都要向设备输入或输出热量；此外，化工设备的保温、生产过程中热能的合理利用以及废热的回收等都涉及传热的问题。传热在化工生产中具有极其重要的作用。

传热是指由于温度差引起的能量转移，又称热量传递。传热是自然界和工程技术领域中极普遍的一种传递现象，由热力学第二定律可知，凡是有温差存在的地方，必然有能量从高温处向低温处传递。

学习目标

◆ 熟悉传热的基本方式及工业应用。

◆ 在熟悉换热器的类型、结构及操作原理的基础上，能熟练掌握换热器的开车、运行和停车等的操作方法，初步具有操作过程中异常现象的诊断、处置技能、工艺参数的调节能力，以及换热器的维护与保养能力。

◆ 在掌握热传导、热对流的基本规律、传热计算以及理解换热器传热过程、传热过程的强化与削弱的途径基础上，能分析传热能力的影响因素，提出强化措施。

◆ 严格按操作规程操作，养成良好的生产操作习惯，并按要求完成自己的实训工作任务。

项目任务与教学情境

根据传热原理不同，将该项目分为两个内容模块，每个模块分解成不同的工作任务，配合不同的教学情境，见表 4-1。

表 4-1 本项目具体任务

任务	工 作 任 务	教 学 情 境
任务一	传热认知	实训室现场教学
任务二	化工生产中的保温	在多媒体教室讲授相关知识与理论
任务三	传热过程操作分析	在多媒体教室讲授相关知识与理论
任务四	换热器认知与操作	在一体化教室将学生分组，了解换热器类型及选用；在仿真室、实训室将学生分组（岗位）模拟传热操作

项目实施与教学内容

任务一 传热认知

任务引入

传热即热量的传递,是自然界中普遍存在的物理现象,与动量传递、质量传递类似,是自然界与工程技术领域中最常见的传递现象。在化工生产中,无论是化学过程还是物理过程几乎都涉及传热或传热设备,蒸发、精馏、干燥、吸收等单元操作都与传热过程有关,例如,在化工生产中有近40%的设备是换热器,同时热能的合理利用对降低产品成本和环境保护有重要意义。因此,传热是重要的单元操作过程之一,在自然界、工农业生产和人们的日常生活中,传热过程无处不在。在前面介绍的乙酸乙酯生产中,就涉及列管换热器、夹套式换热器、蛇管式换热器等诸多操作。

相关知识

一、传热及其在化工生产中的应用

传热(heat transfer)是指由于温度差引起的能量转移,又称热传递。传热是自然界和工程技术领域中极普遍的一种传递现象,由热力学第二定律可知,凡是有温度差存在的地方,必然有能量从高温处到低温处传递。传热现象是日常生活和工业生产非常普遍的现象,涉及工业生产的各个领域,如能源、宇航、化工、动力、冶金、机械、建筑、生物工程、环境保护等。化学工业与传热的关系尤为密切,这是因为化工生产中的很多过程都需要进行加热和冷却。例如,化学反应通常要在一定温度条件下进行,为了达到并保持一定的温度,就需要向反应器输入热量或将反应产生的热量移走;又如在蒸发、蒸馏、干燥等单元操作中,都要向这些设备输入或输出热量。此外,化工设备的保温、生产过程中热能的合理利用以及废热的回收等都涉及传热的问题。由此可见,传热过程普遍地存在于化工生产中,具有极其重要的作用。

化工生产过程中的传热问题可分为两种情况:一是强化传热,如各种换热设备中的传热,其目的是使得传热设备发挥最大潜能,缩小传热设备的尺寸,从而降低设备投资费用和减少操作费用;二是削弱传热,如设备和管道的保温,其目的是节约能量,维持操作稳定,改善操作人员的劳动条件等。

通常,传热设备在化工厂设备投资中占很大比例,有些可达40%左右,所以传热是化工重要的单元操作之一。同时,热能合理利用对降低生产成本和环境保护有重要意义。

二、传热的基本方式

根据传热机理的不同,热量传递可分为三种基本方式:热传导、热对流和热辐射。

(1) 热传导(conduction) 热传导又称导热,当互相接触的物体间或同一物体内部存在温度差时,热量会从高温部分向低温部分传递。从微观角度来看,导热是物质的分子、原子和自由电子等微观粒子的热运动而产生的热传递现象。在导热过程中,物体中的分子并不发生相对位移,是静止物体内的一种传热方式。对于金属固体而言,热传导主要是依靠自由电子的运动而产生的；对于不良导体的固体和大部分液体，热传导是通过分子的振动传递热量的；对于气体，热传导是由于分子不规则热运动而引起的。

（2）热对流（convection） 流体各部分之间发生相对位移所引起的热传递过程称为热对流，简称对流，热对流仅仅发生在流体中。根据热对流产生的原因可将热对流分为自然对流和强制对流两种。自然对流是由于流体中各处的温度不同而引起密度的差异，使得流体产生相对位移；强制对流是由于外力而引起的质点强制运动。在同一种流体中，有可能同时发生自然对流和强制对流。

（3）热辐射（radiation） 热能以电磁波的形式通过空间进行传递称为热辐射。任何物体只要温度在绝对零度以上，都能以辐射的方式传热，而且温度越高，辐射能力越强。热辐射不需要借助任何传递介质，即使在真空中也能传播。物体不仅具有发射电磁波的能力，同时也能吸收从外界传递过来的电磁波，并转变成热量。两物体之间的热辐射的大小，是物体间相互辐射和吸收能量的总结果。

上述三种传热基本方式，一般不单独存在，往往是相互伴随、同时出现。热传导、对流传热和热辐射可以通过多种形式组成一个传热过程，但通常以某种传热方式为主。例如，蒸汽管道内部的热量传递至管壁外表面，以热传导为主，而由管道外表面向周围空气的散热，则是对流和辐射联合传热的结果。

三、工业生产中的传热方式

冷、热流体实现热交换的方式通常有以下三种。

（1）直接接触式传热 直接接触式传热方式中，参加热交换的热流体和冷流体在换热器中直接接触进行传热，称为直接接触式传热。工厂中的凉水塔即属于此种类型，如图 4-1 所示。

（2）蓄热式传热 蓄热式传热的特点是热流体和冷流体交替通过具有固体填充物的蓄热器，由填充物交替吸入和放出热量，操作时两组蓄热器同时使用，一组通热流体，另一组通冷流体交替进行，以实现热交换，石油化工中的蓄热式原油裂解即属于此类。

如图 4-2 所示，蓄热式传热器结构简单，能耐高温，一般适用于高低温气体之间的传热。但由于该类设备操作时是交替进行的，而且在交替时难免发生两种流体的混合，所以这类设备在化工生产中很少使用。

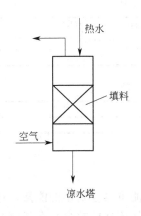

图 4-1 凉水塔的热传递

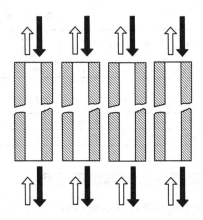

图 4-2 蓄热室流动与传热示意图

(3) 间壁式传热 间壁式的传热方式是化工生产中最广泛适用的一种形式,因为生产中通常不允许冷、热流体直接接触,要求冷、热流体之间存在一壁面,热流体通过该壁面将热量传递给冷流体。实现这种传热方式的常见工业传热设备称为间壁式换热器。间壁式换热器的种类很多,图4-3为最常见的列管式换热器。

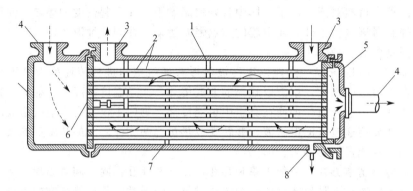

图 4-3 列管式换热器

1—外壳;2—管束;3—壳程流体进口、出口;4—管程流体进口、出口;
5—封头;6—管板;7—折流板;8—泄水口

四、工业上常用的加热剂和冷却剂

在化工生产中,传热过程的具体形式有加热与冷却、汽化与冷凝,前者物料的温度发生变化而相态不变、后者物料的温度不变而相态发生变化。生产中的热量交换通常发生在两种流体之间,凡参与传热的流体称为载热体。在传热过程中,温度较高、放出热量的流体,称为热载热体;温度较低、吸收热量的流体,称为冷载热体。如果过程的目的是将冷载热体加热或汽化,则热载热体称加热剂;如果过程的目的是将热载热体冷却或凝结,则冷载热体称冷却剂或冷凝剂。工业上用以实现冷、热流体热量交换的设备,称为热交换器,简称换热器。

工业上常用的加热剂有热水、低压蒸汽、高压汽水混合物、道生油、熔盐及烟道气等;常用的冷却剂主要有水、空气和各种冷冻剂。加热剂和冷却剂的适用温度范围见表4-2和表4-3。

表 4-2 常用加热剂的适用温度范围

加热剂	热水	低压蒸汽	高压汽水混合物	道生油(26.5%的联苯和73.5%联苯醚)	熔盐(KNO_3 53%,$NaNO_2$ 40%,$NaNO_3$ 7%)	烟道气
适用温度/℃	40~100	100~180	200~250	256~380(蒸汽)	142~530	500~1000

表 4-3 常用冷却剂的适用温度范围

冷却剂	水(自来水、河水、井水)	空气	盐水	氨蒸气
适用温度/℃	0~80	>30	-15~0	-30~-15

五、定态传热与非定态传热

如果传热系统(如换热器)中不积累能量,即输入的能量等于输出的能量,这样的传热过程称为定态传热。定态传热的特点是传热速率(单位时间传递的热量)在任何时刻都为常数,并且系统中各点的温度仅随位置变化而与时间无关。连续生产过程中的传热多为定态传热。

如果传热系统（例如换热器）中积累能量，即输入的能量不等于输出的能量，这样的传热过程称为非定态传热。非定态传热的特点是传热速率（单位时间传递的热量）不是一常数。工业生产上间歇操作的换热设备和连续生产时设备的开车和停车过程，多为非定态传热。

本项目中主要讨论定态传热过程。

任务实施

参观乙酸乙酯实训装置，了解其化工生产工艺流程，找出其所采用的换热器，掌握换热器的结构、类型及工作原理。

讨论与拓展

参观合成氨厂或石油化工厂，了解典型化工生产工艺流程，找出其所采用的换热器，掌握换热器的结构、类型及工作原理。

任务二　化工生产中的保温

任务引入

化工生产中，当设备或管道的壁温高于或低于环境温度时，必将引起热量或冷量的损失，这就需要保温，阻止热量传递，以提高换热器操作的经济性，维护设备的正常操作温度，保证生产在规定的温度下进行，同时降低车间温度，改善劳动条件。对高温的管道或设备进行有效的保温绝热，可使其热损失减少到保温前的百分之几。我国规定，凡表面温度在50℃以上的设备和管道，都必须进行保温和绝热处理。

在炉壁保温方面常遇到的问题很多，如：

① 以硫铁矿为原料生产硫酸，二氧化硫炉气的制备是在沸腾炉中完成的。在沸腾焙烧炉中，一般将焙烧温度控制在850～950℃的高温。为了减少沸腾炉热量散失，并改善车间劳动环境，需选择合适的保温材料，在炉内部或外部敷设隔热层。

② 有一 $\phi60mm\times5mm$ 的蒸汽管道，管外壁温度为493K，为了减少热损失，要求每米管道上的热损失不大于124.4W，试选用合适材料进行保温，并确定保温层应有的厚度。

相关知识

高温（或低温）设备散热量的确定，保温材料的选定，保温层厚度的确定，以及保温层接温度的计算，这些都与热传导的基本规律有关，是热传导基本规律在化工生产中的具体应用。

一、热传导

1. 傅里叶定律

傅里叶定律为热传导的基本定律，物理意义为：单位时间内以热传导方式传递的热量，与温度梯度及垂直于热流方向的导热面积成正比，即：

$$Q=-\lambda A\frac{dt}{dx} \tag{4-1}$$

式中　　Q——导热速率,即单位时间内通过传热面的热量,W;
　　　　A——导热面积,m^2;
　　　　λ——比例系数,称为热导率,与导热体本身的性质有关,W/(m·K);
　　　　$\dfrac{dt}{dx}$——温度梯度,℃/m。

式(4-1)中的负号表示热流方向与温度梯度的方向相反。

2. 热导率

热导率,又称为导热系数,用符号 λ 表示。热导率是物质的物理性质之一,表示物质导热能力的大小,热导率数值越大,表明物质的导热性能越好。

热导率的数值大小和物质的组成、结构、密度、温度以及压力有关,其大小可用实验的方法测得。一般来说,金属的热导率最大,非金属固体次之,液体较小,气体最小。表 4-4 列出了不同种类物质的热导率的大致范围。表 4-5~表 4-7 列出了常见固体、液体、气体的热导率。工程上常见物质的热导率可从有关手册中查得。

表 4-4　各种物质热导率的大致范围

物质种类	纯金属	金属合金	建筑材料	绝热材料	液　体	气　体
热导率/[W/(m·℃)]	100~1400	50~500	0.1~1	0.01~1	0.1~5	0.005~0.5

表 4-5　常见固体的热导率

固　体	温度/K	热导率/[W/(m·℃)]	固　体	温度/K	热导率/[W/(m·℃)]	固　体	温度/K	热导率/[W/(m·℃)]
铝	300	230	青铜		189	棉毛	30	0.050
镉	18	94	不锈钢	20	16	玻璃	30	1.09
铜	100	377	石棉板	50	0.17	云母	50	0.43
熟铁	18	61	石棉	0	0.16	硬橡皮	0	0.15
铸铁	53	48	石棉	100	0.19	锯屑	20	0.052
铅	100	33	石棉	200	0.21	软木	30	0.043
镍	100	57	高铝砖	430	3.1	玻璃毛	—	0.041
银	100	412	建筑砖	20	0.69	85%氧化镁	—	0.070
钢(1%C)	18	45	镁砂	200	3.8	石墨	0	151

表 4-6　常见液体的热导率

液　体	温度/K	热导率/[W/(m·℃)]	液体	温度/K	热导率/[W/(m·℃)]
醋酸	20	0.35	甘油 60%	20	0.38
丙酮	30	0.17	甘油	20	0.45
苯胺	0~20	0.17	正庚烷	30	0.14
苯	30	0.16	水银	28	8.36
氯化钙盐水 30%	30	0.55	硫酸 90%	30	0.36
乙醇 80%	20	0.24	硫酸 60%	30	0.43

表 4-7　几种气体的热导率

气　体	温度/K	热导率/[W/(m·℃)]	气体	温度/K	热导率/[W/(m·℃)]
氢	0	0.17	水蒸气	100	0.025
二氧化碳	0	0.015	氮	0	0.024
空气	0	0.024	乙烯	0	0.017
空气	100	0.031	氧	0	0.024
甲烷	0	0.029	乙烷	0	0.018

应予指出，在热传导过程中，物质内部不同位置的温度各不相同，因而热导率也不相同，在工程计算中常取热导率的平均值。特殊温度条件下的热导率可用内插法求得。

3. 导热

（1）平壁的导热

① 单层平壁的导热。如图 4-4 所示为一材质均匀、面积为 A、壁厚为 b 的单层平壁。假设壁内温度只沿垂直于壁面方向有变化，即所有平行于壁面的平面都是等温面，且壁面两侧的温度 $t_1 > t_2$，不随时间而变化，平壁边缘的热损失忽略

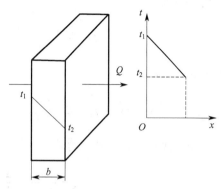

图 4-4 单层平壁热传导

不计，该平壁的热传导是定态一维热传导。若材料的热导率不随温度而变化（或取平均热导率），则式(4-1)中取其边界条件，当 $x=0$ 时，$t=t_1$；当 $x=b$ 时，$t=t_2$，又 $t_1 > t_2$，积分式得：

$$Q = \frac{\lambda}{b} A(t_1 - t_2) \quad (4-2)$$

或

$$Q = \frac{t_1 - t_2}{\frac{b}{\lambda A}} = \frac{\Delta t}{R} \quad [4\text{-}2(a)]$$

或

$$q = \frac{Q}{A} = \frac{\Delta t}{\frac{b}{\lambda}} = \frac{\Delta t}{R'} \quad [4\text{-}2(b)]$$

式中 $R = \dfrac{b}{\lambda A}$ ——导热热阻，K/W；

Δt ——温度差，导热推动力，K。

式[4-2(a)]表明，导热速率与导热推动力成正比，与导热热阻成反比，即

$$导热速率 = \frac{导热推动力}{导热阻力}$$

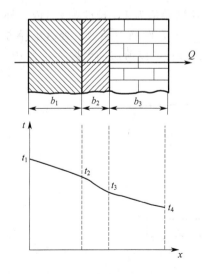

图 4-5 多层平壁热传导

必须强调指出，应用热阻的概念，对传热过程的分析和计算十分有用。由式[4-2(a)]可以看出，固体壁越厚、传热面积和热导率越小，则导热热阻越大。

② 多层平壁的导热。工程上，遇到的多是多层平壁的热传导，即由几种不同材料组成的平壁，如窑炉墙壁是由耐火砖、保温砖和普通砖组成的。下面以三层平壁为例，讨论多层平壁的热传导，如图 4-5 所示。多层平壁的壁厚分别为 b_1、b_2 和 b_3，热导率分别为 λ_1、λ_2 和 λ_3。假设层与层之间接触良好，即相互接触的两表面温度相同。各表面温度为 t_1、t_2、t_3 和 t_4，且 $t_1 > t_2 > t_3 > t_4$。

在定态导热时，通过各层的导热速率必相等，即 $Q = Q_1 = Q_2 = Q_3$，同时，式[4-2(a)]对于各层的传热速率均

适用，所以

$$Q=\frac{\lambda_1 A(t_1-t_2)}{b_1}=\frac{\lambda_2 A(t_2-t_3)}{b_2}=\frac{\lambda_3 A(t_3-t_4)}{b_3}$$

由上式可得：

$$\Delta t_1=t_1-t_2=Q\frac{b_1}{\lambda_1 A},\ \Delta t_2=t_2-t_3=Q\frac{b_2}{\lambda_2 A},\ \Delta t_3=t_3-t_4=Q\frac{b_3}{\lambda_3 A}$$

将上面三式相加，并整理得：

$$Q=\frac{\Delta t_1+\Delta t_2+\Delta t_3}{\frac{b_1}{\lambda_1 A}+\frac{b_2}{\lambda_2 A}+\frac{b_3}{\lambda_3 A}}=\frac{t_1-t_4}{\frac{b_1}{\lambda_1 A}+\frac{b_2}{\lambda_2 A}+\frac{b_3}{\lambda_3 A}} \tag{4-3}$$

式(4-3)即为三层平壁的热传导速率方程式。

对 n 层平壁，热传导速率方程式为：

$$Q=\frac{t_1-t_{n+1}}{\sum_{i=1}^{n}\frac{b_i}{\lambda_i A}}=\frac{\sum \Delta t}{\sum R} \tag{4-4}$$

由式(4-4)可见，多层壁面的导热，可以看成是多个热阻串联导热，导热速率等于任一层的分推动力与分热阻之比，也等于总推动力与总热阻之比，总推动力为各层温度差之和，总热阻为各层热阻之和。这一规律对其他传热场合同样适用。

应予指出，在上述多层平壁的计算中，假设层与层之间接触良好，两个接触表面具有相同的温度。实际上，材料表面并非理想平整，不同材料构成的界面之间产生接触热阻，因而出现明显的温度降低。接触热阻的大小与接触面材料、表面粗糙度及接触面上的压强等因素有关。工程上常采用增加挤压力、在接触面之间插入容易变形的高热导率的填隙材料等措施来减小接触热阻。

(2) 圆筒壁的导热 化工生产中，常用管道和设备多是圆筒形的。圆筒壁的热传导与平壁热传导的不同点是导热面积沿着半径方向逐渐变化。

① 单层圆筒壁导热。如图 4-6 所示的单层圆筒壁，若其热导率为 λ，长度为 l，内、外径分别为 r_1 和 r_2，内、外表面的温度为 t_1 和 t_2，并且 $t_1>t_2$。在圆筒半径为 r 处沿半径方向取微元厚度为 dr 的薄层，其传热面积可视为常量，等于 $2\pi r l$，该薄层的温度变化为 dt，温度只沿半径方向变化，通过该薄层的导热速率可表示为：

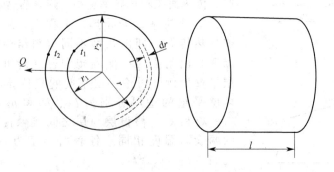

图 4-6 单层圆筒壁的热传导

$$Q = \frac{2\pi l \lambda (t_1 - t_2)}{\ln \frac{r_2}{r_1}} \tag{4-5}$$

式(4-5)也可以写成平面壁导热速率公式的形式，即：

$$Q = \frac{\lambda}{r_2 - r_1} 2\pi l \frac{r_2 - r_1}{\ln \frac{r_2}{r_1}} \Delta t$$

式中，$r_2 - r_1$ 为筒壁的厚度 b，$r_{均} = \frac{r_2 - r_1}{\ln \frac{r_2}{r_1}}$，为对数平均半径，则上式变为：

$$Q = \frac{\lambda A_m (t_1 - t_2)}{b} \tag{4-6}$$

当 $r_2/r_1 \leqslant 2$ 时，对数平均值可以用算术平均值代替，即 $r_m = \frac{r_1 + r_2}{2}$。实践证明，在 $r_2/r_1 \leqslant 2$ 的条件下，采用算术平均值与采用对数平均值计算，其误差小于 4%，所以工程上常作这样的简化。

式(4-6)还可用以下形式表示：

$$Q = \frac{t_1 - t_2}{\frac{b}{\lambda A_m}} = \frac{\Delta t}{R} \tag{4-7}$$

由此可见，圆筒壁的热传导方程式与平壁的热传导方程式在形式上非常相似，只需将平壁热传导方程式中的传热面积 A 变成平均的传热面积 A_m 即可。在计算管径较大、管壁较薄的圆筒壁的热传导时，由于 $r_2/r_1 \leqslant 2$，可把 $(r_2 - r_1)$ 当作壁厚 b，把 $2\pi l \left(\frac{r_1 + r_2}{2} \right)$ 当作导热面积，按平壁的热传导来计算，即：

$$Q = \frac{\lambda 2\pi l \left(\frac{r_1 + r_2}{2} \right)(t_1 - t_2)}{r_2 - r_1} \tag{4-8}$$

而在计算保温问题时，因绝热材料包得很厚，一般 r_2/r_1 都较大，故仍应按圆筒壁的热传导来计算。

② 多层圆筒壁导热。工程上多层圆筒壁的导热情况更为常见，如高温或低温管道的外部包上一层乃至多层保温材料，以减少热损（或冷损）。在反应器或其他容器内衬以工程塑料或其他材料以减小腐蚀；在换热器换热管的内、外表面形成污垢等，都属于多层圆筒壁的导热。

以三层圆筒壁为例，讨论多层圆筒壁的传导速率方程式。如图 4-7 所示，由不同材质组成的层与层之间接触良好的三层圆筒壁，各层的热导率分别为 λ_1、λ_2 和 λ_3，厚度为 $b_1 = (r_2 - r_1)$、$b_2 = (r_3 -$

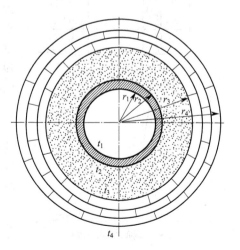

图 4-7　多层圆筒壁的热传导

r_2)和 $b_3=(r_4-r_3)$,圆筒的内外表面及交界面的温度分别为 t_1、t_2、t_3、t_4,采用各层的对数平均面积代入式(4-3)计算传热速率,可得

$$Q=\frac{t_1-t_4}{\frac{r_2-r_1}{\lambda_1 A_{m1}}+\frac{r_3-r_2}{\lambda_2 A_{m2}}+\frac{r_4-r_3}{\lambda_3 A_{m3}}}=\frac{t_1-t_4}{R_1+R_2+R_3}=\frac{\Delta t}{\sum R} \quad (4-9)$$

式中 A_{m1}——第一层圆筒壁的平均导热面积,m^2;
　　　A_{m2}——第二层圆筒壁的平均导热面积,m^2;
　　　A_{m3}——第三层圆筒壁的平均导热面积,m^2。

上式为多层圆筒壁的热传导方程式。

由式(4-9)可以看出,多层圆筒壁热传导的推动力即为总的温度差,而总的热阻为各层热阻之和,只是式中的导热面积应采用各层相应的平均面积。

将上式中的导热面积 A 换成圆筒壁半径,整理可得:

$$Q=\frac{2\pi l(t_1-t_4)}{\frac{1}{\lambda_1}\ln\frac{r_2}{r_1}+\frac{1}{\lambda_2}\ln\frac{r_3}{r_2}+\frac{1}{\lambda_3}\ln\frac{r_4}{r_3}}=\frac{2\pi l \Delta t}{\sum \frac{1}{\lambda_i}\ln\frac{r_{i+1}}{r_i}} \quad (4-10)$$

式中,下标"i"为圆筒壁的层数。

二、对流传热

流体流过固体壁面时,与壁面之间发生的传热过程称为对流传热。对流传热与流体流动状况密切相关。

由流体流动规律可知,流体流经固体壁面时形成流动边界层——层流内层,流体沿壁面流动,在传热方向上没有质点的位移,热量以导热方式传递,热阻大,温差大;接着是湍流主体,由于质点湍动剧烈,在传热方向上,流体的温差极小,各处的温差基本相同,温度梯度可以认为近似为零,热量传递主要靠对流进行。在湍流主体至层流内层之间有一过渡区,过渡区内温度是逐渐变化的。图 4-8 表示壁面及两侧流体的温度分布。

由以上分析可知,对流传热是一个以层流内层为主的导热和层流内层以外的对流传热的综合过程,热阻主要集中在层流内层里。因此减薄或破坏层流内层是强化对流传热的主要途径。工业上采用翅片换热器或在换热管内加内件,都是为了破坏层流内层。

1. 对流传热基本方程

对流传热是一个复杂的传热过程,影响对流传热速率的因素很多,而且不同的对流传热情况又有差别,因此对流传热的理论计算是很困难的。为了简便起见,将对流传热速率方程表达成如下形式:

$$Q=\alpha A \Delta t \quad (4-11)$$

式中 Q——对流传热速率,W;
　　　A——传热面积,m^2;
　　　Δt——流体与固体壁面之间的温度差,K;

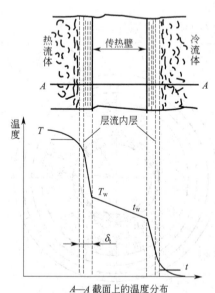

图 4-8 对流传热的温度分布

α——对流传热系数（膜系数），W/(m²·K)，表示单位传热面积上，当流体与壁面的温度差为1℃时，单位时间内以对流传热方式传递的热量。它反映了对流传热的强度，α越大表示对流传热强度越大，热阻越小。

上式又称牛顿冷却定律，是把复杂的对流传热问题用简单的关系式来表达。

对流传热膜系数α与热导率λ不同，它不是流体的物理性质，而是受诸多因素影响的一个系数，反映对流传热热阻的大小。

对流传热膜系数的影响因素很多，有流体的性质、流动状态等，此处不一一详述。

2. 流体有相变时的对流传热

化工生产中，流体在换热过程中还会发生相变：一个是液体的沸腾汽化，一个是蒸汽冷凝。相变的过程比无相变的过程复杂得多，目前的研究还不充分，迄今为止已有一些经验公式可供使用，但是其可靠程度不高。

蒸汽冷凝和液体沸腾都是伴有相变化的对流传热过程。这类过程的特点是相变流体要放出或吸收大量的潜热，但流体温度不变化。因此在壁面附近流体层中温度梯度较大，对流传热膜系数较无相变时更大。例如水的沸腾或水蒸气冷凝时的α较水单相流动的α要大得多。

（1）蒸气冷凝 当饱和蒸汽与低于饱和温度的壁面接触时，蒸汽释放出潜热并在壁面上冷凝成液体。按照冷凝液能否湿润壁面，可将蒸汽冷凝分为膜状冷凝和滴状冷凝。

当蒸汽膜状冷凝时，冷凝液能够润湿壁面，在壁面上形成一层连续的液膜。蒸汽在液膜表面冷凝（冷凝液平均温度t_s），释放出的热量必须穿过液膜以导热和对流方式传给壁面（与流体接触一侧壁面温度t_w），这种冷凝称为膜状冷凝，如图4-9(a)、图4-9(b)所示。若凝液不能湿润壁面，则因表面张力的作用将使冷凝液形成液滴，并沿壁面滚下，这种冷凝称为滴状冷凝，如图4-9(c)所示。

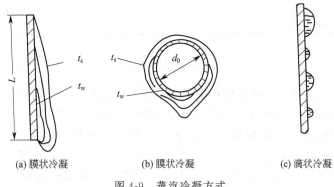

(a) 膜状冷凝　　　　(b) 膜状冷凝　　　　(c) 滴状冷凝

图4-9　蒸汽冷凝方式

由于蒸汽在壁面上的冷凝方式不同，使得两种情况下的对流传热系数数值相差很大。膜状冷凝时，壁面被液膜所覆盖，此时蒸汽的冷凝只能在液膜的表面进行，即蒸汽冷凝放出的潜热必须通过液膜后才能传给壁面，而液体的热导率很小，因此膜状冷凝传热的热阻主要集中在液膜中。冷凝液膜在重力作用下沿壁面向下流动时，其厚度不断增加，所以壁面越高或水平放置的管子管径越大，则整个壁面的平均传热膜系数也就越小。

在滴状冷凝过程中，液滴下落时可使壁面暴露于蒸汽中，蒸汽可直接将热量传递给壁面，因而滴状冷凝的热阻比膜状冷凝时小。实验证明，滴状冷凝的传热膜系数是膜状冷凝时的十到几十倍。

然而，要保持滴状冷凝还是很困难的，即使在开始阶段为滴状冷凝，但经过一段时间后，由于液珠的聚集，大部分要变成膜状冷凝。冷凝传热的热阻主要集中在液膜内，所以凡有利于减小液膜厚度的因素都可提高冷凝对流传热系数，这些因素主要有不凝性气体、蒸汽流速和流向、冷凝液的物性、冷凝壁面等。为了保持滴状冷凝，可采用各种不同的壁面涂层和蒸汽添加剂，但这些方法目前尚未能在工程上实现。故在进行冷凝计算时，为安全起见一般按膜状冷凝来处理。

(2) 液体沸腾　将液体加热到操作条件下的饱和温度时，整个液体内部都将会有气泡产生，这种现象称为液体沸腾。发生在沸腾液体与固体壁面之间的传热，称为沸腾传热。

工业上液体沸腾的方式主要有两种：一种是加热壁面浸没在液体中，液体在壁面处受热沸腾，称为大容器沸腾，也称池内沸腾；另一种是液体在管内流动时受热沸腾，称为管内沸腾，机理更为复杂。

影响沸腾传热的因素较多，由于沸腾要产生气泡，所以凡影响气泡生成、长大和脱离壁面的因素对沸腾传热均有影响，概括起来，对沸腾传热膜系数有较大影响的因素主要以下几个方面：流体的物性、温度差、操作压力、加热壁面状况等。

综上所述，由于影响对流传热膜系数的因素众多，所以对流传热膜系数 α 的数值变化范围很大，表 4-8 列出了工业用换热器 α 值的大致范围，供选用时参考。

表 4-8　工业用换热器中 α 值的大致范围

传热类型	对流传热膜系数 $\alpha/[W/(m^2 \cdot ℃)]$
空气自然对流	5～25
空气强制对流	30～300
水自然对流	200～1000
水强制对流	1000～8000
有机液体强制对流	500～1500
水蒸气冷凝	5000～15000
有机蒸气冷凝	500～3000
水沸腾	1500～30000
有机物沸腾	500～15000

任务实施

在化工生产中，当设备、管道与外界环境存在一定的温度差，特别是在温度差较大时，必须在其外壁上加设一层隔热材料，阻碍热量在设备和环境之间的传递，这种措施叫保温（或绝热）。据资料介绍，在不保温的情况下，每平方米蒸汽管道上每小时损失的热量达 21000～29400kJ，相当于 1kg 优质煤的燃烧值，那么，在 300mm 直径、1m 长的管道上每年损失的热量就相当于 8～9t 优质煤，这显然是不容许的。保温的目的在于使物料保持化工过程所要求的适宜温度及物态；防止热损失，节能降耗；改善车间的劳动环境。

傅里叶定律既可以解决工业炉壁及圆筒形管道和设备的保温问题，还可以解决工程上的其他相关问题。概括起来主要如下。

一、计算传热量及壁面温度

任务：硫酸生产中 SO_2 气体是在沸腾炉中焙烧硫铁矿而得到的，若沸腾炉的炉壁由 23cm 厚的耐火砖、23cm 厚的保温砖（黏土轻砖）、5cm 厚的石棉板及 10cm 厚的钢壳组成，操作稳定后，测得炉内壁面温度 t_1 为 900℃，外壁面温度 t_5 为 80℃。已知：耐火砖 λ_1 = 1.05W/(m·℃)，保温砖 λ_2 = 0.2W/(m·℃)，石棉砖 λ_3 = 0.09W/(m·℃)，钢壳 λ_4 =

40W/(m·℃)。试求：

① 每平方米炉壁面由热传导所散失的热量。
② 求炉壁各层材料间交界面的温度为多少？

解：因为是定态传热，所以各层的传热速率均相等，由于沸腾炉直径大，可以将炉壁看作平面壁，根据多层平壁热传导公式求得。

① 单位面积上的热损失为：

$$q = \frac{Q}{A} = \frac{\Delta t}{\sum \frac{b_i}{\lambda_i}} = \frac{t_1 - t_5}{\frac{b_1}{\lambda_1} + \frac{b_2}{\lambda_2} + \frac{b_3}{\lambda_3} + \frac{b_4}{\lambda_4}} = \frac{900 - 80}{\frac{0.23}{1.05} + \frac{0.23}{0.2} + \frac{0.05}{0.09} + \frac{0.1}{40}}$$

$$= \frac{820}{0.219 + 1.15 + 0.556 + 0.0025} = 425.5 \text{W/m}^2$$

② 各层接触面的温度

求耐火砖与保温砖的交界面温度 t_2：

$$t_2 = t_1 - \frac{q}{\lambda_1/b_1} = 806.8℃$$

求保温砖与石棉板的交界面温度 t_3：

$$t_3 = t_2 - \frac{q}{\lambda_2/b_2} = 317.5℃$$

求石棉板与钢壳的交界面温度 t_4：

$$t_4 = t_3 - \frac{q}{\lambda_3/b_3} = 81.1℃$$

计算结果表明，各分层热阻越大则温度降越大，温差与相应的热阻成正比。沸腾炉壁的主要温度差在保温砖和石棉板层。

二、确定保温层的厚度

保温层的厚度越厚，热损失越低，但保温材料费用会增加。确定保温层厚度时，应从经济的角度综合考虑。保温层的热损失不得超过表 4-9 和表 4-10 所规定的允许值，这是选择隔热材料和确定保温层的依据。

表 4-9 常年运行设备或管路的允许热损失

设备或管路的表面温度/℃	50	100	150	200	250	300
允许热损失/(W/m²)	58	93	116	140	163	186

表 4-10 季节运行设备或管路的允许热损失

设备或管路的表面温度/℃	50	100	150	200	250	300
允许热损失/(W/m²)	58	93	116	140	163	186

任务：有一 $\phi 60\text{mm} \times 5\text{mm}$ 的蒸汽管道，管外壁温度为 493K，为了减少热损失，拟用 $\lambda = 0.15\text{W/(m·K)}$ 的保温材料进行保温，要求每米管道上的热损失不大于 124.4W，保温层外壁温度在 310K 左右，试求保温层应有的厚度。

解：管道保温后属于多层圆筒壁，但是在稳定传热时，Q/l 不变，因此，在 Q/l 已知的情况下，可以只考虑保温层的导热，即可按单层圆筒壁的计算式。

$$Q = \frac{2\pi l \lambda (t_2 - t_3)}{\ln \frac{r_3}{r_2}}$$

已知 $Q/l=124.4\text{W/m}$，$\Delta t=493-10\text{K}=183\text{K}$，$\lambda=0.15\text{W/(m·K)}$，$r_2=0.03\text{m}$，代入上式，整理得：

$$\ln\frac{r_3}{30}=\frac{2\pi\lambda\Delta t}{Q/l}=\frac{2\pi\times 0.15\times(493-310)}{124.4}=1.386$$

$$\frac{r_3}{0.03}=4$$

$$r_3=0.12\text{m}=120\text{mm}$$

则保温层厚度为：$120-30=90\text{mm}$

讨论与习题

通过以上讨论可知，傅里叶定律在传导中的应用主要有：一是计算传热量及壁面（多层壁中层与层接触面）上的温度；二是确定保温层的厚度。

讨论：

1. 传热有哪几种方式？各有什么特点？
2. 什么叫载热体、加热剂、冷却剂？常用的加热剂、冷却剂有哪些？
3. 什么是热导率？如何利用热导率选用工程材料？
4. 有人说"保温层厚度越大，对保温越有利"，你怎样理解这种说法？
5. 分析保温瓶的保温原理，并从传热的角度分析保温瓶是否需要除垢。
6. 在两层平壁中的热传导，有一层的温度差较大，另一层较小，哪一层热阻大？热阻大的原因是什么？
7. 输送水蒸气的圆管外包覆两层厚度相同、热导率不同的保温材料，若改变两层保温材料的先后次序，其保温效果是否会改变？
8. 在实际生产中的沸腾传热，为什么尽可能保持在核状沸腾状态？
9. 为什么膜状冷凝的传热膜系数比滴状冷凝时小？
10. 对流传热膜系数的影响因素有哪些？如何提高对流传热膜系数？

习题：

1. 某平壁工业炉的耐火砖厚度为 0.213m，热导率 $\lambda=1.038\text{W/(m·K)}$。其外用热导率 $\lambda=0.07\text{W/(m·K)}$ 的绝热材料保温。炉内壁温度为 980℃，绝热层外壁温度为 38℃，如允许最大热损失量为 950W/m^2。试求：①绝热层厚度；②耐火砖层与绝热层分界处的温度。

2. 某烃类裂解炉的炉体由钢板和保温层构成，钢板的厚度为 20mm，热导率 $\lambda=58\text{W/(m·K)}$，保温层由耐火砖和普通砖组成，其厚度均为 100mm，热导率分别为 0.9W/(m·K) 及 0.7W/(m·K)。要使烃类裂解完全，必须保持炉壁的温度在 1015～1100K，待其操作稳定后，测得炉壁温度为 1015K，外表面温度为 403K，要使其外表面温度不超过 303K，要再加多厚的保温层 [热导率为 0.06W/(m·K)] 才能符合要求？

3. 在 $\phi 108\text{mm}\times 4\text{mm}$ 的管道内，通以 200kPa 的饱和蒸汽，已知外壁温度为 110℃，内壁温度以蒸汽温度计，试求每米管道上的热损失。

4. $\phi 38\text{mm}\times 2.5\text{mm}$ 的蒸汽管，设该蒸汽管的热导率为 50W/(m·K)，外包两层保温层，第一层为 50mm 的软木，热导率为 0.04W/(m·K)，第二层为 50mm 的石棉泥，热导率为 0.15W/(m·K)，已知蒸汽管内壁温度为 373K，最外侧的温度为 273K，试求：①每米管路的热损失；②若先包石棉泥后包软木，其他条件不变，每米管长的热损失将怎样变化？通过两种情况的比较，能得出什么结论。

5. 水以1m/s的速度在长为2m、规格为 $\phi25mm\times2.5mm$ 的管子内流动，由25℃加热至50℃，试求水与管壁之间的对流传热膜系数。

6. 水在一圆形直管内呈强制湍流时，若流量及特性均不变，现将管内径减半，则管内对流传热膜系数为原来的多少倍？

7. 某流体在一个换热器的圆形直管内做强制湍流，已知其传热膜系数为480W/(m²·K)，今欲将其提高到768.2W/(m²·K)，试问应将其流速增大多少倍？

任务三　传热过程操作分析

■■■■ 任务引入 ■■■■

传热大多在换热器中进行，在操作中经常会遇到一些问题，如：根据给定换热器的结构参数及冷、热流体进入换热器的初始条件，通过计算判断一个换热器是否能满足生产要求；预测生产过程中某些参数（如流体的流量、初温等）的变化对换热器传热能力的影响。

任务1：有一单程列管换热器，由 $\phi25mm\times2.5mm$ 的管子组成，传热面积为3m²。现用初温为10℃的水将机油从200℃冷却到100℃，水走管程，油走壳程。已知水和机油的流量分别为1000kg/h和1200kg/h，两流体呈逆流流动，忽略管壁和污垢的热阻。试说明：换热器是否满足生产要求？夏天当水的初温达到30℃时，其他条件不变该换热器能否适用（假定传热系数不变）？

任务2：某冷凝器，蒸汽在饱和温度100℃下冷凝，冷却水进、出口温度分别为 $t_1=30℃$ 和 $t_2=35℃$，若其他条件不变，将冷却水的流量增加一倍，蒸汽冷凝量怎样变化？

■■■■ 相关知识 ■■■■

上述任务主要为操作型计算，其特点是换热器给定。而热量衡算式和传热方程式是计算的核心。

前面已分别讨论了热传导和对流传热的基本规律。在间壁换热器中，热流体通过换热器的间壁，将其热量传递到冷流体，这一过程包括热对流、热传导、热对流三个阶段，见图4-10。

在定态传热条件下，根据导热速率方程和对流传热速率方程即可进行换热器的传热计算。但是，采用上述方程计算冷、热流体间的传热速率时，必须知道壁温，实际上，壁温往往是难以测定的，容易测定的是冷、热流体的温度。为了计算方便，避开壁温，直接用冷、热流体的主体温度来进行计算。以冷、热流体的温度差为推动力的传热速率方程，称为总传热速率方程，又称为传热基本方程，即：

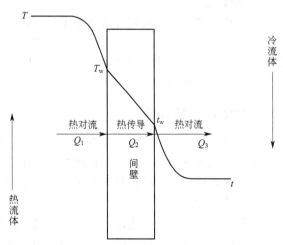

图4-10　间壁式换热传热过程分析

$$Q=KA\Delta t_m \tag{4-12}$$

或
$$Q = \frac{\Delta t_m}{\frac{1}{KA}} = \frac{\Delta t_m}{R} \qquad [4\text{-}12(a)]$$

式中　Q——传热速率（热负荷），W；
　　　K——总传热系数，W/(m²·℃)；
　　　A——传热面积，m²；
　　Δt_m——传热平均温度差，℃；
　　　R——换热器的总热阻，℃/W。

由于换热器中沿程流体的温度、物理性质都是变化的，因此式(4-12)中的温度差 Δt_m 和总传热系数 K 一般也是变化的。工程计算中，在温度与物理性质变化不是很大时，通常取 Δt_m 与 K 在整个换热器中的平均值。

一、热负荷计算

对间壁式换热器，冷、热流体每单位时间所交换的热量是根据生产上的换热任务提出的，工艺上对换热器提出的换热要求，称为热负荷。若换热器保温良好，热损失可忽略，根据能量守恒，单位时间内热流体放出的热量等于冷流体吸收的热量。热负荷的计算方法如下。

1. 比热容法

当流体与外界换热时，流体不发生相变而只有温度变化，这种热量称为显热，无相变的热负荷可用比热容法计算。

$$Q = W_h c_{ph}(T_1 - T_2) = W_c c_{pc}(t_2 - t_1) \tag{4-13}$$

式中　Q——换热器的热负荷 W；
W_c，W_h——冷热流体的质量流量，kg/s；
T_1，T_2——热流体的进、出口温度，℃；
t_1，t_2——冷流体的进、出口温度，℃；
c_{pc}，c_{ph}——冷、热流体的平均比热容，J/(kg·℃)。

2. 潜热法

当流体在与外界的换热过程中发生相变时，可采用潜热法计算。

$$Q = W_h R = W_c r \tag{4-14}$$

式中　R，r——冷、热流体的汽化潜热，kJ/kg。

此外还有焓差法等。

二、传热平均温度差

在传热基本方程中，Δt_m 为换热器的传热平均温度差，若冷、热两流体在传热过程中的温度变化情况不同，传热平均温度差的大小及计算方法也不同，根据间壁两侧流体温度沿传热面是否有变化，可将传热分为恒温传热与变温传热两种。

1. 恒温传热

传热过程中，冷、热流体的温度不随时间和换热器壁面的位置而变化，这种传热称为恒温传热。如蒸发器中，间壁的一侧为饱和蒸汽冷凝，冷凝温度恒定为 T，而另一侧为液体沸腾，沸腾温度恒定为 t，此时冷、热流体的温度均不沿换热器的管长变化，两者间的温度差在换热器不同截面上都相等，即：

$$\Delta t_m = T - t \tag{4-15}$$

2. 变温传热

传热过程中，冷、热流体的一种或两种沿换热器管长而变化，此类传热则称为变温传热。它又分以下两种情况。

(1) 一侧流体变温传热 如图 4-11 所示，图 4-11(a) 表示一侧为饱和蒸汽冷凝，温度恒定为 T，另一侧为冷流体，温度从进口的 t_1 升至出口的 t_2。图 4-11(b) 表示热流体从进口的 T_1 降至出口的 T_2，而另一侧为液体沸腾，温度恒定为 t。

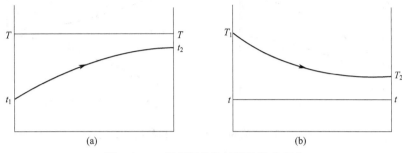

图 4-11 一侧变温传热过程的温差变化

(2) 两侧流体变温传热。 冷、热流体的温度均沿着传热面发生变化，此时，其传热温度差因流动方向的不同而不同。

在间壁式换热器中，两流体可以有四种不同的流动方式，如图 4-12 所示。若两流体的流动方向相同，称为并流；若两流体的流动方向相反，称为逆流，若两流体的流动方向垂直交叉，称为错流；若一流体沿一方向流动，另一流体反复折流，称为简单折流，若两流体均作折流，或既有折流，又有错流，称为复杂折流。

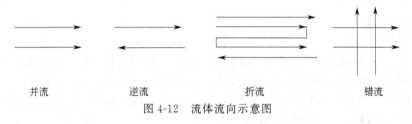

图 4-12 流体流向示意图

① 并流与逆流的平均温度差。并流与逆流时，两流体的温度沿传热面的变化情况见图 4-13。壁面两侧流体的温度在变化，其相应各点的温度差也在变化，可以导出，此时的传热平均温度差为冷热流体在换热器进、出口两端温度差的对数平均值。

$$\Delta t_m = \frac{\Delta t_1 - \Delta t_2}{\ln \dfrac{\Delta t_1}{\Delta t_2}} \tag{4-16}$$

式中　Δt_m——对数平均温度差，℃；

Δt_1，Δt_2——换热器两端冷热两流体的温度差，℃。

式(4-16)是并流和逆流时传热平均温度差的计算通式，对于各种变温传热都适用。当 $\Delta t_1 / \Delta t_2 \leqslant 2$ 时，可近似用算术平均值代替对数平均值，即

$$\Delta t_m = \frac{\Delta t_1 + \Delta t_2}{2} \tag{4-17}$$

当流体的进、出口温度已确定时，逆流的温度差比并流大，在热负荷一定的情况下，逆流的传热面积比并流小。逆流的另一优点是可以节省冷却剂或加热剂的用量。因此，实际生产中的换热器多逆流操作。但在某些特殊情况下，如工艺上要求被加热流体的终温不得高于

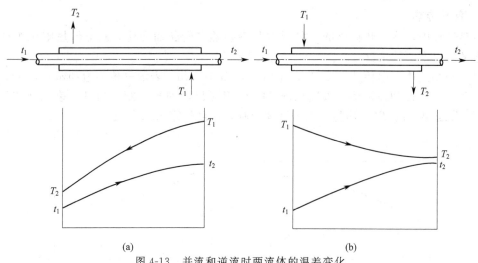

图 4-13 并流和逆流时两流体的温差变化

某一定值,或被冷却流体的终温不得低于某一定值时,采用并流比较容易控制。

② 错流、折流时的传热平均温度差。在大多数列管换热器中,两流体并非做简单的并流和逆流,而是做比较复杂的多程流动,或互相垂直的交叉流动。

对于错流和折流时的平均温度差,可先按逆流时计算对数平均温度差,再乘以温差校正系数,即

$$\Delta t_m = \varphi_{\Delta t} \Delta t_{m逆} \tag{4-18}$$

式中,$\varphi_{\Delta t}$ 是温差校正系数,与冷、热流体的温度变化有关,是 P 和 R 两因数的函数,此处不作要求。

三、总传热系数

换热器的总传热系数 K 值主要取决于流体的特性、传热过程的操作条件及换热器的类型,因而 K 值变化范围很大。其值的求法有公式计算法和经验法两种,公式法此处不予叙述。

某些情况下,列管换热器的总传热系数 K 的经验值列于表 4-11,有关手册中也列有不同情况下 K 的经验值,可供计算时参考。

表 4-11 列管式换热器的总传热系数 K 的经验值

冷流体	热流体	总传热系数 $K/[W/(m^2 \cdot ℃)]$
水	水	850~1700
水	气体	17~280
水	有机溶剂	280~850
水	轻油	340~910
水	重油	60~280
有机溶剂	有机溶剂	115~340
水	水蒸气冷凝	1420~4250
气体	水蒸气冷凝	30~300
水	低沸点烃类冷凝	455~1140
水沸腾	水蒸气冷凝	2000~4250
轻油沸腾	水蒸气冷凝	455~1020

四、传热面积

传热面积是换热器设计计算的核心内容,也是选择换热器的重要依据。由传热方程式可

知,换热器的传热面积为:

$$A = \frac{Q}{K \Delta t_m} \tag{4-19}$$

任务实施——换热器操作控制

在工程应用上,将换热器的计算分为两种类型:一类是设计型计算(或称为设计计算),即根据生产要求的传热速率和工艺条件,确定其所需换热器的传热面积及其他有关尺寸,进而设计或选用换热器;另一类是操作型计算(或称为校核计算),即根据给定换热器的结构参数及冷、热流体进入换热器的初始条件,通过计算判断一个换热器是否能满足生产要求或预测生产过程中某些参数(如流体的流量、初温等)的变化对换热器传热能力的影响。两类计算所依据的基本方程都是热量衡算方程和传热速率方程,计算方法有对数平均温差法和传热效率-传热单元数法两种。本任务主要运用第一种方法进行操作型计算。

对于换热器的操作型计算,其特点是换热器给定,计算类型主要有以下两种。

一是对指定的换热任务,校核给定的换热器是否适用。一般给定换热器的传热面积和结构尺寸、冷热流体的流动排布形式、冷热流体的流量和进出口温度,需校核计算传热速率或流体出口温度是否能满足生产工艺要求。

二是对一个给定的换热器,当某一操作条件改变时,考察传热速率及冷、热流体出口温度的变化情况,或者为了达到指定的工艺条件所需采取的调节措施。例如,对于一个给定的换热器,当冷、热流体的流量和冷流体进口温度不变时,热流体的进口温度升高,分析传热速率和流体出口温度的变化;或者当热流体的流量和冷流体进口温度不变时,提高热流体的进口温度,则为了维持热流体的出口温度不变,需计算冷流体的流量调节策略。

在操作型计算中,有时由于流体的出口温度是未知的,为了计算对数平均温差就必须先假设流体出口温度,然后根据该温度需同时满足热量衡算方程和传热速率方程进行逐步试算。

任务 1:换热器的校核

校核换热器是否合用,取决于冷、热流体间由传热速率方程 $Q=KA\Delta t_m$ 算出的传热速率 Q,是否大于所要求的传热速率 Q_r,若 $Q > Q_r$,则表明该换热器合用;或者由 $Q_r = KA_r \Delta t_m$ 求出完成传热任务所必需的传热面积 A_r,若 A_r 小于给定的实际传热面积 A,则也表示该换热器合用。

任务 1 的解决方案如下:

(1) 校核换热器能否满足生产要求

① 热负荷

$Q = WC_p(T_1 - T_2)$

$= \frac{1200}{3600} \times 2.0 \times (200-100)$

$= 66.67 \text{kW}$

② 平均温差

$$Q_{热} = W_{水} C_{p水}(t_2 - t_1) = 66.67$$

$$t_2 = \frac{Q}{W_{水} C_{p水}} + t_1 = \frac{66.67 \times 10^3}{\frac{1000}{3600} \times 4.18 \times 10^3} + 10 = 67.4 ℃$$

逆流时　　热流体温度　　　　200℃　　　→　　　　100℃

冷流体温度　　　　　　67.4℃　　　←　　　　　　10℃
两端温度差　　　　$\Delta t_1 = 132.6℃$　　$\Delta t_1 = 90℃$

因 $\dfrac{\Delta t_1}{\Delta t_2} = \dfrac{132.6}{90} < 2$

$$\Delta t_m = \dfrac{132.6 + 90}{2} = 111.3℃$$

③ 传热系数

因 $\dfrac{d_2}{d_1} = \dfrac{25}{20} < 2$，管壁薄，则 K 可按下式计算

$$K = \dfrac{1}{\dfrac{1}{\alpha_1} + \dfrac{\delta}{\lambda} + \dfrac{1}{\alpha_2}} = \dfrac{1}{\dfrac{1}{2000} + \dfrac{0.0025}{45} + \dfrac{1}{250}} = 220\,\text{W/(m}^2\cdot\text{K)}$$

④

$$A = \dfrac{Q}{K\Delta t_m} = \dfrac{66.67 \times 10^3}{220 \times 111.3} = 2.72\,\text{m}^2$$

因实际换热面积大于所需要的换热面积，所以该换热器适用。

(2) 水的初温升高时，换热器是否适用

$$t_2' = \dfrac{Q}{W_\text{水} C_{p\text{水}}} + t_1' = \dfrac{66.67 \times 10^3}{\dfrac{1000}{3600} \times 4.18 \times 10^3} + 30 = 87.4℃$$

同理可得

$$\Delta t_m = \dfrac{112.6 + 70}{2} = 91.3℃$$

$$A = \dfrac{Q}{K\Delta t_m} = \dfrac{66.67 \times 10^3}{220 \times 91.3} = 3.32\,\text{m}^2$$

因实际换热面积小于所需要的换热面积，所以该换热器不适用。

任务 2：换热器参数变化时的影响

对于一个给定的换热器，当冷、热流体的流量和冷流体进口温度不变时，热流体的进口温度升高，分析传热速率和流体出口温度的变化；或者当热流体的流量和冷流体进口温度不变时，提高热流体的进口温度，则为了维持热流体的出口温度不变，需计算冷流体的流量调节策略。

任务 2 的解决方案如下：

原工况

$$K = \dfrac{1}{\dfrac{1}{\alpha_1} + \dfrac{1}{\alpha_2}} = \dfrac{1}{\dfrac{1}{10000} + \dfrac{1}{1000}} = 909\,\text{W/(m}^2\cdot℃)$$

$$\Delta t_m = \dfrac{\Delta t_1 - \Delta t_2}{\ln\dfrac{\Delta t_1}{\Delta t_2}} = \dfrac{(100-30)-(100-35)}{\ln\dfrac{100-30}{100-35}} = 67.5℃$$

$$Q = W_2 C_{p2}(t_2 - t_1) = KA\Delta t_m \quad (a)$$

新工况

$$K' = \dfrac{1}{\dfrac{1}{\alpha_1} + \dfrac{1}{\alpha_2'}} = \dfrac{1}{\dfrac{1}{10000} + \dfrac{1}{2^{0.8} \times 1000}} = 1483\,\text{W/(m}^2\cdot℃)$$

$$\Delta t_m' = \dfrac{(100-t_1)-(100-t_2')}{\ln\dfrac{100-t_1}{100-t_2'}} = \dfrac{t_2' - t_1}{\ln\dfrac{70}{100-t_2'}}$$

$$Q' = W'_2 C_{p2}(t'_2 - t_1) = K'A\Delta t'_m \quad \text{(b)}$$

又因 $W'_2 = 2W_2$，则将式(a)、式(b) 两式相比可得

$$\frac{Q}{Q'} = \frac{W_2 C_{p2}(t_2 - t_1)}{W'_2 C_{p2}(t'_2 - t_1)} = \frac{KA\Delta t_m}{K'A\Delta t'_m}$$

即

$$\frac{(t_2 - t_1)}{2(t'_2 - t_1)} = \frac{K\Delta t_m}{K'\Delta t'_m}$$

$$\ln \frac{70}{100 - t'_2} = \frac{K'(t_2 - t_1)}{2K\Delta t_m} = \frac{1483 \times 5}{2 \times 909 \times 67.5} = 0.0604$$

解得 $t'_2 = 34.1℃$

原工况与新工况的冷凝量比为：

$$\frac{W'_1}{W_1} = \frac{Q'}{Q} = \frac{2(t'_2 - t_1)}{t_2 - t_1} = \frac{2 \times (34.1 - 30)}{35 - 30} = 1.64$$

即冷凝量增加了 64%。

讨论与习题

本任务内容是任务一的延伸和拓展。在分别讨论了传导和对流的规律的基础上，讨论了间壁两侧流体的热交换。本部分内容量比较大，公式多、图表多、计算多，但重点应放在运用这些内容解决生产中的实际传热问题，如核算换热器是不是合用或预测某参数发生变化时对换热的影响。

讨论：

1. 强化传热的途径有哪些？变压器、暖气包、摩托车发动机等为什么都有翅片？
2. 试说明为何逆流时可能节约载热体的用量？
3. 对于列管换热器，确定流体流通空间时需要考虑哪些问题？
4. 用什么方法能加大流体在管程和壳程中的流速？
5. 换热器中的冷热流体在变温条件下操作时，为什么多采用逆流操作？在什么情况下可采用并流操作？
6. 换热器总传热系数的大小受哪些因素影响？怎样才以能有效地提高总传热系数？

习题：

1. 在某列管式换热器中，管子为 $\phi 25mm \times 2.5mm$ 的钢管，管内外流体的对流传热膜系数分别为 $\alpha_i = 200W/(m^2 \cdot ℃)$ 和 $\alpha_0 = 2500W/(m^2 \cdot ℃)$，不计污垢热阻，试求：
   (1) 此时的传热膜系数；
   (2) 其他条件不变，将 α_i 提高一倍时的传热系数；
   (3) 其他条件不变，将 α_0 提高一倍时的传热系数。

2. 一卧式列管冷凝器，钢质换热管长为 3m，管径为 $\phi 25mm \times 2mm$。水以 0.7m/s 的流速在管内流过，并从 17℃被加热到 37℃。流量为 1.25kg/s、温度为 72℃烃的饱和蒸汽在管外冷凝成同温度的液体。烃蒸汽的冷凝潜热为 315kJ/kg。已测得：蒸汽冷凝传热系数 $\alpha_0 = 800W/(m^2 \cdot ℃)$，管内侧热阻为外侧的 40%，污垢热阻又为管内侧热阻的 70%。管壁热阻及热损失可忽略，水的比热容为 $4.18kJ/(kg \cdot ℃)$。试核算：
   (1) 以外表面为基准的换热器每程提供的传热面积；
   (2) 换热管的总根数；
   (3) 换热器的管程数。

3. 为了测定套管式换热器的传热系数，测得实验数据如下：冷却器传热面积为 $2.8m^2$，

甲苯的流量为2000kg/h，由80℃冷却到40℃，冷却水从20℃升高到40℃，两液体呈逆流流动，试求：

(1) 所测得的传热系数为多少？

(2) 水的流量为多少？

4. 用列管换热器将一有机液体从140℃冷却到40℃，该液体的处理量为6t/h，比热容为2.203kJ/(kg·℃)。用一水泵抽河水做冷却剂，水的温度为30℃，在逆流操作下冷却水的出口温度为45℃，总传热系数为290.75W/(m²·℃)，试计算：

(1) 冷却水的用量[水的比热容为4.187kJ/(kg·℃)]；

(2) 冷却器的传热面积。

5. 有一套管式换热器，由$\phi 57mm \times 3.5mm$与$\phi 89mm \times 4.5mm$的钢管组成。甲醇在内管中流动，流量为5000kg/h，由60℃冷却至30℃，甲醇侧的$\alpha_甲 = 1512W/(m^2·℃)$。冷却水在内管与外管之间的环隙内流动，其入口温度为20℃，出口温度为25℃，采取逆流操作。忽略热损失及污垢层热阻，且已知水在平均温度下，$Pr=6.45$，$\lambda=0.6W/(m·℃)$，管壁材料的热导率为46W/(m·℃)。试求冷却水用量和所需套管的长度。

6. 在一并流换热器中用水冷却油，换热管长为2m，水的进、出口温度为15℃和50℃；油的进、出口温度为130℃和90℃，如油和水的流量及进口温度不变，需要将油的出口温度降至70℃，则换热器应拉长为多少才可达到要求（不计热损失及温度变化对物性的影响）？

任务四　换热器认知与操作

任务引入

换热器是化工过程最为常见的化工设备，也是石油、动力等其他工业部门的通用设备。由于生产中物料的性质、传热的要求各不相同，换热器的种类也有很多，它们有着各自的特点，在设计和使用时可根据生产工艺要求进行选择。同时，换热器是属于压力容器范畴，要求操作人员必须经过专业培训，懂得换热器的结构、原理、性能和用途，并会操作、保养、检查及排除故障，且具有安全操作知识，才能上岗操作，使换热器能够安全运行，发挥较大的效能。

换热器操作的主要任务是为各工序提供适宜的温度条件，正确使用与维护换热器能提高生产效率，节约能源，提高换热效率，延长设备的使用寿命，减少经济损失，取得更大的效益。

相关知识

一、换热器的分类

化工生产中所用的换热器种类很多，根据换热器的用途不同，可分为加热器、冷却器、蒸发器、冷凝器等。按其工作原理和设备类型分为以下三种，可分为间壁式换热器、直接接触式换热器、蓄热式换热器等。

1. 直接接触式换热器

直接接触式换热方式中，参加热交换的热流体和冷流体直接接触进行换热，如图4-14所示。该类设备结构简单，效率高，适用于两流体允许混合的场合。工厂中的凉水塔、洗涤塔、喷射冷却器均属于此种类型。

2. 蓄热式换热器

蓄热式换热的特点是借助热容量较大的固体蓄热体，将热量由热流体传给冷流体。热、冷流体交替通过具有固体填充物的蓄热器，热流体将热量贮存在蓄热体内，然后由冷流体带走。操作时两组蓄热器同时使用，一组通热流体，另一组通冷流体，交替进行，以实现热交换，石油化工中的蓄热式原油裂解即属于此类。

如图4-15所示，蓄热式换热器结构简单，耐高温，一般适用于高、低温气体之间的换热。但设备体积庞大，不能完全避免两流体的混合。

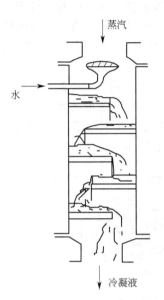

图 4-14 凉水塔的热传递

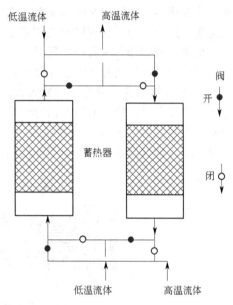

图 4-15 蓄热室流动与换热示意图

3. 间壁式换热器

间壁式的换热方式是化工生产中应用最广泛的一种形式。生产中通常不允许冷、热流体直接混合，要求冷、热流体之间被固体壁面隔开，热流体通过该壁面将热量传递给冷流体。实现这种传热方式的常见工业换热设备称为间壁式换热器。间壁式换热器的种类很多，图4-16为最常见的列管式换热器示意图。

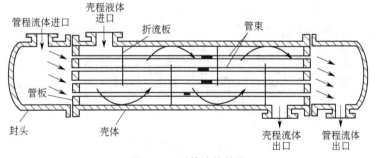

图 4-16 列管式换热器

在上述种类众多的换热器当中，间壁式换热器应用最为广泛。

二、间壁式换热器

根据换热面的形式，间壁式换热器主要有管式换热器、板式换热器以及其他特殊形式的换热器。

1. 管式换热器

(1) 列管换热器 列管换热器是目前化工生产中应用最广的一种换热器，它的结构简单、坚固，制造容易，材料范围广泛，处理能力很大，操作弹性强，尤其是在高温、高压下较其他形式的换热器更为适用。

列管式换热器主要由壳体、管束、管板（花板）、封头和折流挡板等部分组成。换热器的两块管板分别焊接在壳体的两端，管束两端通过焊接法或胀接法固定在管板上，故称为固定管板式换热器。其优点是结构简单，造价便宜。但管外清洗困难，同时，管子、管板和外壳的连接都是刚性的，当管壁与壳壁温度相差较大时，产生较大的热应力，可能使设备变形或管子扭弯、断裂甚至从管板上脱落。当两流体的温度差超过 50℃ 时，就应采取热补偿措施。列管式换热器的热补偿方法主要有以下几种。

① 具有补偿圈的固定管板式换热器。如图 4-17 所示为补偿圈（或膨胀节）补偿，当管壳之间温差较大时，依靠膨胀节的弹性形变可以减小温差应力。这种装置只能用于壳壁与管壁温差低于 60~70℃ 和壳程流体压强不高的情况，一般当壳程压强超过 0.6MPa 时，由于补偿圈过厚，难以伸缩，失去温差补偿的作用，就应考虑其他结构。

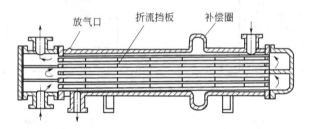

图 4-17 具有补偿圈的固定管板式换热器

② U 形管换热器。如图 4-18 所示为 U 形管换热器。其结构特点是每根管子都弯成 U 形，两端都固定在同一块管板上。当管子受热或受冷时可以自由伸缩，不会产生温差应力。这种结构也比较简单，重量轻，但弯管加工量较大，为了满足管子有一定的弯曲半径，管板利用率就差；管内很难机械清洗，因此管内流体必须清洁。管束虽然可以拉出，但中心处的管子仍不便调换。

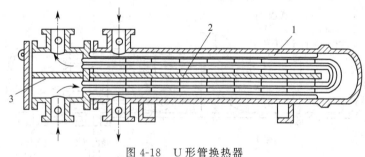

图 4-18 U 形管换热器
1—U 形管；2—壳程隔板；3—管程隔板

③ 浮头式换热器。如图 4-19 所示为浮头式换热器。其结构特点是将换热器的一块管板与外壳焊死，另一块管板不与壳体固定连接，管子受热或受冷时可以沿轴向自由伸缩，这块板上连一个顶盖，称之为浮头。浮头在壳体内称为内浮头；浮头在壳体外称为外浮头。浮头式换热器有良好的补偿性能，可以在高温、高压下工作；可以将管束从壳体中拉出清洗。但

是浮头式换热器结构复杂，金属耗量大，造价比固定板式高 20%左右。

(2) **套管换热器** 套管换热器是由两种直径不同的直管套在一起组成同心套管，然后将若干段这样的套管用 180°肘管连接而成，其结构如图 4-20 所示。每一段套管称为一程，程数可根据所需传热面积的多少而确定。

套管换热器的优点是结构简单，能耐高压，传热面积可根据需要增减。其缺点是单位传热面积的金属耗量大；管子接头多，易泄漏；不够紧凑，占地面积大，检修、清洗不方便。此类换热器适用于高温、高压及流量较小的场合。

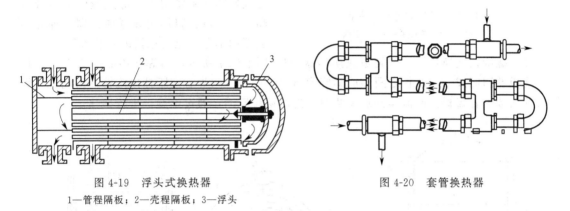

图 4-19　浮头式换热器
1—管程隔板；2—壳程隔板；3—浮头

图 4-20　套管换热器

(3) **蛇管式换热器** 蛇管换热器根据操作方式不同，分为沉浸式和喷淋式两类。

沉浸式蛇管换热器由金属管弯绕而成，制成适应容器的形状，沉浸在容器内的液体中。管内流体与容器内流体隔着管壁进行换热。几种常用的蛇管形状如图 4-21 所示。沉浸式蛇管换热器结构简单、造价低廉、便于防腐、能承受高压。但其传热系数小，常需加搅拌装置，以提高传热效果。

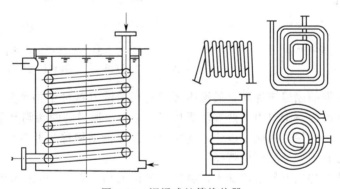

图 4-21　沉浸式蛇管换热器

喷淋式蛇管换热器各排蛇管均垂直地固定在支架上，结构如图 4-22 所示，热流体自下部总管流入蛇管，从上部流出再汇入总管。冷却水由蛇管上方的喷淋装置均匀地喷洒在各排蛇管上，并沿着管外表面淋下。喷淋式蛇管换热器的优点是检修清洗方便、传热效果好，蛇管的排数根据所需传热面积而定。缺点是体积庞大，占地面积多；冷却水耗用量较大，喷淋不均匀。

2. 板式换热器

(1) **夹套式换热器** 夹套式换热器的结构如图 4-23 所示，由一个容器和容器外部的夹套构成，夹套与容器之间形成的空间为加热介质或冷却介质的通路，器壁就是换热器的传热

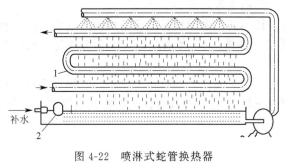

图 4-22 喷淋式蛇管换热器
1—弯管；2—循环泵；3—控制阀

面。当用蒸汽加热时，蒸汽应从上部流入，冷凝水从底部排出；当用于冷却时，冷却水应从底部进入，从上部流出。其优点是结构简单，容易制造。其缺点是传热面积小，传热效率低；夹套内部清洗困难。夹套内的加热剂和冷却剂一般只能使用不易结垢的水蒸气、冷却水和氨等。夹套式换热器主要用于反应过程的加热或冷却，一般可在容器内设置搅拌器，补充传热面的不足，也可在器内安装蛇管。

(2) 螺旋板式换热器 螺旋板式换热器结构如图 4-24 所示，由焊在中心隔板上的两块金属薄板卷制而成，两薄板之间形成螺旋形通道，两板之间焊有定距柱以维持通道间距，螺旋板的两端焊有盖板。两流体分别在两通道内做逆流流动，通过螺旋板进行换热。

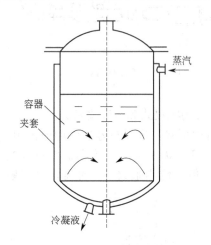

图 4-23 夹套式换热器

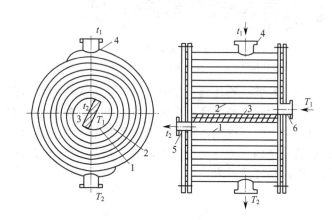

图 4-24 螺旋板式换热器
1,2—金属片；3—隔板；4,5—冷流体连接管；6—热流体连接管

由于螺旋板两端的端盖被焊死，通道内无法进行清洗（这种结构称为Ⅰ型），因此在有的换热器中，将其改为一个通道的两端用焊接密封，另一通道的两端则是敞开的，敞开的通道与两端可拆封头上的接管相通，以法兰连接（这种可拆结构称为Ⅱ型）。Ⅰ型和Ⅱ型在我国均有生产，并订有系列标准可供选择。

螺旋板式换热器的优点是结构紧凑，直径一般在 1.6m 以内；单位体积传热面积大；平均温差大；传热系数大；污垢不易沉积。缺点是制造复杂，检修困难；流动阻力较大。

(3) 平板式换热器 平板式换热器的结构如图 4-25 所示。它是一种新型高效换热器，由若干块长方形薄金属板叠加排列，夹紧组装于支架上构成。两相邻板的边缘衬有垫片压紧，达到密封，压紧后板间形成流体流通空间。板片四周有圆孔，形成流体通道。板片是板式换热器的核心部件，常将板面冲压成各种凹凸的波纹状，这样既增强了刚度，不致受热变形，同时增强了流体的湍动程度，增大了传热面积。

平板式换热器的优点是结构紧凑；传热系数大；组装灵活方便，可随时增减板数，有利于清洗和维修。其缺点是处理量小；受垫片材料性能的限制，操作压力和温度不宜过高。适用于需要经常清洗，工作环境要求十分紧凑，操作压力在 2MPa 以下，温度在 200℃ 以下的情况。

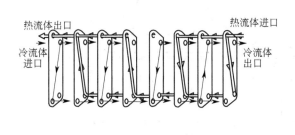
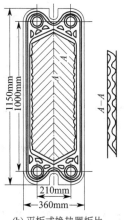

(a) 平板式换热器流向示意图　　　　(b) 平板式换热器板片

图 4-25　板式换热器及常见板片的形状

(4) 板翅式换热器　板翅式换热器也是一种新型、高效换热器，它由翅片、隔板及封条组成，如图 4-26 所示。常见的翅片有光直翅片、锯齿翅片和多孔翅片，如图 4-27 所示。翅片上、下放置隔板，两侧边缘由封条密封，即组成一个单元体。将一定数量的单元体组合起来，并进行适当排列，然后焊在带有进出口的集流箱上可构成具有逆流、错流或错逆流等多种形式的换热器。

板翅式换热器的优点是结构紧凑，传热系数大，适应性强，因此允许操作压力较高，可达 5MPa。其缺点是易堵塞，流动阻力大；清洗检修困难，故要求介质洁净。其应用领域已从航空、航天、电子等少数部门逐渐发展到石油化工、天然气液化、气体分离等更多的工业部门。

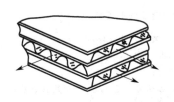

　　　　　　　　　　　　　　　(a) 光直翅片　　(b) 锯齿翅片　　(c) 多孔翅片

图 4-26　翅片式换热器　　　　　　图 4-27　翅片类型

3. 热管换热器

热管换热器是由被称为热管的新型换热元件组合而成的换热装置。热管的种类很多，但其构造和工作原理基本相同，如吸液芯热管主要由密封管子、吸液芯及蒸汽通道三部分组成，如图 4-28 所示。

在一根抽除不凝性气体的密封金属管内，充有适量工作液体，紧靠管子内壁处装有金属丝网或纤维等多孔物质，称为吸液芯。热管沿轴向分成三段：蒸发段（热端）、绝热段（蒸汽输送段）、冷凝段（冷端）。当热流体从管外流过时，工作液体在热端吸收热量沸腾汽化，产生的蒸汽沿轴向流至冷端，在冷端通过管壁向冷流体释放出潜热而凝结，冷凝液在吸液芯内流回热端，再次沸腾汽化。如此反复循环，热量不断从热流体传给冷流体。

常用的工作液体为氨、水、汞等。

热管的传热特点是热管中的热量传递通过沸腾汽化、蒸汽流动和蒸汽冷凝三步进行，由于沸腾和冷凝的对流传热强度很大，两端管表面比管截面大很多，而蒸汽流动阻力损失又较

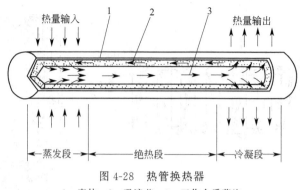

图 4-28 热管换热器
1—壳体；2—吸液芯；3—工作介质蒸汽

小，因此它特别适用于低温差传热以及某些等温性要求较高的场合；结构简单，无动作部件，使用寿命长；不需要循环泵，不受热源限制；还具有质量轻、应用经济耐用等优点。近年来热管在很多领域都受到了广泛的重视，尤其在工业余热的利用中取得了很好的效果。

三、换热器规格与型号

1. 列管换热器的基本参数

列管换热器的基本参数包括公称换热面积 S_N、公称直径 D_N、公称压力 p_N、换热管规格、换热管长度 L、管子数量 n、管程数 Np 等。

2. 换热器系列标准与规格型号

根据 GB 151—99 的规定，换热器的型号由一排字母和数字构成，其意义如下：

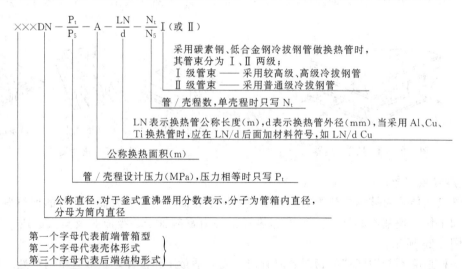

以下为换热器系列标准与规格型号示例。

① 浮头式换热器。平盖管箱，公称直径 500mm，管程和壳程设计压力均为 1.6MPa，公称换热面积 54m²，碳素钢较高级冷拔换热管外径 25mm，管长 6m，4 管程，单壳程的浮头式换热器，其型号为：

$$\text{AES } 500\text{-}1.6\text{-}54\text{-}\frac{6}{25}\text{-}4 \text{ I}$$

② 固定管板式换热器。封头管箱，公称直径 700mm，管程设计压力 2.5MPa，壳程设

计压力 1.6MPa，公称换热面积 200m²，碳素钢较高级冷拔换热管外径 25mm，管长 9m，4 管程，单壳程的固定管板式换热器，其型号为：

$$BEM700-\frac{2.5}{1.6}-200-\frac{9}{25}-4\text{ I}$$

③ U形管式换热器。封头管箱，公称直径 500mm，管程设计压力 4.0MPa，壳程设计压力 1.6MPa，公称换热面积 75m²，不锈钢冷拔换热管外径 19mm，管长 6m，2 管程，单壳程的 U 形管式换热器，其型号为：

$$BIU500-\frac{4.0}{1.6}-75-\frac{6}{19}-2$$

④ 釜式重沸器。平盖管箱，管箱内直径 600mm，圆筒内直径 1200mm，管程设计压力 2.5MPa，公称换热面积 90m²，碳素钢普通级冷拔换热管外径 25mm，管长 6m，2 管程的釜式重沸器，其型号为：

$$AKT\frac{600}{1200}-\frac{2.5}{1.0}-90-\frac{6}{25}-2\text{ II}$$

⑤ 浮头式冷凝器。封头管箱，公称直径 1200mm，管程设计压力 2.5MPa，壳程设计压力 1.0MPa，公称换热面积 610m²，碳素钢普通级冷拔换热管外径 25mm，管长 9m，4 管程，单壳程的浮头式冷凝器，其型号为：

$$BJS1200-\frac{2.5}{1.0}-160-\frac{9}{25}-4\text{ II}$$

⑥ 填料函式换热器。平盖管箱，管箱内直径 600mm，管程和壳程设计压力均为 1.0MPa，公称换热面积 90m²，16Mn 较高级冷拔换热管外径 25mm，管长 6m，2 管程，2 壳程的填料函浮头式换热器，其型号为：

$$AEP600-1.0-90-\frac{6}{25}-\frac{2}{2}\text{ I}$$

⑦ 固定管板式铜管换热器。封头管箱，公称直径 800mm，管程和壳程设计压力均为 0.6MPa，公称换热面积 150m²，较高级 H68A 铜换热管，外径 22mm，管长 6m，4 管程，单壳程的固定管板式换热器，其型号为：

$$BEM800-0.6-150-\frac{6}{25}Cu-4$$

四、强化传热的途径

从传热速率基本方程 $Q=KA\Delta t_m$ 可以看出，传热速率与传热面积 A、传热温度差 Δt_m 以及传热系数 K 有关，因此，改变这些因素，均对传热速率有影响。

强化传热就是设法提高传热速率，也就是用较小的设备传递较多的热量。随着科学发展，对换热设备的要求也愈来愈高，要求它能适应很高的热通量，或者能适应很低的传热温差。因此提高设备的换热能力，研制新型的高效率的热交换器，是工业生产的一个重要课题。

由总传热方程 $Q=KA\Delta t_m$ 可知，传热速率与传热总系数 K、传热面积 A 或传热平均温度差 Δt_m 有关。因此，改变这些因素，均对传热速率有影响。

1. 增大传热面积

若靠单纯增大设备尺寸来增大传热面积是不可取的。因为这样会使设备的体积增大，金属耗用量增大，相应会增大设备费用。而从改进设备结构入手，增加单位体积的传热面积，可以使设备更紧凑，结构更合理。例如，采用小直径管，或采用翅片管、螺纹管等代替光滑管，可以提高单位体积热交换器的传热面积，如图 4-29 所示。一些新型的热交换器，如板式、翅片式在增大传热面积方面取得了较好的效果。实践证明，单位体积板式换热器提供的换热面积是一般列管式换热器的 6～10 倍。

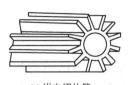

(a) 纵向翅片管　　(b) 横向翅片管

图 4-29　翅片管

2. 增大传热温度差

传热温度差的大小取决于两流体的温度及流动形式。物料的温度由工艺条件所决定，一般不能随意改变，而载热体的温度则因选择的介质不同而异。

载热体的种类很多，温度范围各不相同，但在选择时要考虑技术上的可行性和经济上的合理性。提高加热剂的温度可提高传热温度差，例如，水蒸气是工业上常用的加热剂，但其使用温度通常不超过 180℃。180℃ 的蒸汽压力为 1003kPa，到 250℃ 时，蒸汽压力为 4976kPa，使用高压蒸汽会使设备庞大，技术要求高，经济效益低，安全性下降。降低冷却剂的温度需要增加冷却水的流量，日常操作费用必然增加，在水源紧缺的地区难以实现。由于载热体的选择受到一些条件的限制，因此，温度变化的范围是有限的。

如果物料和载热体均为变温情况，则可采用逆流操作，这时，可获得较大的传热温度差。

3. 增大传热总系数

增大传热系数，实际上就是降低传热的热阻。而热阻是各分热阻串联，所以，分析哪项热阻是控制因素，再设法减小，达到强化的目的。

一般来说，在金属材料换热器中，金属材料壁面较薄且导热系数高，不会成为主要热阻；污垢热阻是一个可变因素，在换热器刚投入使用时，污垢热阻很小，随着使用时间的加长，污垢逐渐增加，便可成为障碍传热的主要因素，应设法阻止或减小垢层的生成，或采取定期清洗等措施。

对流传热的热阻一般是传热过程的控制热阻，必须重点考虑。应增大传热膜系数，主要途径有：增大流体流速，增大湍动程度。例如，管式换热器增加管程数，壳体内设折流挡板，管内放入麻花铁、金属丝片等添加物等；板式换热器的板片表面压制成各种凹凸不平的沟槽面等。

总之，强化传热的途径是多方面的，在具体实施过程中，要结合生产实际情况，采取经济合理的措施。

━━━━━ 任务实施 ━━━━━

一、列管式换热器选用

选用时应考虑以下几个方面。

1. 流动空间的选择

① 不洁净和易结垢的流体宜走容易清洗的一侧，对于直管管束宜走管程，对于 U 形管束宜走壳程。

② 腐蚀性的流体宜走管程，以免壳体和管子同时受腐蚀。

③ 压强高的流体宜走管程，以免壳体受压。

④ 饱和蒸汽宜走壳程，以便于及时排出冷凝液及不凝气体，且蒸汽较洁净，它对清洗无要求。

⑤ 黏度大或流量较小的流体宜走壳程，因为壳程的折流挡板的作用，流速和流向都不断地变化，在低 Re 值（Re＞100）下达到湍流，以提高对流传热系数。

⑥ 被冷却的流体宜走壳程，可利用外壳向外的散热作用，以增强冷却效果。

⑦ 有毒流体宜走管程，使泄漏机会较少。

⑧ 对于刚性结构的换热器，若两流体温度差较大，对流传热系数大者宜走壳程，减少应力。

⑨ 对流传热系数明显小的流体宜走管内，以便于提高流速，增大传热系数。

以上各点往往不可能同时满足，应抓住主要矛盾进行选择。例如，首先从流体的压力、腐蚀性及清洁等方面的要求来考虑然后再考虑，满足其他方面的要求。

2. 流速的选择

一般来说流体流速在允许压降范围内应尽量选高一些，以便获得较大的换热系数和较小的污垢沉积，但流速过大会增大流动阻力，也会造成腐蚀并发生管子振动，而流速过小则管内易结垢。因此，适宜的流速要通过经济衡算才能确定。

3. 加热剂（或冷却剂）进、出口温度的确定

加热剂或冷却剂的进口温度一般由来源确定，但它的出口温度则需设定。例如，用冷水冷却某热流体，冷水的进口温度可根据当地的气温条件做出估计，而出口温度则需要根据经济衡算来决定。为了节约用水，可让水的出口温度提高些，输送冷却剂的动力消耗减少了，但是传热面积增大，设备投资必然增加；反之，为了减小传热面积，则要增加水量。一般经验要求传热平均温差不宜小于10℃。若换热的目的是加热冷流体，可按同样的原则选择加热介质的出口温度。

若用水作冷却剂，选择时一般冷却水进、出口温升为 5～10℃。缺水地区选用较大温升，水源丰富的地区选用较小的温升。另外，水的出口温度不宜过高，否则易结垢。为阻止垢层的形成，常在冷却水中添加垢剂或水质稳定剂。即使如此，工业冷却水的出口温度也常控制在 45℃ 以内，否则，必须进行预处理以除去水中所含盐类。

二、换热器仿真操作

1. 工艺流程说明

（1）工艺说明　换热器是进行热交换操作的通用工艺设备，广泛应用于化工、石油、石油化工、动力、冶金等工业部门，特别是在石油炼制和化学加工装置中占有重要地位。换热器的操作技术培训在整个操作培训中尤为重要。仿真操作单元见图 4-30。

本单元设计采用管壳式换热器。来自界外的 92℃ 冷物流（沸点：198.25℃）由泵 P101A/B 送至换热器 E101 的壳程被流经管程的热物流加热至 145℃，并有 20% 被汽化。冷物流流量由流量控制器 FIC101 控制，正常流量为 12000kg/h。来自另一设备的 225℃ 热物流经泵 P102A/B 送至换热器 E101 与流经壳程的冷物流进行热交换，热物流出口温度由 TIC101 控制（177℃）。

为保证热物流的流量稳定，TIC101 采用分程控制，TIC101A 和 TIC101B 分别调节流经 E101 和副线的流量，TIC101 输出 0～100% 分别对应 TV101A 开度 0～100%，TV101B 开度 100%～0。

（2）本单元复杂控制方案说明　TIC101 的分程控制线见图 4-31。

补充说明：本单元现场图中现场阀旁边的实心红色圆点代表高点排气和低点排液的指示标志，当完成高点排气和低点排液时实心红色圆点变为绿色。

（3）设备一览

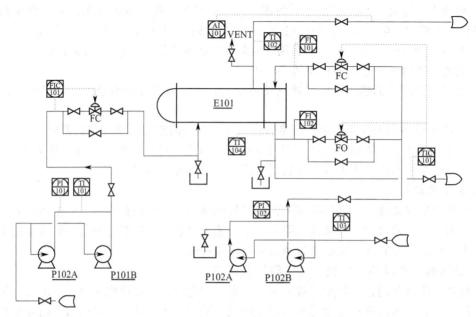

图 4-30 仿真操作单元

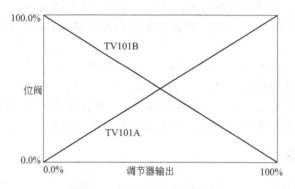

图 4-31 TIC101 的分程控制线

冷物流进料泵（P101A/B）；热物流进料泵（P102A/B）；列管式换热器（E101）。

2. 换热器单元操作规程

(1) 开车操作规程 本操作规程仅供参考，详细操作以评分系统为准。

装置的开工状态为换热器处于常温常压下，各调节阀处于手动关闭状态，各手操阀处于关闭状态，可以直接进冷物流。

① 启动冷物流进料泵 P101A

a. 开换热器壳程排气阀 VD03。

b. 开 P101A 泵的前阀 VB01。

c. 启动泵 P101A。

d. 当进料压力指示表 PI101 指示达 9.0atm 以上，打开 P101A 泵的出口阀 VB03。

② 冷物流 E101 进料

a. 打开 FIC101 的前后阀 VB04、VB05，手动逐渐开大调节阀 FV101（FIC101）。

b. 观察壳程排气阀 VD03 的出口，当有液体溢出时（VD03 旁边标志变绿），标志着壳程已无不凝性气体，关闭壳程排气阀 VD03，壳程排气完毕。

c. 打开冷物流出口阀（VD04），将其开度置为50%，手动调节FV101，使FIC101的值达到12000kg/h，且较稳定时FIC101设定为12000kg/h，投自动。

③ 启动热物流入口泵P102A

a. 开管程放空阀VD06。

b. 开P102A泵的前阀VB11。

c. 启动P102A泵。

d. 当热物流进料压力表PI102指示大于10atm时，全开P102泵的出口阀VB10。

④ 热物流进料

a. 全开TV101A的前后阀VB06、VB07，TV101B的前后阀VB08、VB09。

b. 打开调节阀TV101A（默认即开）给E101管程注液，观察E101管程排汽阀VD06的出口，当有液体溢出时（VD06旁边标志变绿），标志着管程已无不凝性气体，此时关管程排气阀VD06，E101管程排气完毕。

c. 打开E101热物流出口阀（VD07），将其开度置为50%，手动调节管程温度控制阀TIC101，使其出口温度在（177±2）℃，且较稳定，TIC101设定在177℃，投自动。

(2) 正常操作规程

① 正常工况操作参数

a. 冷物流流量为12000kg/h，出口温度为145℃，气化率20%。

b. 热物流流量为10000kg/h，出口温度为177℃。

② 备用泵的切换

a. P101A与P101B之间可任意切换。

b. P102A与P102B之间可任意切换。

(3) 停车操作规程 本操作规程仅供参考，详细操作以评分系统为准。

① 停热物流进料泵P102A

a. 关闭P102泵的出口阀VB01。

b. 停P102A泵。

c. 待PI102指示小于0.1atm时，关闭P102泵入口阀VB11。

② 停热物流进料

a. TIC101置于手动。

b. 关闭TV101A的前、后阀VB06、VB07。

c. 关闭TV101B的前、后阀VB08、VB09。

d. 关闭E101热物流出口阀VD07。

③ 停冷物流进料泵P101A

a. 关闭P101泵的出口阀VB03。

b. 停P101A泵。

c. 待PI101指示小于0.1atm时，关闭P101泵的入口阀VB01。

④ 停冷物流进料

a. FIC101置于手动。

b. 关闭FIC101的前、后阀VB04、VB05。

c. 关闭E101冷物流出口阀VD04。

⑤ E101管程泄液。打开管程泄液阀VD05，观察管程泄液阀VD05的出口，当不再有液体泄出时，关闭泄液阀VD05。

⑥ E101壳程泄液。打开壳程泄液阀VD02，观察壳程泄液阀VD02的出口，当不再有

液体泄出时,关闭泄液阀 VD02。

(4) 仪表及报警一览表

仪表及报警一览表见表 4-12。

表 4-12 仪表及报警一览表

位号	说明	类型	正常值	量程上限	量程下限	工程单位	高报值	低报值	高高报值	低低报值
FIC101	冷流入口流量控制	PID	12000	20000	0	kg/h	17000	3000	19000	1000
TIC101	热流入口温度控制	PID	177	300	0	℃	255	45	285	15
PI101	冷流入口压力显示	AI	9.0	27000	0	atm	10	3	15	1
TI101	冷流入口温度显示	AI	92	200	0	℃	170	30	190	10
PI102	热流入口压力显示	AI	10.0	50	0	atm	12	3	15	1
TI102	冷流出口温度显示	AI	145.0	300	0	℃	17	3	19	1
TI103	热流入口温度显示	AI	225	400	0	℃				
TI104	热流出口温度显示	AI	129	300	0	℃				
FI101	流经换热器流量	AI	10000	20000	0	kg/h				
FI102	未流经换热器流量	AI	10000	20000	0	kg/h				

3. 事故设置一览

下列事故处理操作仅供参考,详细操作以评分系统为准。

(1) FIC101 阀卡 主要现象:①FIC101 流量减小;②P101 泵出口压力升高;③冷物流出口温度升高。

事故处理:关闭 FIC101 前后阀,打开 FIC101 的旁路阀(VD01),调节流量使其达到正常值。

(2) P101A 泵坏 主要现象:①P101 泵出口压力急骤下降;②FIC101 流量急骤减小;③冷物流出口温度升高,汽化率增大。

事故处理:关闭 P101A 泵,开启 P101B 泵。

(3) P102A 泵坏 主要现象:①P102 泵出口压力急骤下降;②冷物流出口温度下降,汽化率降低。

事故处理:关闭 P102A 泵,开启 P102B 泵。

(4) TV101A 阀卡 主要现象:①热物流经换热器换热后的温度降低;②冷物流出口温度降低。

事故处理:关闭 TV101A 前后阀,打开 TV101A 的旁路阀(VD01),调节流量使其达到正常值。关闭 TV101B 前后阀,调节旁路阀(VD09)。

(5) 部分管堵 主要现象:①热物流流量减小;②冷物流出口温度降低,汽化率降低;③热物流 P102 泵出口压力略升高。

事故处理:停车拆换热器清洗。

(6) 换热器结垢严重 主要现象:热物流出口温度高。

事故处理:停车拆换热器清洗。

4. 仿真界面

仿真界面见图 4-32、图 4-33。

三、换热器的使用

1. 开车

① 开车前,应检查压力表、温度计、安全阀、液位计以及有关阀门是否齐全完好。

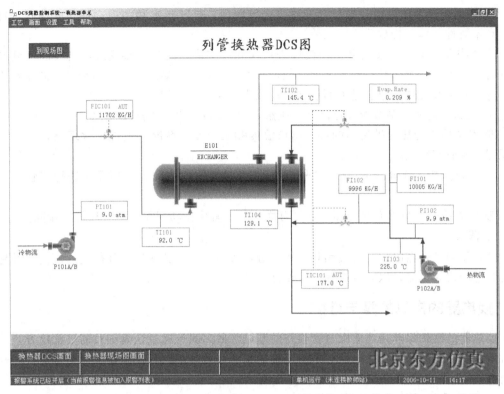

图 4-32 列管式换热器 DCS 界面

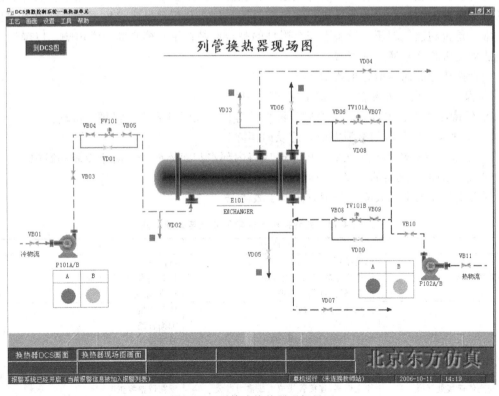

图 4-33 列管式换热器现场界面

项目四 传热过程及操作 119

② 在通入热流体之前,先打开冷凝水排放阀门,排除积水和污垢;打开放空阀,排除空气和不凝性气体。排放后逐一关闭。

③ 换热器投产时,要先开启冷流体进口阀和放空阀,向换热器注液,当液面达到规定位置时,缓慢或分数次开启蒸汽(或其他加热剂)的阀门,做到先预热后加热,防止骤冷骤热发生换热管和壳体因温差过大而引起损坏或影响换热器的使用寿命。

④ 根据工艺要求调节冷、热流体的流量,使其达到工艺所需要的温度。

⑤ 经常检查冷热两种流体的进、出口温度和压力变化情况,发现异常现象,应立即查明原因,及时消除故障。

⑥ 定时分析工作介质的成分,根据成分变化确定有无内漏,以便及时进行堵管或换管处理。

⑦ 定时检查换热器有无渗漏,外壳有无变形及有无振动现象,若有应及时排除。

2. 停车

停止使用换热器时,应先关闭热流体的进口阀门,然后关闭冷流体的进口阀门,并将管程及壳程的流体排净,以防冷裂和产生腐蚀。

四、换热器的常见故障与维护

换热器的维护保养是建立在日常检查的基础上的,只有通过认真细致的日常检查,才能及时发现存在的问题和隐患,从而采取正确的预防和处理措施,使设备能够正常运行,避免事故的发生。

1. 列管换热器的常见故障与维护

日常检查的主要内容有:是否存在泄漏;保温、保冷层是否良好,无保温、保冷的设备局部有无明显的变形;设备的基础、支吊架是否良好;利用现场或总控制室仪表观察流量是否正常,是否超温、超压;设备有安全附件的是否良好;用听棒判断异常声响,以确认设备内换热器是否相互碰撞、摩擦等。

列管换热器的保养措施主要如下。

① 保持主体设备外部整洁,保温层和油漆完好。

② 保持压力表、温度计、安全阀和液位计等仪表及附件齐全、灵敏、准确。

③ 发现法兰口和阀门有泄漏时,应及时消除。

④ 尽量减少换热器开停次数,停止时应将内部水和液体放净,防止冷裂和腐蚀。

⑤ 定期测量换热器的壁厚,一般为两年一次。

列管换热器的常见故障与处理方法列于表 4-13。

表 4-13 列管换热器的常见故障与处理方法

故 障	产生原因	处理方法
传热效率下降	列管结垢 壳体内不凝汽或冷凝液增多 列管、管路或阀门堵塞	清洗管子 排放不凝汽和冷凝液 检查、清理
振动	壳程介质流动过快 管路振动 管路与折流板的结构不合理 机座刚度不够	调节流量 加固管路 改进设计 加固机座
管板与壳体连接处开裂	焊接质量不好 外壳歪斜,连接管线拉力或推力过大 腐蚀严重,外壳壁厚减薄	清除补焊 重新调整找正 鉴定后修补

续表

故　　障	产生原因	处理方法
管束、胀口渗漏	管子被折流板磨破 壳体和管束温差过大 管口腐蚀或胀（焊）接质量差	堵管或换管 补胀或焊接 换管或补胀（焊）

2. 板式换热器的使用和维护

板式换热器是一种新型的换热设备，由于其结构紧凑，传热效率高，所以在化工、食品和石油等行业中得到广泛使用，但其材质为钛材和不锈钢，致使价格昂贵，因此要正确使用和精心维护，否则既不经济，又不能发挥其优越性。

（1）板式换热器的正确使用

① 进入该换热器的冷、热流体如果含有大颗粒泥沙和纤维质，一定要提前过滤，防止堵塞狭小的间隙。

② 当传热效率下降 20%～30% 时，要清理结疤和堵塞物。

③ 拆卸和组装波纹板片时，不要将胶垫弄伤或掉出，发现有脱落部分，应用胶质粘好。

④ 使用换热器时，防止骤冷骤热，使用压力不可超过铭牌规定。

⑤ 使用中发现垫口渗漏时，应及时冲洗结疤，拧紧螺栓，如无效，应解体组装。

⑥ 经常查看压力表和温度计数值，掌握运行情况。

（2）板式换热器的维护

① 保持设备整洁，漆膜完整。紧固螺栓的螺纹部分应涂防锈油并加外罩，防止生锈和黏结灰尘。

② 保持压力表和温度计清晰，阀门和法兰无泄漏。

③ 定期清理和切换过滤器，预防换热器堵塞。

④ 注意基础有无下沉不均匀现象和地脚螺栓有无腐蚀。

⑤ 拆装板式换热器，螺栓的拆卸和拧紧应对面进行，松紧适宜。

（3）板式换热器常见故障及处理　板式换热器常见故障和处理方法见表 4-14。

表 4-14　板式换热器常见故障和处理方法

故　　障	产生原因	处理方法
密封处渗漏	胶垫未放正或扭烂 螺栓坚固力不均匀或紧固不够 胶垫老化或有损伤	重新组装 调整螺栓紧固度 更换新垫
内部介质渗漏	板片有裂缝 进出口胶垫不严密 侧面压板腐蚀	检查更新 检查修理 补焊、加工
传热效率下降	板片结垢严重 过滤器或管路堵塞	解体清理 清理

五、换热器的清洗

换热器经过一段时间的运行，传热面上会产生污垢，使传热系数大大降低而影响传热效率，因此必须定期对换热器进行清洗，由于清洗的困难程度随着垢层厚度的增加而迅速增大，所以清洗间隔时间不宜过长。

清洗的主要方法如下。

1. 化学清洗（酸洗法）

常用盐酸配制酸洗溶液，由于酸能腐蚀钢铁基体，因此在酸洗溶液中须加入一定数量的缓蚀剂，以抑制对基体的腐蚀。酸洗法的具体操作方法有两种。

（1）重力法　借助于重力，将酸洗溶液缓慢注入设备，直至灌满，这种方法的优点是简单、耗能少，但效果差、时间长。

（2）强制循环法。使酸洗溶液通过换热器并不断循环，这种方法的优点是清洗效果好，时间相对较短，缺点是需要酸，较复杂。进行酸洗时，要注意以下几点：对酸洗溶液的成分和酸洗的时间必须控制好，原则上要求既要保证清洗效果又尽量减少对设备的腐蚀；酸洗前检查换热器各部位是否有渗漏，如果有，应采取措施消除。

2. 机械清洗

对列管换热器管内的清洗，通常用钢丝刷，具体做法是用一根圆棒或圆管，一端焊上与列管内径相同的圆形钢丝刷，清洗时，一边旋转一边推进，通常，用圆管比用圆棒要好，因为圆管向前推进时，清洗下来的污垢可以从圆管中除去。注意，对不锈钢管不能用钢丝刷而要用尼龙刷，对板式换热器也只能用竹板或尼龙刷，切忌用刮刀和钢丝刷。

3. 高压水清洗

采用高压喷出高压水进行清洗，既能清洗机械清洗不能到达的地方，又避免了化学清洗带来的腐蚀，因此，也不失为一种好的清洗方法。这种方法适用于清洗列管换热器的管间，也可用于清洗板式换热器

清洗方法的选定应根据换热器的形式、污垢的类型等情况而定。一般化学清洗适应于结构较复杂的情况。如列管换热器管间、U形管内的清洗，由于清洗剂一般呈酸性，对设备多少会有一些腐蚀。机械清洗常用于坚硬的垢层、结焦或其他沉积物，但只能清洗清洗工具能够到达之处，如列管换热器的管内，喷淋式蛇管换热器的外壁、板式换热器（拆开后）等。

总结与讨论

总结：

1. 注意换热器开车前的准备，以及开、停车的程序。
2. 正常操作中，注意两介质的压力（特别是蒸汽压力）；故障判断及处理；注意排除冷凝液和不凝气体。
3. 注意冷流体和蒸汽阀门开度的控制。

讨论：

1. 分组讨论，写出实训报告，并介绍自己操作的体会及经验。
2. 列管换热器日常维护的内容有哪些？
3. 说一说列管换热器常见故障与处理方法。
4. 说一说板式换热器日常维护的内容和常见故障与处理方法。
5. 换热器为什么要清洗，如何选用清洗方法？

项目考核与评价

本项目考核采用过程性考核与结论性考核相结合的方式，面向学生的整个学习过程，注重化工能力素质考核，其中能力目标和素质目标考核情况主要结合实训等操作情况给分。具体见以下考核表。

项目四 考核与评价表

考核类型	考核项目	考核内容及配分			配分	得分
		知识目标掌握情况 40%	能力目标掌握情况 40%	素质目标掌握情况 20%		
过程性考核	任务一 传热认知				10	
	任务二 化工生产中的保温				15	
	任务三 传热过程操作分析				15	
	任务四 换热器认知与操作				20	
结论性考核	考核内容		考核指标			
	换热器实操（见模块二任务。地点：实训室或仿真室）	考核准备	企业调研		3	
			实训室规章制度		3	
		方案制定	内容完整性		3	
			实施可行性		3	
		实施过程	操作步骤整体性强，不缺漏		4	
			操作连贯、顺序得当		4	
			无危险的、对设备严重不利的操作		4	
			无污染环境的操作		3	
			体现与人合作		4	
			异常情况发现处置		4	
		任务结果	报告记录完整、整洁		3	
			数据记录规范、合理		3	
		项目完成报告	撰写项目完成报告、数据真实、提出建议		3	
			能完整、流畅地汇报项目实施情况		3	
			根据教师点评，进一步完善工作报告		3	
		其他	损坏设备、仪器		－30	
			发生安全事故		－40	
			乱倒（丢）废液、废物		－10	
总分					100	

项目五　蒸发过程及操作

项目设置依据

蒸发是常用于浓缩和提纯液体的一个单元操作,在化工生产中应用广泛。蒸发操作是利用加热的方法,使溶液中挥发性溶剂与不挥发性溶质得到分离,即将待分离的溶液加热至沸腾,使其中一部分溶剂汽化为蒸汽并移除,以提高溶液中不挥发溶质浓度的单元操作。

学习目标

- 熟知蒸发器及主要附属设备的结构。
- 熟知蒸发操作的基本原理、流程。
- 熟知影响蒸发器生产强度的因素和提高蒸发生产能力的方法。
- 熟知蒸发操作的节能措施。
- 会选择蒸发设备和安排蒸发流程。
- 能按操作规程对蒸发系统进行开停车操作。
- 会分析处理操作过程中出现的故障。

项目任务与教学情境

将蒸发过程及操作项目分解成三个不同的工作任务,具体见表 5-1。

表 5-1　本项目具体任务

任务	工作任务	教学情境
任务一	蒸发认知	实训室现场教学
任务二	单效蒸发工艺控制	多媒体教室讲授相关知识与理论
任务三	蒸发器认知与操作	在多媒体教室讲授相关理论,在一体化教室将学生分组(岗位)模拟蒸发操作

项目实施与教学内容

任务一　蒸发认知

任务引入

蒸发操作在化工、医药、食品等工业生产中有着广泛的应用。如硝酸铵、烧碱、抗生素、制糖、海水淡化等的生产，常常需要将含有不挥发溶质的稀溶液加以浓缩，以便得到高浓度的溶液或析出固体产品。在乙酸乙酯生产过程中，也使用了蒸发操作。

▋▋▋相关知识▋▋▋

一、蒸发操作及其在工业中的应用

在化工生产中，蒸发是浓缩溶液的单元操作。这种操作是将溶液加热，使其中部分溶剂汽化并不断除去，以提高溶液中溶质的浓度。例如，硝酸铵、烧碱、抗生素、制糖以及海水淡化等生产。用来进行蒸发的设备称为蒸发器。

蒸发的方式有自然蒸发和沸腾蒸发。自然蒸发是使溶液中的溶剂在低于沸点下汽化。沸腾蒸发是使溶液中的溶剂在沸点时汽化，在汽化过程中，溶液呈沸腾状态，溶液的汽化不仅发生在溶液表面，而且发生在溶液内部，几乎在溶液各个部分都同时发生汽化现象，因此，蒸发的速率远超过自然蒸发。工业上的蒸发大多采用沸腾蒸发。工业的蒸发操作主要用于以下几个方面。

① 浓缩稀溶液直接制取产品或将浓溶液再处理制取固体产品，例如电解烧碱液的浓缩、食糖水溶液的浓缩及各种果汁的浓缩等。

② 浓缩溶液和回收溶剂，例如有机磷农药苯溶液的浓缩脱苯、中药生产中浸出液的浓缩等。

③ 为了获得纯净的溶剂，例如海水的淡化等。

图 5-1 为一典型的单效蒸发操作装置示意图。稀溶液（原料液）经过预热进入蒸发器。蒸发器的下部是由许多加热管组成的加热室，在管外用加热蒸汽加热管内的溶液，并使之沸腾汽化，经浓缩后的完成液从蒸发器底部排出。蒸发器的上部为蒸发室，汽化所产生的蒸汽在蒸发室及其顶部的除沫器中将其中夹带的液沫予以分离，然后送往冷凝器被冷凝而除去。

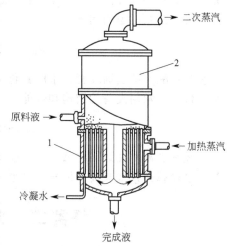

图 5-1 蒸发器的装置简图
1—加热室；2—蒸发室

蒸发需要不断地供给热能。工业上采用的热源通常为水蒸气，而蒸发的物料大多是水溶液，蒸发时产生的蒸汽也是水蒸气。为了区别，将加热的蒸汽称为加热蒸汽，又称为一次蒸汽，而由溶液蒸发出来的蒸汽称之为二次蒸汽。

二、蒸发操作的分类

① 按蒸发操作空间压力大小可分为常压、加压或减压（真空）蒸发。

② 按二次蒸汽的利用情况可以分为单效蒸发和多效蒸发。

  a. 单效蒸发：将所产生的二次蒸汽不再利用，或被用于蒸发器以外的操作。

  b. 多效蒸发：将产生的二次蒸汽通到另一压力较低的蒸发器作为加热蒸汽，可以提高加热蒸汽（水蒸气）的利用率。这种将多个蒸发器串联，使加热蒸汽在蒸发过程中得到多次利用的蒸发过程称为多效蒸发。

③ 按蒸发模式分，可分为间歇蒸发和连续蒸发。工业上大规模的生产过程通常采用的是连续蒸发。

三、蒸发操作的特点

从以上对蒸发过程的简单介绍可以看出，常见的蒸发实质上是间壁两侧分别有蒸汽冷凝和液体沸腾的传热过程，所以蒸发器也是一种传热器，但是和一般的传热过程相比，蒸发需要注意以下特点。

(1) 沸点升高 蒸发的物料是溶有不挥发溶质的溶液。由拉乌尔定律可知：在相同温度下，其蒸气压纯溶剂的最低，因此，在相同的压力下，溶液的沸点高于纯溶剂的沸点。故当加热蒸汽温度一定时，蒸发溶液时的传热温差就比蒸发纯溶剂时小，而溶液的浓度越大，这种影响就越显著。

(2) 节约能源 蒸发时汽化的溶剂量是较大的，需要消耗大量的加热蒸汽。如何充分利用热量，使得单位质量的加热蒸汽能除去较多的水分，亦即如何提高加热蒸汽的经济程度（如是否采用多效蒸发或者其他的措施），是蒸发要考虑的问题。

(3) 物料的工艺特性 蒸发的溶液本身具有某些特性，例如有些物料在浓缩时可能结垢或者结晶析出；有些热敏性物料在高温下易分解变质（如牛奶）；有些则具有较大的黏度或者有较强的腐蚀性等。如何根据物料的这些性质和工艺要求，选择适宜的蒸发方法和设备，也是蒸发所必须考虑的问题。

任务实施

参观乙酸乙酯实训装置，了解其化工生产工艺流程，了解蒸发操作的基本原理、流程、蒸发操作主要常用设备的结构和性能。

讨论与拓展

参观合成氨厂或石油化工厂，了解典型化工生产工艺流程，找出何处使用了蒸发操作，了解蒸发操作的基本原理、流程、蒸发操作主要常用设备的结构和性能。

任务二 单效蒸发工艺控制

任务引入

化工生产中，经常需要浓缩溶液，如在生产中需将流量为 20000kg/h、15% 的 $CaCl_2$ 水溶液连续浓缩到 25%。

这种单元操作称为蒸发。蒸发操作是将溶液加热，使其中部分溶剂汽化并不断除去，以提高溶液中溶质（$CaCl_2$）的浓度。

工业上蒸发操作主要用于以下几个方面：

① 浓缩稀溶液直接制取产品或将浓溶液再处理制取固体产品，例如电解烧碱液的浓缩、食糖水溶液的浓缩及各种果汁的浓缩等。

② 浓缩溶液和回收溶剂，例如有机磷农药苯溶液的浓缩脱苯，中药生产中浸出液的浓缩等。

③ 为了获得纯净的溶剂，例如海水的淡化等。

用来进行蒸发的设备称为蒸发器。

蒸发操作中，在特定的条件下（如上 $CaCl_2$ 水溶液浓缩），选择何种规格蒸发器、蒸发量为多少、能量消耗程度如何、蒸发效率如何等是经常遇到的问题。

■ 相关知识

一、单效蒸发

将所产生的二次蒸汽不再利用,或被用于蒸发器以外的操作称为单效蒸发。

对于单效蒸发,在给定的生产任务和确定了操作条件以后,通常需要计算以下的这些内容:水分的蒸发量、热蒸汽消耗量、蒸发器的传热面积。可应用物料衡算方程、热量衡算方程和传热速率方程来解决。

1. 蒸发器的物料衡算

在蒸发操作中,单位时间内从溶液蒸发出来的溶剂量,可通过物料衡算确定。现对图 5-1 所示的单效蒸发器作溶质的物料衡算。在稳定连续操作中,单位时间内进入和离开蒸发器的溶质数量应相等,即

$$Fx_0 = (F-W)x_1 \tag{5-1}$$

由此可求得水分蒸发量为:

$$W = F\left(1 - \frac{x_0}{x_1}\right) \tag{5-2}$$

完成液的浓度:

$$x_1 = \frac{Fx_0}{F-x} \tag{5-3}$$

式中　F——溶液的进料量,kg/h;
　　　W——水分蒸发量,kg/h;
　　　x_0——原料液中溶质的质量分数,%;
　　　x_1——完成液中溶质的质量分数,%。

2. 蒸发器的热量衡算

对图 5-2 的虚线范围作热量衡算得:

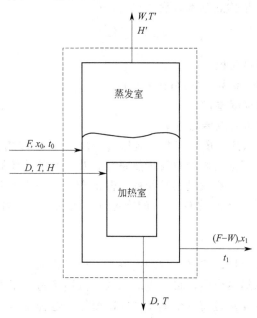

图 5-2　单效蒸发的物料衡算和热量衡算示意图

$$DH + Fc_{p,f}t_0 = WH' + (Fc_{p,f} - Wc_{p,w})t_1 + Dc_{p,w}T_1$$

或
$$D(H - c_{p,w}T_1) = W(H' - c_{p,w}t_1) + Fc_{p,f}(t_1 - t_0) + Q_L \tag{5-4}$$

式中　D——加热蒸汽流量，kg/s；

　　　H，H'——分别为加热蒸汽和二次蒸汽的焓，J/kg；

　$c_{p,f}$，$c_{p,w}$——分别为原料液和水的比热容，J/(kg·℃)；

　　　t_0，t_1——分别为原料温度和溶液的沸点，℃；

　　　　　T_1——冷凝液的饱和温度，℃；

　　　　　Q_L——蒸发器的热损失，J/s。

由于 $H - c_{p,w}T_1 = r$，$H' - c_{p,w}T_1 \approx r'$，所以式(5-4)可改写成

$$Dr = Wr' + Fc_{p,f}(t_1 - t_0) + Q_L$$

或
$$D = \frac{Wr' + Fc_{p,f}(t_1 - t_0) + Q_L}{r} \tag{5-5}$$

式中　r，r'——分别为加热蒸汽与二次蒸汽的汽化潜热，J/kg。

若原料液在沸点下进入蒸发器，即 $t_0 = t_1$，再忽略热损失，即 $Q_L = 0$，则式(5-5)可简化为：

$$\frac{D}{W} = \frac{r'}{r} \tag{5-6}$$

D/W 称为单位蒸汽消耗量，即蒸发 1kg 水所需蒸汽量，用以表示蒸汽的经济程度。由于蒸汽的潜热随温度的变化不大，即 r' 和 r 两者相差很小，故单效蒸发时，$D/W \approx 1$，即蒸发 1kg 的水约需 1kg 加热蒸汽。但考虑到 r' 和 r 的实际差别以及热损失等因素的影响，D/W 的数值约为 1.1 或稍大。

对于有明显浓缩热的物料，在计算加热蒸汽消耗量时，可先按不考虑浓缩热的影响，用式(5-5)进行计算，最后将计算结果加上适当的安全系数，通常是将浓缩热的影响和蒸发器的热损失合并在一起进行校正。

3. 蒸发器的传热面积

蒸发器的传热面积可依传热基本方程式求得，即

$$A = \frac{Q}{K\Delta t_m} \tag{5-7}$$

式中　A——蒸发器的传热面积，m²；

　　　K——蒸发器的传热系数，W/(m²·℃)；

　　Δt_m——传热的平均温度差，℃；

　　　Q——蒸发器的热负荷或传热速率，W。

式(5-7)中的热负荷依热量衡算求取，显然 $Q = Dr$。其中传热系数 K 亦可按蒸汽冷凝和液体沸腾对流传热求出间壁两侧的对流传热系数，及按经验估计的垢层热阻进行计算。对于蒸发器的传热温度差，因为蒸发过程是间壁两侧的蒸汽冷凝和溶液沸腾之间的恒温传热，所以 $\Delta t_m = T_1 - t_1$，但是水溶液的沸点 t_1 的确定方法还有待于下面进行的讨论。

二、多效蒸发

为了减少加热蒸汽消耗量，提高蒸汽利用率，人们考虑利用前一个蒸发器生成的二次蒸汽，作为后一个蒸发器的加热介质，将产生的二次蒸汽通到另一压力较低的蒸发器作为加热蒸汽，后一个蒸发器的蒸发室是前一个蒸发器的冷凝器。这种将多个蒸发器串联，使加热蒸汽在蒸发过程中得到多次利用的蒸发过程称为多效蒸发。

由于二次蒸汽的压力较前一个加热蒸汽的压力为低,所以后一个蒸发器应在更低的压力下操作,甚至需有抽真空的装置。

两个蒸发器串联操作,前一个称作一效,后一个称作二效。效数越多,单位蒸汽消耗量越小,见表5-2。

表 5-2　单位蒸汽消耗量

效数	单效	双效	三效	四效	五效
$(D/W)_{最小}$	1.1	0.57	0.4	0.3	0.27

蒸发装置中效数越多,温度损失越大。若效数过多还可能发生总温度差损失等于或大于有效总温度差,而使蒸发操作无法进行。基于上述理由,工业上使用的多效蒸发装置,其效数并不是很多。一般对于电解质溶液,如 NaOH 等水溶液的蒸发,由于其沸点升高较大,故采用2~3效;对于非电解质溶液,如糖的水溶液或其他有机溶液的蒸发,由于其沸点升高较小,所用的效数可取4~6效;而在海水淡化的蒸发装置中,效数可多达20~30效。

多效蒸发流程按蒸汽和料液的走向,可分为不同的流程。

1. 并流法蒸发流程

并流加料法是工业中常用的加料法。如图 5-3 所示,溶液流与蒸汽相同,即由第一效顺序流至末效。加热蒸汽通过第一效加热室,蒸发出的二次蒸汽进入第二效加热室作为加热蒸汽,第二效二次蒸汽又进入第三效的加热室作为加热蒸汽,第三效(末效)的二次蒸汽则送到冷凝器被全部冷凝。原料液进入第一效,浓缩后由底部排出,依顺序流入第二效和第三效连续地进行浓缩,完成液由末效的底部排出。

此法的优点是:溶液在效间的输送无需用泵,自动从前效进入后效(因后一效蒸室的压力较前一效为低);前一效的溶液进

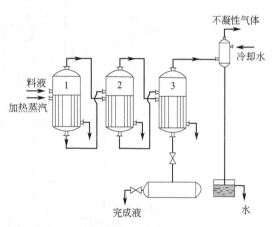

图 5-3　并流加料三效蒸发装置的流程

入后一效时,会因过热自行蒸发,可产生较多的二次蒸汽(由于后一效溶液的沸点较前一效为低);减少了热量损失(由末效引出完成液,因其沸点最低,故带走的热量最少)。

此法的缺点是:由于后一效溶液的浓度较前一效为大,且温度又较低,所以料液黏度沿流动方向逐效增大,致使后效的传热系数降低。

2. 逆流法蒸发流程

如图 5-4 所示,原料液由末效加入,用泵打入前一效,完成液由第一效底部排出,而加热蒸汽仍是加入第一效加热室,与并流法蒸汽流向相同。其优点在于随着溶液浓度的增大,温度也随着升高,因而各效溶液的黏度较为接近,使各效的传热系数也大致相同。其缺点是效间溶液需用泵输送,增加设备和能量消耗;同时除末效外各效进料温度都低于沸点,故无自行蒸发现象,与并流法相比,所产生的二次蒸汽量较少。一般来说此法宜用于处理黏度随温度和浓度变化较大的溶液,而不适宜于处理热敏性物料。

3. 错流法蒸发流程

各效分别加料和分别出料,蒸汽与二次蒸汽串联流过,如图 5-5 所示,也称为平流法。此法适用于在蒸发过程中同时有结晶析出的场合,因其可避免结晶体在效间输送时堵塞

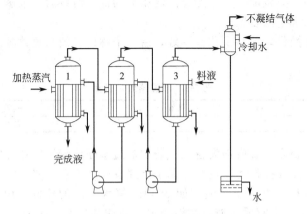

图 5-4 逆流加料三效蒸发装置的流程

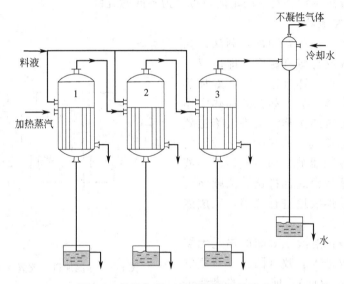

图 5-5 错流加料三效蒸发装置的流程

管道，或用于对稀溶液稍加浓缩的场合。此法的缺点是每效皆处于最大浓度下进行蒸发，所以溶液黏度大，致使传热损失较大；同时各效的温度差损失较大，故降低了蒸发设备的生产能力。

任务实施

一、蒸发器规格与能量消耗程度

任务：在单效蒸发器中，将 15% 的 $CaCl_2$ 水溶液连续浓缩到 25%，原料液流量为 20000kg/h，温度为 75℃。蒸发操作的平均压力为 49kPa，溶液的沸点为 87.5℃。加热蒸汽绝压为 196kPa。若蒸发器的总传热系数 K 为 $1000W/(m^2 \cdot ℃)$，热损失为蒸发器传热量的 5%，试求蒸发器的传热面积和加热蒸汽消耗量。

分析：浓缩 $CaCl_2$ 水溶液，可采取单效蒸发，通过计算蒸发器的传热面积可确定蒸发器规格，通过计算加热蒸汽消耗量可预知能量消耗程度，为此，可通过如下计算解决问题。

解：蒸发量为：
$$W=F\left(1-\frac{x_0}{x_1}\right)=\frac{20000}{3600}\left(1-\frac{0.15}{0.25}\right)=2.22\text{kg/s}$$

蒸发器的热负荷为：
$$Q=Wr'+Fc_{p,F}(t_1-t_0)\times(1+5\%)$$

而其中原料液比热容为：
$$c_{p,F}=c_{p,w}(1-x_0)=4.187(1-01.5)=3.56\text{J/(kg}\cdot\text{℃)}$$

由附录查得49kPa下饱和蒸汽的汽化潜热r'约为2305kJ/kg，所以
$$Q=1.05\times\left[2.22\times2305\times10^3+\frac{20000}{3600}\times3.56\times10^3\times(87.5-75)\right]=5.63\times10^6\text{W}$$

又由附录查得196kPa下饱和蒸汽温度为119.6℃，汽化潜热约为2203kJ/kg，所以蒸发器的传热面积为：
$$A=\frac{Q}{K(T_1-t_1)}=\frac{5.63\times10^6}{1000\times(119.6-87.5)}=175\text{m}^2$$

据此可选择适宜规格的蒸发器，还可判断已有蒸发器是否满足生产需求。加热蒸汽消耗量为：
$$D=\frac{Q}{r}=\frac{5.63\times10^6}{2203\times10^3}=2.56\text{kg/s}$$

二、生产能力和蒸发效率

任务：在单效蒸发中，每小时将2000kg的某种水溶液从10%连续浓缩到30%，蒸发操作的平均压力为39.3kPa，相应溶液的沸点为80℃。加热蒸汽绝压为196kPa，原料液的比热容为3.77J/(kg·℃)，蒸发器的热损失为12000W。试求：
① 蒸发量；
② 原料液温度分别为30℃、80℃和120℃时的加热蒸汽消耗量及单位蒸汽消耗量。

分析：蒸发操作的生产能力可用蒸发量来表述，蒸发效率可用单位蒸汽消耗量来表述。

解：① 蒸发量由式(5-2) 知
$$W=F\left(1-\frac{x_0}{x_1}\right)=2000\times\left(1-\frac{0.1}{0.3}\right)=1333\text{kg/h}$$

② 加热蒸汽消耗量由式(5-5) 知
$$D=\frac{Wr'+Fc_{p,F}(t_1-t_0)+Q_L}{r}$$

由附录查得压力为39.3kPa和196kPa时饱和蒸汽的汽化潜热分别为2320kJ/kg和2204kJ/kg，原料液温度为30℃时的蒸汽消耗量为：
$$D=\frac{1333\times2320+2000\times3.77\times(80-30)+\frac{12000}{1000}\times3600}{2204}=1590\text{kg/h}$$

单位蒸汽消耗量为：
$$\frac{D}{W}=\frac{1590}{1333}=1.2$$

原料液温度为80℃时的蒸汽消耗量：
$$D=\frac{1333\times2320+12000\times3.6}{2204}=1423\text{kg/h}$$

单位蒸汽消耗量为：

$$\frac{D}{W}=\frac{1420}{1333}=1.1$$

原料液温度为120℃时的蒸汽消耗量为：

$$D=\frac{1333\times 2320+2000\times 3.77\times(80-120)+1200\times 3.6}{2204}=1280\text{kg/h}$$

单位蒸汽消耗量为：

$$\frac{D}{W}=\frac{1280}{1333}=0.96$$

由以上计算结果得知，原料液温度越高，蒸发1kg水所消耗的加热蒸汽量越少。

■ 讨论与习题 ■

通过上述描述可知，蒸发操作在应用中主要有：一是能根据料液蒸发的具体要求选择单效还是多效蒸发；二是通过蒸发器传热面积计算，能选择确定适宜规格的蒸发器；三是通过加热蒸汽消耗量计算可控制蒸发操作的效率。

对于多效蒸发，计算原理相通，重点在于其不同的流程特点及适用情况。

讨论：

1. 蒸发操作不同于一般换热过程的主要点有哪些？
2. 提高蒸发器内液体循环速度的意义在哪？降低单程汽化率的目的是什么？
3. 提高蒸发器生产强度的途径有哪些？
4. 试分析比较单效蒸发器的间歇蒸发和连续蒸发的生产能力的大小。设原料液浓度、温度、完成液浓度、加热蒸汽压强以及冷凝器操作压强均相等。
5. 多效蒸发的效数受哪些限制？
6. 试比较单效与多效蒸发之优缺点？

习题：

1. 在葡萄糖水溶液浓缩过程中，每小时的加料量为3000kg，浓度由15%（质量，下同）浓缩到70%。试求每小时蒸发水量和完成液量。
2. 在单效蒸发器中用饱和水蒸气加热浓缩溶液，加热蒸气的用量为2100kg/h，加热水蒸气的温度为120℃，其汽化热为2205kJ/kg。已知蒸发器内二次蒸气温度为81℃，由于溶质和液柱引起的沸点升高值为9℃，饱和蒸气冷凝的传热膜系数为8000W/(m²·℃)，沸腾溶液的传热膜系数为3500W/(m²·℃)。忽略换热器管壁和污垢层热阻，蒸发器的热损失忽略不计。求蒸发器的传热面积。

任务三 蒸发器认知与操作

■ 任务引入 ■

蒸发的实际操作是通过蒸发设备实现的，蒸发设备的作用是使进入的原料液被加热，部分汽化，得到浓缩的完成液，同时需要排出二次蒸气，并使之与所夹带的液滴和雾沫相分离。

蒸发操作是化工生产中常见的单元操作之一，操作中所使用的主要设备蒸发器属于压力容器的范畴。因此，必须要求操作人员做到"四懂"、"四会"，才能上岗进行操作。所谓

"四懂"是指操作人员要懂得蒸发器的结构、原理、性能和用途;而"四会"则是指操作人员要会操作、会保养、会检查及会排除故障。除此之外,还须具有蒸发器的安全操作知识,才能使蒸发器安全正常运行,使其发挥最大的效益。

蒸发器根据其工作时溶液循环原理及用途等不同,有多种结构形式,但其基本的操作和维护还是具有一些共同的规律。

相关知识

一、蒸发主体设备——蒸发器

由于生产要求的不同,蒸发设备有多种不同的结构形式。对常用的间壁传热式蒸发器,按溶液在蒸发器中的运动情况,大致可分为循环型和单程型(不循环)两大类。

1. 循环型蒸发器

溶液在蒸发器中做循环流动,增强管内流体与管壁的对流传热,蒸发器内溶液浓度基本相同,接近于完成液的浓度。根据引起溶液循环的原因,又可分为自然循环和强制循环,前者是由于溶液因受热程度不同产生密度的差异而引起的,后者是采用机械的方法迫使溶液沿传热表面流动。主要有以下几种。

(1) 中央循环型蒸发器 中央循环管式蒸发器为最常见的自然循环型蒸发器,其结构如图 5-6 所示,它主要由加热室、蒸发室、中央循环管和除沫器组成。蒸发器的加热器由垂直管束构成,管束中央有一根直径较大的管子,称为中央循环管,其截面积一般为管束总截面积的 40%~100%。当加热蒸汽(介质)在管间冷凝放热时,由于加热管束内单位体积溶液的受热面积远大于中央循环管内溶液的受热面积,因此,管束中溶液的相对汽化率就大于中央循环管的汽化率,所以管束中气液混合物的密度远小于中央循环管内气液混合物的密度,这样造成了混合液在管束中向上、在中央循环管向下的自然循环流动。混合液的循环速度与密度差和管长有关。密度差越大,加热管越长,循环速度越大。但这类蒸发器受总高限制,通常加热管为 1~2m,直径为 25~75mm,长径比为 20~40。

中央循环管蒸发器的主要优点是:结构简单、紧凑,制造方便,操作可靠,投资费用少。缺点是:清理和检修麻烦,溶液循环速度较低,一般仅在 0.5m/s 以下,传热系数小。它适用于黏度适中、结垢不严重、有少量的结晶析出及腐蚀性不大的场合。中央循环管式蒸发器在工业上的应用较为广泛。

(2) 外加热式蒸发器 也是自然循环型蒸发器,如图 5-7 所示。其主要特点是把加热器与分离室分开安装,这样不仅易于清洗、更换,同时还有利于降低蒸发器的总高度。这种蒸发器的加热管较长(管长与管径之比为 50~100),且循环管又不被加热,故溶液的循环速度可达 1.5m/s,它既有利于提高传热系数,也有利于减轻结垢。

此外,自然循环式蒸发器还有悬筐式蒸发器、列文式蒸发器等。

(3) 强制循环型蒸发器 上述几种蒸发器均为自然循环型蒸发器,即靠加热管与循环管内溶液的密度差作为推动力,导致溶液的循环流动,因此循环速度一般较低,尤其在蒸发黏稠溶液(易结垢及有大量结晶析出)时就更低。为提高循环速度,可用循环泵进行强制循环,如图 5-8 所示。这种蒸发器的循环速度可达 1.5~5m/s。其优点是,传热系数大,利于处理黏度较大、易结垢、易结晶的物料。但该蒸发器的动力消耗较大,每平方米传热面积消耗的功率为 0.4~0.8kW。

循环型蒸发器的共同特点是蒸发器内料液的滞留量大,物料在高温下停留时间长,对热敏性物料不利。

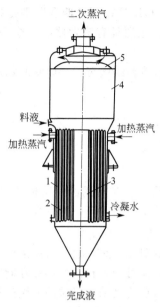
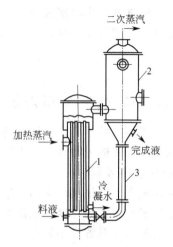

图 5-6 中央循环管式蒸发器图
1—外壳；2—加热室；3—中央循环管；
4—蒸发室；5—除沫器

图 5-7 外加热式蒸发器图
1—加热室；2—蒸发室；3—循环管

2. 单程型蒸发器

单程型蒸发器中物料一次通过加热面即可完成浓缩要求，离开加热管的溶液及时加以冷却，受热时间大为缩短，因此对热敏性物料特别适宜。但由于溶液一次通过加热器就要达到浓缩要求，因此对设计和操作的要求较高。由于这类蒸发器加热管上的物料成膜状流动，故又称为膜式蒸发器。根据物料在蒸发器内的流动方向和成膜原因不同，它可分为下列几种类型。

(1) 升膜式蒸发器 升膜式蒸发器如图 5-9 所示，其加热室由许多垂直长管组成，常用管径为 25～50mm，管束可长达 3～10m，管长与管径之比为 100～150。溶液由加热管底部进入，经一段距离的加热、汽化后，管内气泡逐渐增多，最终液体被上升的蒸汽拉成环状薄膜，沿管壁运动，汽液混合物由管口高速冲出。被浓缩的液体经汽液分离即排出蒸发器。此种蒸发器需要妥善地设计和操作，使加热管内上升的二次蒸汽具有较高的速度，从而获得较高的传热系数，使溶液一次通过加热即达预定的浓缩要求。在常压下，管上端出口速度以保持 20～50m/s 为宜。升膜式蒸发器适用于蒸发量大（较稀的溶液）、热敏性及易起泡的溶液。不适用于高黏度、易结晶、易结垢的溶液。

(2) 降膜式蒸发器 降膜式蒸发器如 5-10 所示，料液由加热室顶部加入，经液体分布器分布后呈膜状向下流动。汽液混合物由加热管下端引出，经汽液分离即得完成液。为使溶液在加热管内壁形成均匀液膜，且不使二次蒸汽由管上端窜出，须良好地设计液体分布器。降膜式蒸发器适用于黏度大的物料，不适用于易结晶的物料，因为形成均匀的液膜较难，总传热系数不高。

(3) 刮板薄膜蒸发器 刮板薄膜蒸发器如图 5-11 所示，专为高黏度溶液的蒸发而设计。料液自顶部进入蒸发器后，在刮板的搅动下分布于加热管壁，并呈膜式旋转向下流动。汽化的二次蒸汽在加热管上端无夹套部分被旋刮板分去液沫，然后由上部抽出并加以冷凝，浓缩液由蒸发器底部放出。刮板薄膜蒸发器借外力强制料液呈膜状流动，可适应高黏度、易结晶、易结垢的浓溶液蒸发，其缺点是结构复杂，制造要求高，加热面不大，且需要消耗一定的动力。

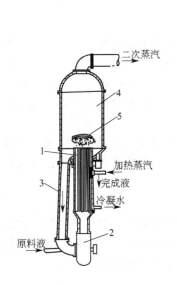 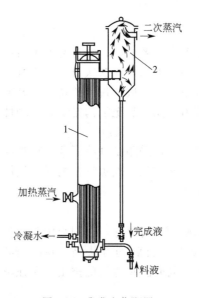 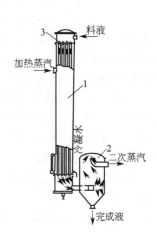

图 5-8 强制循环式蒸发器　　图 5-9 升膜式蒸发器　　图 5-10 降膜式蒸发器
1—加热管；2—循环泵；3—循环管；　　1—蒸发器；2—分离室　　1—蒸发器；2—分离室；3—布膜器
4—蒸发室；5—除沫器

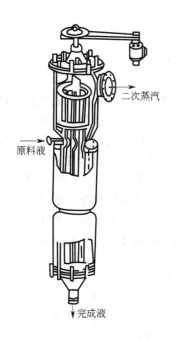 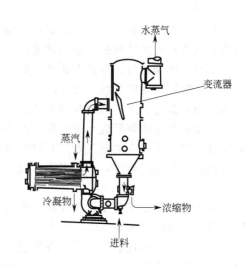

图 5-11　刮板薄膜蒸发器　　图 5-12　带有两个独立加热装置的压力环流式蒸发器

此外还有压力环流式蒸发器（图 5-12）等。

二、蒸发辅助设备

1. 除沫器

在蒸发操作时，所产生的二次蒸汽中所夹带的大量液体，虽然在蒸发室中进行了气液分离，但是为了进一步除去液沫以防止损失有用的溶质或污染冷凝液体，还需在蒸发器的二次蒸汽出口附近装设除沫器。

2. 冷凝器与真空装置

除了二次蒸汽为有价值的产品需要回收，或者会严重污染冷却水的情况外，蒸发操作大多采用汽液直接接触的混合式冷凝器来冷凝二次蒸汽。冷凝器的冷却水由顶部加入，依次经过各淋水板的小孔和溢流堰流下，在和底部进入并逆流上升的二次蒸汽的接触过程中，使二次蒸汽不断冷凝。水和冷凝液沿气压管流至地沟排走，不凝性气体则由顶部抽出，并与夹带的液沫分离后去真空装置。

当蒸发器采用减压操作时，无论采用哪种冷凝器，均需在冷凝器后设置真空装置，以维持蒸发操作所需的真空度，并不断排除二次蒸汽中的不凝气体。常用的真空装置有往复式真空泵、喷射泵和水环式真空泵等。

3. 冷凝水排除器

加热蒸汽冷凝后的冷凝水必须及时排除，否则会由于其积聚于蒸发器加热室管外，占据了部分传热面积而降低传热效果。排除的方法是：在冷凝水排出管路上安装冷凝水排除器——疏水器。在排除冷凝水的同时阻止蒸汽的排出，保证蒸汽的充分利用。

■■■■ **任务实施** ■■■■

学生分为运行、维护两个大组，每组按操作岗位分为小组。按照下述操作要求与规程，在实训室（仿真室）进行操作，熟练掌握后互换轮岗。

一、蒸发操作系统的日常运行

蒸发系统的日常运行操作包括系统开车、设备运行及停车等方面。

1. 开车

严格执行操作规程。开车前，要认真检查加热室是否有水，避免在通入蒸汽时剧热，或水击引起蒸发器的整体剧振。检查并准备好泵、仪表、蒸汽和冷凝器管路，通常用加料管路为装置加料。根据物料、蒸发设备及所附带的自控装置的不同，按照事先设定好的程序，通过控制室依次按规定的开度、规定的顺序开启加料阀、蒸气阀，并依次查看各效分离罐的液位显示。当液位达到规定值时开启相关输送泵；设置有关仪表设定值，同时将其置为自动状态；对需要抽真空的装置进行抽真空；监测各效温度，检查其蒸发情况；通过有关仪表观测产品浓度，然后增大有关蒸汽阀门开度以提高蒸汽流量；当蒸汽流量达到期望值时，调节加料流量以控制浓缩液浓度，一般来说，减少加料流量则产品浓度增大，而增大加料流量，浓度降低。

在开车过程中由于非正常操作常会出现许多故障，最常见的是蒸汽供给不稳定，这可能是因为管路冷或冷凝液管路内有空气所致。应注意检查阀、泵的密封及出口，当达到正常操作温度时，就不会出现这种问题。也可能是由于空气漏入二效、三效蒸发器所致。当一效分离罐工作蒸汽压力升高超过一定值时，这种泄漏就会自行消失。

2. 运行

设备运行中，必须精心操作，严格控制。注意监测蒸发器各部分的运行情况及规定指标。通常情况下，操作人员应按规定的时间间隔检查调整蒸发器的运行情况，并如实做好操作记录。当装置处于稳定运行状态下，不要轻易变动性能参数，否则会使装置处于不平衡状态，并需花费一定时间调整以达平缓，这样就会造成生产的损失或者出现更坏的影响。

控制蒸发装置的液位是关键，目的是使装置运行平稳，从一效到另一效的流量更趋合理、恒定。有效地控制液位也能避免泵的"汽蚀"现象，大多数泵输送的是沸腾液体，所以不可忽视发生"汽蚀"的危险。只有控制好液位，才能保证泵的使用寿命。

为确保故障条件下连续运转，所有的泵都应配有备用泵，并在启动泵之前，检查泵的工作情况，严格按照要求进行操作。

按规定时间检查控制室仪表的现场仪表读数，如超出规定，应迅速查找原因。

如果蒸发料液为腐蚀性溶液，应注意检查视镜玻璃，防止腐蚀。一旦视镜玻璃腐蚀严重，当液面传感器发生故障时，会造成危险。

3. 停车

停车可分为完全停车、短期停车和紧急停车（事故停车）。蒸发器装置长时间不启动或因维修需要排空的情况下，应完全停车；对装置进行小型维修只需短时间停车时，应使装置处于备用状态；对于事故停车，很难预知每一种可能情况，一般应遵循如下几条。

① 当事故发生时，首先用最快的方式切断蒸汽（或关闭控制室气动阀，或现场关闭手动截止阀），以避免料液温度继续升高。

② 考虑停止料液供给是否安全，如果安全，应用最快的方式停止进料。

③ 再考虑破坏真空会发生什么情况，如果判断出不会发生不利情况，应该打开靠近末效真空器的开关以打破真空状态，停止蒸发操作。

④ 要小心处理热料液，避免造成伤亡事故。

二、蒸发操作系统的日常维护

① 对主要设备蒸发器的维护通常采用"洗效"（又称洗炉）的方法。蒸发装置内易积存污垢，特别是当操作不正常时，会较快积存污垢。不同类型的蒸发器在不同的运转条件下结垢情况也不一样，因此要根据生产实际和经验积累定期进行洗效。洗效周期的长短直接和生产强度及蒸汽消耗紧密相关。因此要特别重视操作质量，延长洗效周期。

② 常观察各台加料泵、过料泵、强制循环泵的运行电流及工况。

③ 蒸发器周围环境要保持清洁无杂物，设备外部的保温保护层要完好，如有损坏，应及时进行维护，以减少热损。

④ 严格执行大、中、小修计划，定期进行拆卸检查修理，并做好记录，积累设备检查修理的数据，以利于加强技术改进。

⑤ 蒸发器的测量及安全附件、温度计、压力表、真空表及安全阀等必须定期校验，要求准确可靠，确保蒸发器的正确操作控制及安全运行。

⑥ 蒸发器为一类压力容器，日常的维护和检修必须严格执行压力容气规程的规定；对蒸发室主要进行外观和壁厚检查。加热室每年进行一次外观检查和壳体水压试验；定期对加热管进行无损壁厚测定，根据测定结果采取相应措施。

三、系统常见操作事故与防止

蒸发操作中由于使用的蒸发设备及所处理的溶液不同，出现的事故与处理方法也不尽相同。

1. 蒸发单元操作安全要点

严格控制各效蒸发器的液面，使其处于工艺要求的适宜位置。

在蒸发容易析出结晶的物料时，易发生管路、加热室、阀门等的结垢堵塞现象。因此需定期用水冲洗保持畅通，或者采用真空抽拉等措施补救。

经常调校仪表，使其灵敏可靠。如果发现仪表失灵要及时查找原因并处理。

经常对设备、管路进行严格检查、探伤,特别是视镜玻璃要经常检查、适时更换,以防因腐蚀造成事故。

检修设备前,要泄压卸料,并用水冲洗降温,去除设备内残存腐蚀性液体。

操作、检修人员应穿戴好防护衣物,避免热液、热蒸汽造成人身伤害。

拆卸法兰螺栓时应对角拆卸或紧固,而且按步骤执行,特别是拆卸时,确认已经无液体时再卸下,以免液体喷出,并且注意管口下面不能有人。

检修蒸发器要将物料排放干净,并用热水清洗处理,再用冷水进行冒顶洗出处理。同时要检查有关阀门是否能关死,否则加盲板,以防检修过程中物料窜出伤人。蒸发器放水后,打开人孔应让空气置换并降温至36℃以下,此时检修人员方可穿戴好衣物进入检修,外面需有人监护,便于发生意外时及时抢救。

2. 蒸发操作常见事故及预防

根据蒸发操作的生产特点,严格制定操作规程,并严格执行,以防止各类事故发生,确保操作人员的安全以及生产的顺利进行。

(1) 高温蒸汽运行 蒸发系统操作是在高温、高压蒸汽加热下进行的,所以要求蒸发设备及管路具有良好的外部保温和隔热措施。在设计、制造及安装过程中要充分考虑设备管路的热胀冷缩因素,所有管路连接处应留有足够的补偿系数,以防在开停车和运行过程中因热胀冷缩而使管路开裂及发生设备损坏事故。高温蒸汽外泄,极易发生人身烫伤事故,因此要严格操作,杜绝"跑、冒、滴、漏"现象。

(2) 有些要增浓的溶液是腐蚀性溶液,例如烧碱、硫酸等。对于腐蚀性物料,一定要穿戴好防护衣物(包括护目镜),避免腐蚀性液体触及皮肤和眼睛,以免造成不可恢复的损害。

常见事故及预防见表5-3。

表5-3 蒸发操作常见事故及预防措施

事故	现象	产生原因	预防与处理
高温腐蚀性液体或蒸汽外泄	泄漏处多发生在设备和管路焊缝、法兰、密封填料、膨胀节等薄弱环节	多是开、停车时由于热胀冷缩而造成开裂;或者是因管道腐蚀而变薄,当开、停车时因应力冲击而破裂	开车前严格进行设备检验,试压、试漏,并定期检查设备腐蚀情况
管路、阀门堵塞	随物料增浓而出现结晶造成管路、阀门、加热器等堵塞,使物料不能流通	蒸发易晶析的溶液	及时分离盐泥,并定期洗效。一旦发生堵塞现象,则要用加压水冲洗,或采用真空抽吸补救
蒸发器视镜破裂	内部热溶液外泄、喷溅出伤人	如烧碱这种高温、高浓度溶液极易腐蚀玻璃,使其变薄,机械强度降低,受压后易爆裂	及时检查,定期更换

讨论与拓展

讨论:根据实操情况,各组写出总结和体会,并进行交流。

拓展:按组布置查找资料,找出各种蒸发器的特点以及蒸发器的发展方向;有条件的可分组让学生进行企业调研,整理出调研企业所用蒸发操作的类型、特点和操作规程。

项目考核与评价

本项目考核采用过程性考核与结论性考核相结合的方式,面向学生的整个学习过程,注重化工能力素质考核,其中能力目标和素质目标考核情况主要结合实训等操作情况给分。具体见以下考核表。

项目五 考核与评价表

考核类型	考核项目	考核内容及配分			配分	得分
		知识目标掌握情况40%	能力目标掌握情况40%	素质目标掌握情况20%		
过程性考核	任务一 蒸发认知				20	
	任务二 单效蒸发工艺控制				30	
	任务三 蒸发器认知与操作				10	
	考核内容	考核指标				
结论性考核	蒸发器实操(见任务三,地点:实训室)	考核准备	企业调研		3	
			实训室规章制度		3	
		方案制定	内容完整性		3	
			实施可行性		3	
		实施过程	操作步骤整体性强,不缺漏		4	
			操作连贯、顺序得当		4	
			无危险的、对设备严重不利的操作		4	
			无污染环境的操作		3	
			体现与人合作		4	
			异常情况发现与处置		4	
		任务结果	报告记录完整、整洁		3	
			数据记录规范、合理		3	
		项目完成报告	撰写项目完成报告、数据真实、提出建议		3	
			能完整、流畅地汇报项目实施情况		3	
			根据教师点评,进一步完善工作报告		3	
		其他	损坏设备、仪器		−30	
			发生安全事故		−40	
			乱倒(丢)废液、废物		−10	
总分					100	

项目六 吸收过程及操作

项目设置依据

在化工生产过程中,出于净化与回收的目的,经常需将气体混合物中的各个组分加以分离。气体混合物的分离,一般都是根据混合物中各组分间某种物理和化学性质的差异而进行的。根据不同性质的差异,可以开发出不同的分离方法。吸收是其中最常用的方法,它根据气体混合物各组分在某种溶剂中溶解度的不同而达到分离的目的。掌握吸收的规律,是对气体混合物进行净化与回收的基础。

学习目标

◆ 在掌握吸收与解吸的基本理论和概念的基础上,能利用相平衡关系等,学会分析影响吸收的因素、判别吸收过程进行的方向、提出强化吸收的措施,掌握吸收设备——吸收(填料)塔的运行与控制方法。

◆ 在了解吸收设备的相关知识与应用基础上,懂得如何优化操作条件,能进行吸收的仿真和实际操作。

◆ 具备一定的现场管理能力,严格按操作规程操作,养成良好的生产操作习惯。

项目任务与教学情境

根据项目特性,将该项目分为四个工作任务安排教学内容,配合相应的教学情境,最终结合生产过程,模拟实操,完成整个项目的实施。本项目具体任务见表6-1。

表 6-1 本项目具体任务

任务	工 作 任 务	教 学 情 境
任务一	吸收认知	实训室现场教学
任务二	工业吸收过程	在多媒体教室讲授相关理论
任务三	吸收过程操作分析	多媒体教室讲授相关知识与理论
任务四	吸收塔认知与操作	实训室,学生分组(岗位)进行

项目实施与教学内容

任务一 吸 收 认 知

任务引入

吸收是依据混合物组分在某种溶剂中溶解度的差异分离气体混合物的方法,是化工生产中最重要的单元操作之一。吸收过程只是使混合气体中的溶质溶解于吸收剂得到溶液,就溶质的存在形态看依然是混合物,并未得到纯度较高的气体溶质。在工业生产中,为了得到较纯的溶质或者回收溶剂,还需要将吸收液进行解吸。解吸是吸收的逆过程,就是将溶质从吸收后的溶液中分离出来。通常情况下,实际生产往往采用吸收-解吸联合操作。

相关知识

气体吸收(gas absorption)是典型的分离气体均相混合物的单元操作,是利用气体混合物中各组分溶解度不同而分离气体混合物的过程。如将含氨的空气通入水中,因氨、空气在水中的溶解度差异很大,氨很容易溶解于水中,形成氨水溶液,而空气几乎不溶于水,所以,用水吸收混合气体中的氨能使氨-空气混合气加以分离。

一、工业吸收过程

吸收操作时,气体中能够溶解的组分称为吸收质或溶质,以 A 表示;不被吸收的组分称为惰性组分或载体,以 B 表示;吸收操作所用的溶剂称为吸收剂,以 S 表示;吸收所得到的溶液称为吸收液,其主要成分为溶剂 S 和溶质 A;吸收排出的气体称为吸收尾气,其主要成分是惰性气体 B 和残余的少量溶质 A。上例中吸收质为氨,惰性组分为空气,吸收剂为水。

图 6-1 为合成氨生产中 CO_2 气体的净化操作流程。合成氨原料气(含 CO_2 30% 左右)从底部进入吸收塔,塔顶喷入乙醇胺溶液。气、液逆流接触传质,乙醇胺吸收了 CO_2 后从塔底排出,从塔顶排出的气体中 CO_2 含量可降至 0.5%

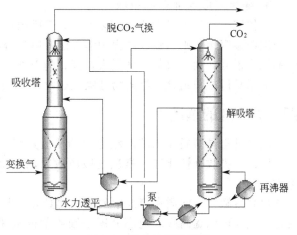

图 6-1 吸收与解吸流程

以下。将吸收塔底排出的含 CO_2 的乙醇胺溶液用泵送至加热器,加热到 130℃ 左右后从解吸塔顶喷淋下来,与塔底送入的水蒸气逆流接触,CO_2 在高温、低压下自溶液中解吸出来。从解吸塔顶排出的气体经冷却、冷凝后得到可用的 CO_2。解吸塔底排出的含少量 CO_2 的乙醇胺溶液经冷却降温至 50℃ 左右,经加压仍可作为吸收剂送入吸收塔循环使用。

二、气体吸收过程的应用

吸收过程作为一种重要的分离手段被广泛地应用于化工、医药、冶金等生产过程,其应用目的有以下几种。

① 分离混合气体以获得一定的组分或产物。例如用硫酸处理焦炉气以回收其中的氨,用洗油处理焦炉气以回收其中的苯、二甲苯等,用液态烃处理石油裂解气以回收其中的乙烯、丙烯等。

② 除去有害组分以净化或精制气体。采用吸收的方法除去混合物中的杂质,如用水或碱液脱除合成氨原料气中的二氧化碳,用丙酮脱除石油裂解气中的乙炔等。

③ 制备某种气体的溶液。如用水吸收氯化氢、三氧化硫、二氧化氯制得相应的酸,用水吸收甲醛制备福尔马林溶液等。

④ 工业废气的治理。在煤矿、冶金、医药等生产过程中所排放的废气中常含有 SO_2、NO、NO_2 等有害成分，其特点是有害成分的浓度低且具有强酸性，直接排入大气，对环境危害很大。可通过吸收操作使之净化，变废为宝，综合利用。

实际吸收过程往往同时兼有净化和回收等多重目的。

三、吸收过程的分类

1. 物理吸收和化学吸收

在吸收过程中溶质与溶剂不发生显著的化学反应，称为物理吸收，例如用水吸收 CO_2，洗油吸收焦炉煤气中的苯等，其吸收过程均为物理吸收。如果在吸收过程中，溶质与溶剂发生显著的化学反应，则此吸收操作称为化学吸收，如硫酸吸收氨，碱液吸收二氧化碳等。

2. 单组分吸收与多组分吸收

在吸收过程中，若混合气体中只有一个组分被吸收，其余组分可认为不溶于吸收剂，则为单组分吸收；如果混合气体中有两个或多个组分进入液相，则为多组分吸收。

3. 等温吸收与非等温吸收

气体溶于液体中时常伴随着热效应，若吸收过程中发生化学反应，其反应热很大，液相的温度明显变化，则该吸收过程为非等温吸收过程。若热效应很小，或被吸收的组分在气相中的浓度很低，而吸收剂用量很大，液相的温度变化不显著，则可认为是等温吸收。

本章只讨论单组分等温的物理吸收过程。

四、吸收剂的选用

吸收过程是溶质在气液两相之间的传质过程，是靠气体溶质在吸收剂中的溶解来实现的。因此，吸收剂性能往往是决定吸收效果的关键。在选择吸收剂时，应从以下几个方面考虑。

(1) 溶解度　溶质在溶剂中的溶解度要大，即在一定的温度和浓度下，溶质的平衡分压要低，这样可以提高吸收速率并减小吸收剂的耗用量，气体中溶质的极限残余浓度亦可降低。当吸收剂与溶质发生化学反应时，溶解度可大大提高。但要使吸收剂循环使用，则化学反应必须是可逆的。

(2) 选择性　吸收剂对混合气体中的溶质要有良好的吸收能力，而对其他组分则应不吸收或吸收甚微，否则不能直接实现有效的分离。

(3) 溶解度对操作条件的敏感性　溶质在吸收剂中的溶解度对操作条件（温度、压力）要敏感，即如果操作条件变化，溶解度要有显著的变化，这样被吸收的气体组分容易解吸，吸收剂再生方便。

(4) 挥发度　操作温度下吸收剂的蒸气压要低，因为离开吸收设备的气体往往被吸收剂所饱和，吸收剂的挥发度越大，则在吸收和再生过程中吸收剂的损失越大。

(5) 黏性　吸收剂黏度要低，流体输送功耗小。

(6) 化学稳定性　吸收剂化学稳定性好可避免因吸收过程中条件变化而引起吸收剂变质。

(7) 腐蚀性　吸收剂的腐蚀性应尽可能小，以减少设备费和维修费。

(8) 其他　所选用吸收剂应尽可能满足价廉、易得、易再生、无毒、无害、不易燃烧、不易爆等要求。

实际上，能够满足上述所有要求的理想溶剂往往很难找到。因此，应对可供选用的吸收剂进行全面评价后做出经济、合理、恰当的选择。

▆▆▆▆▆ 任务实施 ▆▆▆▆▆

参观吸收-解吸实训装置，了解吸收-解吸操作基本原理和基本工艺流程，了解填料塔等主要设备的结构特点、工作原理和性能参数，了解液位、流量、压力、温度等工艺参数的测量原理和操作方法。

▆▆▆▆▆ 讨论与拓展 ▆▆▆▆▆

参观合成氨厂或石油化工厂，了解典型化工生产工艺流程，理解化工生产中如何实现吸收过程？如何进行连续化、规模化生产？

任务二　工业吸收过程

▆▆▆▆▆ 任务引入 ▆▆▆▆▆

生产中，经常需将气体混合物中的各个组分加以分离，以达到气体净化或回收的目的。

如：合成氨厂在生产合成氨原料气时，造气工段生产出来的粗原料气中除了含有氨合成所需要的 N_2、H_2 以外，还有 H_2S 和 CO_2 等杂质气体，这些杂质气体在送入合成塔前如何去除？

▆▆▆▆▆ 相关知识 ▆▆▆▆▆

工业上解决上述任务可以通过吸收这一单元操作来实施。

一、吸收的基本概念

1. 定义

吸收是利用气体混合物各组分在液体中溶解度的不同，用液体吸收剂分离气体混合物的单元操作。

如图 6-2 所示，气体混合物由被吸收的溶质气体和不被吸收的惰性气体组成，用于吸收的液体称为吸收剂或溶剂，吸收了溶质气体的液体称为吸收液或溶液。吸收过程的实质，是溶质气体从气相转移到液相的传质过程。

图 6-2　吸收示意图

2. 分类

吸收可分为物理吸收和化学吸收。物理吸收指的是气体的溶解不伴随有化学反应发生的（或是反应对吸收过程无明显的影响）吸收过程，例如，用水或碳酸丙烯酯溶液来吸收合成氨原料气中的 CO_2。化学吸收指的是气体的溶解伴随有化学反应发生的吸收过程，如用碱性栲胶溶液来吸收合成氨原料气中的 H_2S。本模块主要研究物理吸收。

3. 用途

吸收是将气体混合物中的各个组分加以分离,其作用有两个方面:回收或捕获气体混合物中的有用物质,以制取产品;除去工艺气体中的有害成分,使气体净化,以便进一步加工处理;或除去工业放空尾气中的有害物,以免污染大气。

实际过程往往同时兼有净化与回收双重目的。

二、吸收原理

1. 气体在液体中的溶解度

一定的温度和压力下,气体和液体充分接触,当溶质气体从气相溶于液相的速度等于其从液相返回气相的速度时,气液两相的组成都不再变化,此时气液两相达到动态平衡,这种状态叫做平衡状态。

气液两相达到平衡时,溶液上方气相中溶质气体的分压,称为平衡分压;溶质气体在液体中的浓度称为平衡溶解度,简称溶解度。气体溶解度的单位一般以 1000g 溶剂中溶解溶质的克数来表示,单位为 g/1000g 溶剂。

气体在液体中溶解度的大小,除了与气体、液体的种类有关外,还与温度、压力有关。温度降低,压力增大,可使气体在液体中的溶解度增加,对吸收过程有利。

2. 亨利定律

在一定温度和总压不超过 507kPa 的情况下,多数气体溶解达到平衡状态后所形成的稀溶液,气体在液相中的溶解度与其在气相中的平衡分压成正比。这一规律称为亨利定律,其数学表达式如表 6-2 所示。

表 6-2 亨利定律的数学表达式

序号	数学表达式		符 号 含 义
1	$p^* = Ex$	(6-1)	p^*——平衡时溶质气体在气相中的分压,Pa x——溶质气体在液相中的摩尔分数 E——亨利系数,Pa
2	$y^* = mx$	(6-2)	y^*——平衡时溶质气体在气相中的摩尔分数 x——溶质气体在液相中的摩尔分数 m——相平衡常数
3	$Y^* = \dfrac{mX}{1+(1-m)X}$	(6-3)	Y^*——平衡时溶质气体在气相中的摩尔分数 X——溶质气体在液相中的摩尔分数 m——相平衡常数

由于吸收是一个传质过程,气、液两相中的物质总量随着过程的进行会不断变化。而气相中惰性气体的量和液相中溶剂物质的量始终不变。因此使用摩尔比来表示溶质气体在气相和液相中的组成更有利于吸收过程的计算。摩尔比的定义如下:

$$Y = \frac{\text{气相中溶质气体的物质的量}}{\text{气相中惰性组分的物质的量}} = \frac{y}{1-y}$$

$$X = \frac{\text{液相中溶质气体的物质的量}}{\text{液相中溶剂的物质的量}} = \frac{x}{1-x}$$

对于稀溶液,由于 X、$(1-m)X$ 都很小,可忽略不计,因此式(6-3)的分母约等于 1,以摩尔比表示的亨利定律也可以写成:

$$Y^* = mX \tag{6-4}$$

$m = E/p$,是亨利系数的另一种形式。

3. 吸收平衡线与传质推动力

将式(6-3)中 Y^* 与 X 的关系绘于 Y-X 直角坐标系中，可以得到一条通过原点的曲线，即吸收平衡线。

如图 6-3 所示，吸收平衡线可用于如下几个方面。

① 判断过程进行的方向。图中 A 点位于平衡线之上，$Y > Y^*$，说明溶质气体在气相中的实际组成大于平衡时的组成，所以过程进行的方向是吸收；B 点位于平衡线之下，$Y_b < Y_b^*$，说明溶质气体在气相中的实际组成小于平衡时的组成，所以过程进行的方向是解吸；C 点位于线上，表明过程处于平衡状态。

② 判断过程进行的极限。气液两相达到平衡状态是过程进行的极限。

③ 确定传质的推动力。吸收操作中，通常以汽液两相的实际状态与相应的平衡状态的偏离程度来表示传质推动力。

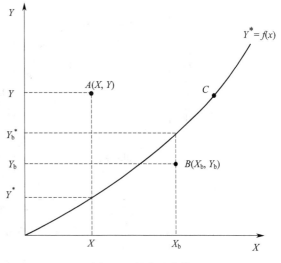

图 6-3　吸收平衡线

对应图中 A 点，以气相组成表示的吸收推动力为：

$$\Delta Y = Y - Y^* \qquad [6\text{-}5(a)]$$

对应图中 B 点，以气相组成表示的解吸推动力为：

$$\Delta Y_b = Y_b^* - Y_b \qquad [6\text{-}5(b)]$$

（注：传质推动力也可用液相组成来表示，请自己推导）

4. 吸收机理

吸收的实质是溶质从气相转移到液相的传质过程，该过程通过扩散进行。物质的扩散方式分为分子扩散和对流扩散两种。由于分子无规则的热运动引起的沿浓度梯度降低方向的扩散称为分子扩散；由于流体湍流运动的携带作用引起的扩散称为对流扩散。

吸收过程的机理，可用双膜模型来解释：

如图 6-4 所示，双膜理论的要点如下：

① 当气、液两相做相对运动时，气、液两相界面的两侧分别存在着稳定的气膜和液膜。

② 两相界面上，溶质在两相的浓度始终处于平衡状态，界面上不存在传质阻力。

③ 气、液两相的主体处于湍流状态，溶质以对流扩散的方式传递，两相主体内溶质的浓度基本均匀，传质阻力很小，可以忽略不计。

④ 气膜和液膜上，流体做层流运动，近似于静止状态，溶质以分子的方式传递，传质阻力主要集中在气膜和液膜内。

5. 吸收速率方程

由式[6-5(a)]知吸收推动力可通过 $\Delta Y = Y - Y^*$ 来求，而工业上的吸收过程是在吸收塔中进行的，吸收塔各处的吸收推动力是随着位置的变化而变化的。一般情况下，在吸收塔的底部可求得最大吸收推动力 $\Delta Y_大$，在吸收塔的顶部可求得最小吸收推动力 $\Delta Y_小$。计算吸收塔推动力时，要对最大、最小推动力取一个平均值。

当 $\dfrac{\Delta Y_大}{\Delta Y_小} > 2$ 时，取对数平均值：

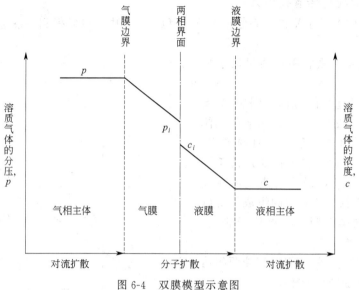

图 6-4 双膜模型示意图

$$\Delta Y_{均} = \frac{\Delta Y_{大} - \Delta Y_{小}}{\ln \frac{\Delta Y_{大}}{\Delta Y_{小}}}$$

当 $\frac{\Delta Y_{大}}{\Delta Y_{小}} \leqslant 2$ 时，取算术平均值：

$$\Delta Y_{均} = \frac{\Delta Y_{大} + \Delta Y_{小}}{2}$$

在单组分稳定吸收的情况下，溶质气体在液相中的吸收速率，与气、液两相的接触面积和吸收推动力成正比——吸收速率方程式：

$$G = K_Y A \Delta Y_{均} \tag{6-6}$$

式中 G——吸收速率，kmol 溶质/s；
A——吸收面积，m^2；
$\Delta Y_{均}$——气相推动力；
K_Y——气相吸收系数，kmol 溶质/($m^2 \cdot s$)。表示当吸收推动力为 1 个单位、吸收面积为 $1m^2$ 时，单位时间内溶质由气相扩散到液相的量。

对于填料吸收塔，由于吸收面积与填料的填充体积成正比，因此吸收速率方程式也可写为：

$$G = K_{Ya} V \Delta Y_{均} \qquad [6-6(a)]$$

式中 K_{Ya}——气相总体积吸收系数，kmol 溶质/($m^3 \cdot s$)；
V——填料的填充体积，m^3。

三、强化吸收的途径

由 $G = K_Y A \Delta Y_{均}$ 可知，增大吸收系数、增加气液接触面积、提高吸收推动力均可以加大吸收速率，强化吸收。

1. 增大吸收系数 K_Y

由双膜理论可知，吸收的传质阻力主要集中在气膜和液膜上，因此提高气、液相的流速,减小气膜和液膜的厚度,可以有效降低传质阻力,提高吸收系数。

溶解性能不同的溶质气体,其传质阻力受气膜和液膜的影响不同,所以提高吸收系数的侧重点也不同。

① 对于易溶气体,很容易穿越液膜进入液相主体被吸收,传质阻力主要集中在气膜一侧,提高气体流速、减小气膜厚度可更有效地降低吸收阻力、增大吸收系数,属于气膜控制。

② 对于难溶气体,由于很难穿越液膜进入液相主体被吸收,传质阻力主要集中在液膜一侧,提高液体流速、减小液膜厚度可更有效地降低吸收阻力、增大吸收系数,属于液膜控制。

③ 对于中等溶解度的气体,气膜和液膜的传质阻力相当,要同时提高气、液相的流速以增大吸收系数。

2. 增加气液接触面积 A

可通过增大气、液相的分散度和使用比表面积更高的填料来实现。

3. 提高吸收推动力 ΔY

由 $\Delta Y = Y - Y^*$ 可知,增大 Y 或减小 Y^* 均可提高吸收推动力 ΔY,但是提高溶质气体在气相中的浓度与吸收的目的不符,因此只能通过减小溶质在气相中的平衡浓度 Y^* 来提高吸收推动力。

由 $Y^* = mX = (E/p)X$ 可知,减小 Y^* 可通过如下三个方面实现:

① 增大吸收压力 p。
② 降低温度,增大气体溶解度从而减小亨利系数 E。
③ 增加吸收剂用量,以减小溶质在液相中的浓度 X。

四、解吸

吸收剂吸收了溶质气体后,需要进行解吸,将所吸收的溶质气体释放出来。一方面可以使吸收剂获得再生,循环使用;另一方面,也可以获得高纯度的气体。

1. 汽提解吸

也称载气解吸法。其过程为吸收液从解吸塔顶喷淋而下,载气从解吸塔底靠压差自下而上与吸收液逆流接触,载气中不含溶质或含溶质量极少,故 $p_A < p_A^*$,溶质从液相向气相转移,最后气体溶质从塔顶带出。解吸过程的推动力为 $p_A^* - p_A$,推动力越大,解吸速率越快。使用载气解吸是在解吸塔中引入与吸收液不平衡的气相。通常作为汽提载气的气体有空气、氮气、二氧化碳、水蒸气等。根据工艺要求及分离过程的特点,可选用不同的载气。

2. 减压解吸

将加压吸收得到的吸收液进行减压,因总压降低后气相中溶质分压 p_A 也相应降低,实现了 $p_A < p_A^*$ 的条件。解吸的程度取决于解吸操作的压力,如果是常压吸收,解吸只能在负压条件下进行。

3. 加热解吸

将吸收液加热时,减少溶质的溶解度,吸收液中溶质的平衡分压 p_A^* 提高,满足解吸条件 $p_A < p_A^*$,有利于溶质从溶剂中分离出来。

注意:工业上很少单独使用一种方法解吸,通常是结合工艺条件和物系特点,联合使用上述解吸方法,如将吸收液通过换热器先加热,再送到低压塔中解吸,其解吸效果比单独使用一种更佳。但由于解吸过程的能耗较大,故吸收分离过程的能耗主要用于解吸过程。

任务实施

可通过吸收操作来分离。由于 H_2S 和 CO_2 在碳酸丙烯酯、低温甲醇等溶液中的溶解度要远大于 N_2、H_2 在其中的溶解度，因此可将混合气与碳酸丙烯酯等溶液充分接触，让 H_2S 和 CO_2 转移到液相，而 N_2 和 H_2 留在气相，从而达到分离的目的

对吸收了溶质的吸收剂，还应用解吸的方法进行吸收剂的循环利用，一般吸收和解吸是同时进行的。

吸收操作中涉及的相关计算如下。

任务1：计算吸收操作气体组成。如在某常压、298K 的吸收塔内，用水吸收混合气中的 SO_2。已知混合气体中含 SO_2 的体积分数比为 20%，其余组分可看作惰性气体，出塔气体中含 SO_2 的体积百分比为 2%，试分别用摩尔分率、摩尔比和摩尔浓度表示出塔气体中 SO_2 的组成。

解：混合气可视为理想气体，以下标 2 表示出塔气体的状态，则：

$$y_2 = 0.02$$

$$Y_2 = \frac{y_2}{1-y_2} = \frac{0.02}{1-0.02} \approx 0.02 \text{kmol } SO_2/\text{kmol 惰性组分}$$

$$p_{A2} = py_2 = 101.3 \times 0.02 = 2.026 \text{kPa}$$

$$c_{A2} = \frac{n_{A2}}{V} = \frac{p_{A2}}{RT} = \frac{2.026}{8.314 \times 298} = 8.177 \times 10^{-4} \text{kmol/m}^3$$

任务2：计算吸收推动力。如在总压 202.6kPa、温度 30℃ 的条件下，SO_2 摩尔分率为 0.3 的混合气体与 SO_2 摩尔分率为 0.01 的水溶液相接触时，判断传质方向并计算传质推动力。

解：查得在总压 202.6kPa、温度 30℃ 条件下，SO_2 在水中的亨利系数 $E=4850$kPa

$$m = \frac{E}{p} = \frac{4850}{202.6} = 23.94$$

从气相分析

$$y^* = mx = 23.94 \times 0.01 = 0.24 < y = 0.3$$

故 SO_2 必然从气相转移到液相，进行吸收过程。

$$x^* = \frac{y}{m} = \frac{0.3}{23.94} = 0.0125$$

以液相摩尔分数表示的吸收推动力为：

$$\Delta x = x^* - x = 0.0125 - 0.01 = 0.0025$$

以气相摩尔分数表示的吸收推动力为：

$$\Delta y = y - y^* = 0.3 - 0.24 = 0.06$$

讨论与习题

讨论：

1. 吸收操作有什么用途？
2. 合成氨生产中，哪些环节用到吸收操作？
3. 吸收阻力主要集中在什么地方，如何减小吸收阻力？

4. 吸收推动力在吸收塔各处是否一样，随位置不同如何变化？
5. 吸收推动力受哪些因素的影响，如何提高？
6. 解吸的目的和作用是什么？
7. 解吸有哪几种方法，各有什么特点？
8. 解吸过程载气量的多少对解吸过程有何影响？

习题：

1. 吸收塔处理 $1500m^3$ 混合气，其中含溶质组分 A1.5kmol，操作温度 25℃，压强为 105kPa，试求混合气中组分 A 的摩尔分率 y 和摩尔比 Y（$y=0.0236$，$Y=0.0242$）。

2. 已知在 101.33kPa 及 20℃ 时，测得氨在水中的平衡数据为：溶液上方氨平衡分压为 0.8kPa，气体在液体中溶解度为 $1g(NH_3)/100g(H_2O)$。试求溶液的亨利系数 E、平衡常数 m 以及溶解度系数 H。假定该溶液服从亨利定律 [$E=76.3kPa$，$m=0.076$，$H=0.728kmol/(kN \cdot m)$]。

3. 在常压逆流操作的吸收塔中，用清水吸收混合气体中的溶质 A。已知操作温度为 30℃，混合气体处理量为 $1000m^3/h$，进塔气体中组分 A 的体积分数为 0.05，吸收率为 90%，清水用量为 120kmol/h，试求塔底吸收液的组成。

任务三　吸收过程操作分析

任务引入

化工生产中，吸收操作过程是在吸收设备内进行的。吸收设备应具备如下特点：可提供足够的气液相接触面积、吸收速率较快、气液相流动阻力小、结构简单、维修方便等。吸收设备的类型很多，其中以填料塔的应用最广。

吸收塔的运行与控制可以操作型计算为依据，典型提法如下。

一是对一给定吸收塔，在一组工艺条件下，计算该吸收塔的气、液相出口浓度和吸收剂的用量及其出口含量；如

任务 1：在一填料塔中，用洗油逆流吸收混合气体中的苯。已知混合气体的流量为 $1600m^3/h$，进塔气体中含苯 0.05（摩尔分数，下同），要求吸收率为 90%，操作温度为 25℃，操作压强为 101.3kPa，相平衡关系为 $Y=26X^*$，操作液汽比为最小液汽比的 1.3 倍。试求下列两种情况下的吸收剂用量及出塔洗油中苯的含量：①洗油进塔浓度 $x_2=0.00015$；②洗油进塔浓度 $x_2=0$。

二是对一给定吸收塔，寻求改善吸收效果的途径，如：

任务 2：如何对吸收塔进行操作调节？

相关知识

一、物料衡算和操作线方程

1. 全塔物料衡算

如图 6-5 所示，一个定态操作下的逆流接触吸收塔，塔底截面用 1—1 表示，塔顶截面用 2—2 表示，塔中任一截面用 m—m 表示。图中各符号意义如下：V 表示单位时间通过任一塔截面惰性气体的量，kmol/s；L 表示单位时间通过任一塔截面的纯溶剂的量，kmol/s；Y_1、Y_2 表示进塔、出塔气体中溶质的比摩尔分数；X_1、X_2 表示进塔、出塔液体中溶质的比

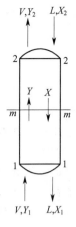

图 6-5 逆流吸收塔示意图

摩尔分数。

在定态条件下，假设溶剂不挥发，惰性气体不溶于溶剂。因在塔内纯溶剂 L 和惰性气体 V 的量不变，故吸收计算时气液组成以比摩尔分数表示方便。以单位时间为基准，在全塔范围内，对溶质 A 作物料衡算得：

$$LX_2 + VY_1 = LX_1 + VY_2$$

或

$$V(Y_1-Y_2)=L(X_1-X_2)$$

或

$$\frac{L}{V}=\frac{Y_1-Y_2}{X_1-X_2} \tag{6-7}$$

通常在吸收操作中进塔混合气的组成 Y_1 和惰性气体流量 V 是由吸收任务给定的。吸收剂初始浓度 X_2 和流量 L 往往根据生产工艺确定，如果溶质回收率 η 也确定，则气体离开塔时的组成 Y_2 可由下式求得：

$$Y_2=Y_1(1-\eta) \tag{6-8}$$

式中 η——混合气体中溶质 A 被吸收的百分率，称为吸收率或回收率。

$$\eta=\frac{VY_1-VY_2}{VY_1}=\frac{Y_1-Y_2}{Y_1}=1-\frac{Y_2}{Y_1} \tag{6-9}$$

这样，通过全塔物料衡算 [式(6-7)] 便可求得塔底排出吸收液的组成 X_1。

$$X_1=X_2+\frac{V}{L}(Y_1-Y_2) \tag{6-10}$$

2. 吸收操作线（operation line）

如图 6-6 所示，若在塔底 1—1 与塔内任一截面 $M—M'$ 间对溶质 A 作物料衡算，则得到

$$VY_1+LX=VY+LX_1$$

或

$$Y=\frac{L}{V}X+(Y_1-\frac{L}{V}X_1) \tag{6-11}$$

同理，在截面 $M—M'$ 与塔顶 2—2 之间对溶质 A 作物料衡算：

$$VY+LX_2=VY_2+LX$$

或

$$Y=\frac{L}{V}X+(Y_2-\frac{L}{V}X_2) \tag{6-12}$$

由全塔物料衡算知，方程(6-11) 与方程(6-12) 等价，这两个公式反映了塔内任一截面上气相组成 Y 与液相组成 X 之间的关系，这种关系称为操作关系，这两个公式称为逆流吸收操作线方程式。

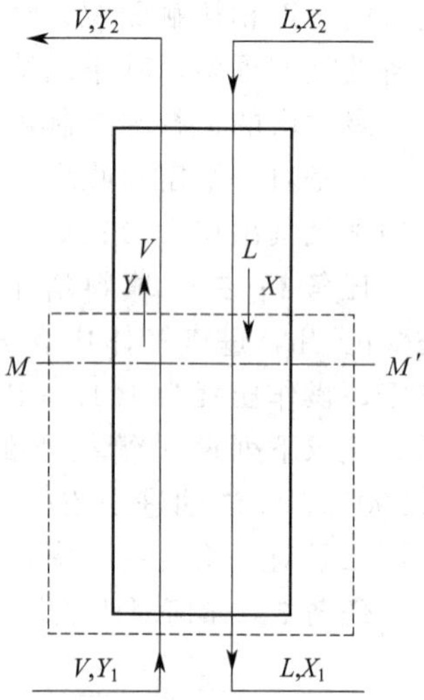

在定态连续吸收时，若 L、V 一定，Y_1、X_1 均已知或规定，则该吸收操作线在 Y-X 坐标图上为一条直线，其斜率为 $\frac{L}{V}$，截距为 $(Y_1-\frac{L}{V}X_1)$。通过塔顶 $A(X_2,Y_2)$ 及塔底 B

图 6-6 逆流吸收塔物料衡算示意图

(X_1,Y_1) 的直线，其斜率为 $\frac{L}{V}$，见图 6-7。

操作线与平衡线之间的距离决定吸收操作推动力的大小，操作线离平衡线越远，推动力越大。操作线上任意一点 A 代表塔内相应截面上的气、液相浓度 Y、X 之间的关系。当进行吸收操作时，在塔内任一截面，溶质在气相中的分压总是高于与其接触的液相平衡浓度

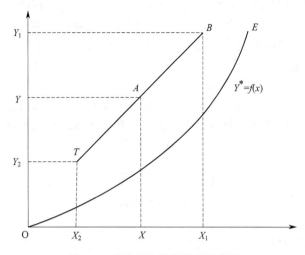

图 6-7 逆流吸收塔操作线示意图

（或溶质在气相中的分压总是大于液相中溶质的平衡分压），所以吸收操作线总是位于平衡线上方。

由式(6-11)与式(6-12)可知，$B(X_1, Y_1)$、$T(X_2, Y_2)$ 均符合吸收操作线方程，因此，直线 BT 即是吸收操作线。点 B、点 T 分别代表了在吸收塔塔底（浓端）与塔顶（稀端）的操作状况——即气液相中溶质的组成，因此，操作线的两个端点实际上就是吸收塔的浓端与稀端。只要知道这两个端点上气液相中溶质的组成，就可以写出吸收操作线方程式。

需要指出，上述吸收操作线方程使用的唯一必要条件是稳定状态下连续逆流操作。因式(6-11)与式(6-12)是从溶质的物料平衡关系导出，仅取决于气、液两相的流量 L、V 以及吸收塔内某一截面上的气、液相组成，而与相平衡关系、塔型（板式或填料）、相际接触情况以及操作条件无关。

二、吸收剂用量与最小液气比

吸收剂的用量是影响吸收操作的重要因素之一，它直接影响设备尺寸和操作费用。当气体处理量一定时（V 一定），操作线的斜率取决于吸收剂用量 L 的多少。

1. 吸收剂（absorbent）用量

如图 6-8 所示。当混合气体量 V、进口组成 Y_1、出口组成 Y_2 及液体进口浓度 X_2 一定的情况下，操作线 T 端固定，若增大吸收剂量 L，则直线 BT 的斜率增大，操作线因斜率增大而使得其与平衡线之间的距离加大，即吸收过程推动力增大。如果在单位时间内吸收相同量的溶质时，设备尺寸可以减小。但溶液浓度变稀，吸收剂再生所需的解吸设备费和操作费增大，必须从经济上进行最优化。

若吸收剂量 L 减少，操作线斜率变小，点 B 便沿水平线 $Y=Y_1$ 向右移动，其结果是使出塔吸收液浓度增大，但此时吸收推动力变小，吸收必将困难，如在单位时间内吸收相同量的溶质时，所需的塔高增大，设备费用增大。如果 L 一直减少，直至使操作线和平衡线相交或相切，如图的 B 点与平衡线 OE 相交时，

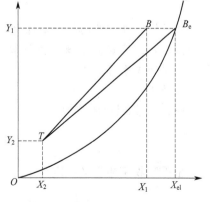

图 6-8 操作线的变化图

在交点处塔底流出液组成与刚进塔的混合气组成达到平衡。这是理论上吸收液所能达到的最高浓度,但此时吸收过程推动力为零,因而所需的相际接触面积为无限大,即需要无限高的塔。这是一种达不到的极限情况,实际生产是无法实现的。只能用来表示吸收达到一个极限的情况,此时所需的吸收剂的用量 L 称为最小吸收剂用量,以 L_{min} 表示,其液气比 $(L/V)_{min}$ 称为最小液气比,为此时吸收操作线的斜率。

由以上分析可见,吸收剂用量的大小,从设备费用和操作费用两方面影响到吸收过程的经济性,应综合考虑,选择适宜的液气比,使两种费用之和最小。根据生产实践经验,通常取吸收剂用量为最小用量的 1.1~2.0 倍是比较适宜的,即

$$\frac{L}{V} = (1.1 \sim 2)\left(\frac{L}{V}\right)_{min}$$

或

$$L = (1.1 \sim 2) L_{min} \tag{6-13}$$

2. 最小液气比 $(L/V)_{min}$

最小液气比可根据物料衡算采用图解法求得,当平衡曲线符合图 6-8 所示的情况时

$$\left(\frac{L}{V}\right)_{min} = \frac{Y_1 - Y_2}{X_1^* - X_2} \tag{6-14}$$

若平衡关系符合亨利定律,则采用下列解析式计算最小液气比:

$$\left(\frac{L}{V}\right)_{min} = \frac{Y_1 - Y_2}{\dfrac{Y_1}{m} - X_2} \tag{6-15}$$

若平衡关系符合亨利定律且用新鲜吸收剂吸收 $X_2 = 0$,则

$$\left(\frac{L}{V}\right)_{min} = \frac{Y_1 - Y_2}{\dfrac{Y_1}{m}} = m\eta \tag{6-16}$$

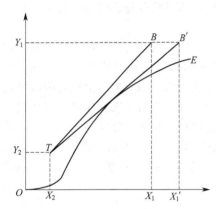

图 6-9 特殊的相平衡曲线

平衡曲线如图 6-9 所示,最小液气比求取则应通过 T 作相平衡曲线的切线交 $Y = Y_1$ 直线于 B',求得 B' 的横坐标 X'_1 的值,再用下式计算最小液气比:

$$\left(\frac{L}{V}\right)_{min} = \frac{Y_1 - Y_2}{X'_1 - X_2} \tag{6-17}$$

---任务实施---

吸收塔操作型的两类典型计算,前一种是吸收结果核算或预测问题,后一种是吸收塔的调节问题,二者都属于操作型计算问题,这种计算的依据是上一模块任务提到的操作线方程、相平衡关系等。

任务 1:

解:① 先进行组成换算

$$y_1 = 0.05, Y_1 = \frac{y_1}{1 - y_1} = \frac{0.05}{1 - 0.05} = 0.0526$$

根据吸收率的定义:$Y_2 = Y_1(1 - \eta) = 0.0526(1 - 0.90) = 0.00526$

$$x_2 = 0.00015, X_2 = \frac{x_2}{1 - x_2} = \frac{0.00015}{1 - 0.00015} = 0.00015$$

混合气体中惰性气体量为：
$$V = \frac{1600}{22.4} \times \frac{273}{273+25} \times (1-0.05) = 62.2 \text{kmol/h}$$

由于气液相平衡关系 $Y^* = 26X$，则
$$\left(\frac{L}{V}\right)_{\min} = \frac{Y_1 - Y_2}{\frac{Y_1}{m} - X_2} = \frac{0.0526 - 0.00526}{\frac{0.0526}{26} - 0.00015} = 25.3$$

实际液气比为：
$$\frac{L}{V} = 1.3\left(\frac{L}{V}\right)_{\min} = 1.3 \times 25.3 = 32.9 \quad L = 32.9V = 32.9 \times 62.2 = 2.05 \times 10^3 \text{kmol/h}$$

出塔洗油苯的含量为：
$$X_1 = \frac{V(Y_1 - Y_2)}{L} + X_2 = \frac{62.2}{2.05 \times 10^3} \times (0.0526 - 0.00526) + 0.00015 = 1.59 \times 10^{-3}$$

② 当 $x_2 = 0$ 时，$X_2 = 0$

此时最小液气比为：
$$\left(\frac{L}{V}\right)_{\min} = \frac{Y_1 - Y_2}{\frac{Y_1}{m}} = m\frac{Y_1 - Y_2}{Y_1} = m\eta = 26 \times 0.9 = 23.4$$

实际液气比：
$$\frac{L}{V} = 1.3\left(\frac{L}{V}\right)_{\min} = 1.3 \times 23.4 = 30.4$$

于是吸收剂用量为：
$$L = 30.4V = 30.4 \times 62.2 = 1.89 \times 10^3 \text{kmol/h}$$

出塔洗油中苯的含量为：
$$X_1 = \frac{V(Y_1 - Y_2)}{L} = \frac{(Y_1 - Y_2)}{1.3m\eta} = \frac{Y_1}{1.3m} = \frac{0.0526}{1.3 \times 26} = 1.56 \times 10^{-3}$$

由计算结果知：在吸收率相同的条件下，吸收剂入塔时的溶质含量越低，最小液汽比减小，吸收剂的用量也越少；当入塔吸收剂中不含溶质（$X_2 = 0$）时，最小液汽比$\left(\frac{L}{V}\right)_{\min} = m\eta$，可直接和吸收关联起来，会给解题带来方便；尽管溶质气体含量较低，混合气体的流量也应等于惰性气体的流量与溶质气体的流量之和。而计算过程中使用的是惰性气体的流量，故应注意其换算。

任务 2：吸收塔的操作调节——提高吸收率的措施

吸收塔的气体入口条件是由前一工序决定的，不能随意改变。因此，吸收塔在操作时的调节手段只能是改变吸收剂的入口条件，包括流量、温度、含量三大因素。

增大吸收剂的用量（$L\uparrow$），操作线的斜率增大（$L/G\uparrow$），出口气体含量下降（$Y_2\downarrow$），但增大解吸设备的承受能力；降低吸收剂温度（$t\downarrow$），气体溶解度增大，平衡常数减小，平衡线下移，平均推动力（传质推动力）增大；降低吸收剂入口含量（$X_2\downarrow$），液相入口处推动力增大，全塔推动力（传质推动力）也随之增大。

━━━━━━━━━ 讨论与习题 ━━━━━━━━━

讨论：

1. 填料的作用是什么？

2. 填料层的持液量受什么参数影响?
3. 传质推动力沿塔高如何变化?
4. 如何确定吸收剂用量?

习题:

1. 在一填料塔中用清水逆流吸收空气-氨混合气体中的氨。入塔混合气体含氨5%(摩尔分数,下同),要求氨的回收率不低于95%,出塔吸收液含氨不低于4%,操作条件下的气液平衡关系为$Y=0.95X$,求最小液气比及适宜液气比。

2. 一逆流操作的常压填料吸收塔,用清水吸收混合气中的氨气。混合气流量为2500 m^3/h(标准状态),该混合气中氨的浓度为15 g/m^3,要求回收率不低于98%,操作条件下的相平衡关系为$Y=1.2X$,吸收剂用量为3.6 m^3/h。试求:

(1) 吸收液出塔浓度(摩尔比);

(2) 操作液气比为最小液气比的多少倍。

3. 由矿石焙烧炉出来的气体进入填料吸收塔中用水洗涤以除去其中的 SO_2。炉气量为1000 m^3/h,炉气温度为20℃。炉气中含9%(体积分数)SO_2,其余可视为惰性气体(其性质认为与空气相同)。要求 SO_2 的回收率为90%。吸收剂用量为最小用量的1.3倍。已知操作压力为101.33kPa,温度为20℃(操作压力101.3kPa,SO_2 所占分压为9.1kPa,此分压下 SO_2 在水中的溶解度为30g SO_2/1000g H_2O)。试求:

(1) 当吸收剂入塔组成 $X_2=0.0003$ 时,吸收剂的用量(kg/h)及离塔溶液组成 X_1;

(2) 吸收剂若为清水,即 $X_2=0$,回收率不变。出塔溶液组成 X_1 为多少?此时吸收剂用量比(1)项中的用量大还是小?

任务四 吸收塔认知与操作

任务引入

吸收操作是如何进行的?如用清水吸收空气中的二氧化碳,将如何操作?

相关知识——吸收操作规程

一、吸收操作的主要设备——吸收塔

1. 填料塔与填料

(1) **填料塔的结构与工作流程** 填料塔是以塔内的填料作为气液两相间接触构件的传质设备。如图6-10所示,填料塔的塔身是一直立式圆筒,底部装有填料支承板,填料以乱堆或整砌的方式放置在支承板上。填料的上方安装填料压板,以防被上升气流吹动。液体从塔顶经液体分布器喷淋到填料上,并沿填料表面流下。气体从塔底送入,经气体分布装置(小直径塔一般不设气体分布装置)分布后,与液体呈逆流连续通过填料层的空隙,在填料表面上,气液两相密切接触进行传质。

填料塔具有生产能力大、分离效率高、压降小、持液量小、操作弹性大等优点。

(2) **填料** 填料是填料塔中的传质元件,其作用是增大气-液的接触面积,提高吸收效率。对填料的基本要求有:表面易于被液体润湿、比表面积大、空隙率大、机械强度高、化学稳定性高、取材容易、价格便宜等。

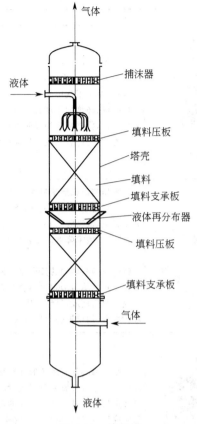

图 6-10 填料塔

填料的种类很多,根据装填方式的不同,可分为散装填料和规整填料。散装填料是一个个具有一定几何形状和尺寸的颗粒体,一般以随机的方式堆积在塔内,又称为乱堆填料或颗粒填料,参见表 6-3;规整填料是按一定的几何构形排列、整齐堆砌的填料,参见表 6-4。

表 6-3 几种常用的散装填料

名称	图 例	特 点
拉西环		外径与高度相等的圆环。拉西环填料的气液分布较差,传质效率低,阻力大,通量小,目前工业上已较少应用
鲍尔环		是对拉西环的改进,在拉西环的侧壁上开出两排长方形的窗孔,被切开的环壁的一侧仍与壁面相连,另一侧向环内弯曲,形成内伸的舌叶,诸舌叶的侧边在环中心相搭。由于环壁开孔,大大提高了环内空间及环内表面的利用率,气流阻力小,液体分布均匀。与拉西环相比,气体通量可增加 50% 以上,传质效率提高 30% 左右,是应用较广的填料

项目六 吸收过程及操作

续表

名称	图例	特　点
阶梯环		是对鲍尔环的改进，与鲍尔环相比，高度减少了一半并在一端增加了一个锥形翻边。由于高径比减少，使得气体绕填料外壁的平均路径大为缩短，减少了气体通过填料层的阻力。锥形翻边不仅增加了填料的机械强度，还增加了填料间的空隙，同时成为液体沿填料表面流动的汇集分散点，促进液膜的表面更新，有利于传质效率的提高。阶梯环的综合性能优于鲍尔环，成为目前所使用的环形填料中最为优良的一种
矩鞍填料		弧鞍填料属鞍形填料的一种，其形状如同马鞍，一般采用瓷质材料制成。特点是表面全部敞开，不分内外，液体在表面两侧均匀流动，表面利用率高，流动阻力小。缺点是易发生套叠，使一部分填料表面被重合，使传质效率降低。弧鞍填料强度较差，容易破碎，工业生产中应用不多 将弧鞍填料两端的弧形面改为矩形面，且两面大小不等，即成为矩鞍填料。矩鞍填料堆积时不会套叠，液体分布较均匀。矩鞍填料一般采用瓷质材料制成，其性能优于拉西环。目前，国内绝大多数应用瓷拉西环的场合，均已被瓷矩鞍填料所取代
金属环矩鞍填料		环矩鞍填料是兼顾环形和鞍形结构特点而设计出的一种新型填料，该填料一般以金属材质制成，故又称为金属环矩鞍填料。环矩鞍填料将环形填料和鞍形填料两者的优点集于一体，其综合性能优于鲍尔环和阶梯环，在散装填料中应用较多

表 6-4　规整填料

名称	图例	特　点
格栅填料		格栅填料是以条状单元体经一定规则组合而成的，具有多种结构形式。工业上应用最早的格栅填料为木格栅填料。目前应用较为普遍的有格里奇格栅填料、网孔格栅填料、蜂窝格栅填料等。格栅填料的比表面积较低，主要用于要求压降小、负荷大及防堵等场合
波纹填料		目前工业上应用的规整填料绝大部分为波纹填料，它是由许多波纹薄板组成的圆盘状填料，波纹与塔轴的倾角有 30°和 45°两种，组装时相邻两波纹板反向靠叠。各盘填料垂直装于塔内，相邻的两盘填料间交错 90°排列。波纹填料按结构可分为网波纹填料和板波纹填料两大类，其材质又有金属、塑料和陶瓷等之分

2. 填料塔的附件

（1）支撑板　支撑板的作用是承载填料及填料所持液体的质量，并保证气体和液体能自由通过。支撑板通常用竖立的扁钢制成栅板的形式，扁钢间距一般为填料外径的 0.7～0.8 倍，如图 6-11(a) 所示。

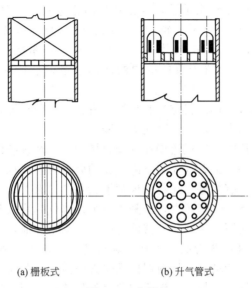

(a) 栅板式　　　　　　　(b) 升气管式

图 6-11　支撑板

为使支撑板有较大的气体流通面积，也可采用升气管式。如图 6-11(b) 所示，在支撑板上装若干个升气管，管的顶部及侧面有小孔，气体沿升气管上升，由顶部及侧面的孔进入填料层。

(2) 液体分布器　液体分布器的作用是将液体均匀地分布在填料表面上。液体分布器的形式很多，常用的几种如图 6-12 所示。莲蓬式分布器应用很广，多用于中、小型塔。盘式分布器多用于大型塔，液体从进口管加入到分布盘中，再从盘上的孔或溢流管分布到整个塔面上。

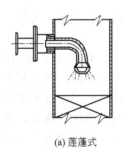 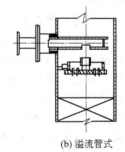

(a) 莲蓬式　　　　　　　　　　(b) 溢流管式

图 6-12　液体分布器

(3) 液体再分布器　液体沿填料层向下流动时，有偏向塔壁流动的现象，这种现象称为壁流。壁流将导致填料层内气液分布不均，使传质效率下降。为减小壁流现象，可间隔一定高度在填料层内设置液体再分布装置。最简单的液体再分布装置为截锥式再分布器，如图 6-13 所示。

3. 填料塔的液体力学性能

(1) 填料层的持液量　填料层的持液量是指在一定操作条件下，在单位体积填料层内所积存的液

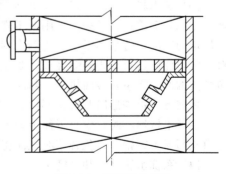

图 6-13　液体再分布器

体体积，以 m³ 液体/m³ 填料表示。持液量可分为静持液量 H_s、动持液量 H_o 和总持液量 H_t。

静持液量是指当填料被充分润湿后，停止气液两相进料，并经排液至无滴液流出时存留于填料层中的液体量，其取决于填料和流体的特性，与气液负荷无关。动持液量是指填料塔停止气液两相进料时流出的液体量，它与填料、液体特性及气液负荷有关。总持液量是指在一定操作条件下存留于填料层中的液体总量。总持液量为静持液量与动持液量之和。

适当的持液量对填料塔操作的稳定性和传质是有益的，但持液量过大，填料层的空隙和气相流通截面减小，压降增大，塔的处理能力下降。

(2) 气体通过填料的压降 在逆流操作的填料塔中，从塔顶喷淋下来的液体，依靠重力在填料表面成膜状向下流动，上升气体与下降液膜的摩擦阻力形成了填料层的压降。填料层压降除了与填料类型和尺寸有关外，还与液体喷淋量及气速有关。

在一定的液体喷淋量下，气速越大，压降也越大。当气速增加到一定程度时，对液膜流动产生阻滞作用，使液膜增厚，填料层的持液量随气速的增加而增大，此现象称为拦液，开始发生拦液现象时的空塔气速称为载点气速；若气速继续增大，由于液体不能顺利向下流动，将使填料层的持液量不断增大，填料层内几乎充满液体，些时气速增加很小便会引起压降的剧增，此现象称为液泛，开始发生液泛现象时的气速称为泛点气速。

(3) 液泛 在泛点气速下，持液量的增多使液相由分散相变为连续相，而气相则由连续相变为分散相，此时气体呈气泡形式通过液层，气流出现脉动，液体被大量带出塔顶，塔的操作极不稳定，甚至会被破坏，此种情况称为淹塔或液泛。影响液泛的因素很多，如填料的特性、流体的物性及操作的液气比等。

二、吸收操作基本知识

1. 开车前准备

(1) 检查 填料塔系统安装结束后，按照工艺流程图核对各设备、管道、阀门是否安装齐全，各阀门是否灵活好用，仪表是否灵敏正确。

(2) 吹除和清除 对填料吸收塔系统所属的设备和气体、溶液管道要用压缩空气吹净，清除内部的焊渣、灰尘、泥污、螺钉等杂物，以免在开车时卡坏阀门和堵塞填料。吹净前按气、液流程，依次拆开与设备、阀门连接的法兰，吹除物由此放空。由压缩机送入空气，反复多次，直至吹出的气体洁净为止。吹净一部分后装好法兰继续往后吹除，直至全系统吹净为止。放空、排污、分析取样及仪表管线同时吹净。对填料塔、溶液槽等设备进行人工清扫。

(3) 装填料 系统吹净后即可向塔内装填料，填料在装入之前要清洗干净，对于拉西环、鲍尔环等填料，可采用规则或不规则排列。若采用规则排列，将由人进入塔内进行排列至规定的高度；若采用不规则排列，则装填前应先将塔内灌满水，然后从人孔或塔顶倒入填料。装填瓷质填料时要轻拿轻放，防止破损。至规定高度后，将水面上漂浮的杂物捞出，放净塔内的水，将填料表面扒平，封闭人孔或顶盖，即可对系统进行气密性试验。

弧鞍形、矩鞍形以及阶梯环填料，均可采用乱堆方法装填。

装填木格填料时，应自下而上分层装填，每两层之间的隔板夹角为 45°，装完后在木格上面压两根工字钢，以免开车时气流将隔板吹翻。

(4) 系统水压试验和气密试验

① 水压试验。为了检验吸收设备焊缝的致密性和机械强度，在使用前要进行水压试验。

其步骤为关闭气体进口阀和出口阀,开启系统放空阀,向系统加入清水,待放空阀有水溢出时,关闭放空阀,将系统压强控制在操作压强的1.25倍。在此对设备及管道进行全面检查,发现泄漏,泄压处理至无泄漏即为合格。水压试验时升压要缓慢,恒压工作不要反复进行,以免影响设备和管道的强度。试压结束后,将系统内的水排净。

② 气密试验。为防止在开车时气体由法兰及焊缝处泄漏出去,在开车前要对填料塔进行气密试验。试验方法是用压缩机向系统送入空气,并逐渐将压强提高到操作压强的1.05倍,对所有法兰及焊缝涂肥皂水进行查漏。发现泄漏,做好标记,卸压处理。无泄漏后保压30min,压强不下降,即为合格,然后将气体放空。

(5) 运转设备的试车 为了检查溶液泵和气体输送设备的安装和运转情况,在开车前要进行试车。具体方法是用气体输送设备向填料塔内送入空气,逐渐将压强提高到操作压强,并向溶液槽内加满清水,启动溶液泵,使清水按照正常生产时的溶液流程进行循环。观察泵和气体输送设备运转是否正常,流量及压强是否能达到设计要求。开启填料塔的液位自动调节仪表,维持正常液位,观察仪表是否灵活好用;同时将所有的溶液泵转换运转,进行倒泵操作检查。

(6) 设备的清洗及填料的处理

① 填料塔系统的清洗。在进行运转设备联动试车的同时,对设备用清水进行清洗,以除去固体杂质。在清洗时不断排放系统的污水,并向溶液槽内补加清水,当循环水中的固含量小于50mg/kg时,即为合格,可停止清洗,将系统内的水放净。

生产中,有时在清水洗后还需要用稀碱液洗去设备内的油污和铁锈。此时可向溶液槽内加入浓度为5%的碳酸钠溶液,启动溶液泵,使碱液在系统内循环,连续碱洗18~24h后,将系统内的碱液放掉,再用软水清洗系统至水中碱含量小于0.01%时为止。

② 填料的处理。一般填料与设备一起经清洗即可满足生产要求,但塑料填料和木格填料须经特殊处理后方能使用。

a. 塑料填料的碱洗。塑料填料在制造过程中,所用的溶液及脱膜剂多为脂肪酸类物质,它们会使一些吸收过程所用的溶液起泡。清洗方法是用温度为90~100℃、浓度为5%的碳酸钾溶液清洗48h,将碱液排掉,用软水清洗8h,然后再按上述过程清洗2~3次。塑料填料的碱洗一般在塔外进行。

b. 木格填料的脱脂。木格填料中通常含有树脂,若遇吸收剂为碱性溶液,生产中发生反应会产生大量皂沫,使溶液成分下降,气体夹带量增大,甚至造成拦液,破坏正常操作。脱脂方法是清水清洗填料表面后用10%左右的碳酸钠溶液在40~50℃下循环洗涤。过程中,应经常向碱液中加入碳酸钠补充脱脂反应所消耗的碱。当循环液中脂含量不再增加、碱浓度不再下降时,即认为合格。将系统内的碱液和泡沫放净,用软水清洗至洗水中的碱含量在0.01%以下为止。

(7) 溶液的制备 在生产中,吸收剂大多为含有一定溶质的溶液,开车前应首先按生产要求制备出合格的溶液。制备新鲜溶液时,先向溶液槽内加入所需软水,再按比例计算出各组分的需要量,一并加入软水中,用压缩空气进行搅拌,待各组分充分溶解后,即完成了溶液的制备工作。

(8) 系统的置换 吸收原料气中若含有氢、一氧化碳、甲烷、氨、硫化氢或水煤气等易燃易爆气体时,与系统内原有的空气混合,容易发生爆炸。因此,在向系统通入原料气之前,应先用惰性气体(如氮气)将系统内的空气置换净。惰性气体由压缩机供给,置换气从系统后部放空,至置换气中氧含量小于0.5%为止。置换时,为防止形成死角,系统的溶液管线应充满溶液,并使填料塔建立正常液位。

2. 开车

在原始开车中，系统置换合格后，即可进行系统开车。系统开车方法与短期停车后的开车相同。

(1) 短期停车后的开车　可分为充压、启动运转设备和导气三个步骤，其具体操作步骤如下。

① 开动风机，用原料气向填料塔内充压至操作压力。
② 启动吸收剂循环泵，使循环液按生产流程运转。
③ 调节塔顶喷头的喷淋量至生产要求。
④ 启动填料塔的液面调节器，使塔釜液面保持规定的高度。
⑤ 系统运转稳定后，即可连续导入原料混合气，并用放空阀调节系统压力。
⑥ 当塔内的原料气成分符合生产要求时，即可投入正常生产。

(2) 长期停车后的开车　一般指检修后的开车。首先检查各设备、管道、阀门、分析取样点、电气及仪表等是否正常完好，然后对系统进行吹净、清洗、气密试验和置换，合格后按短期停车后的开车步骤进行。

3. 停车

(1) 短期停车（临时停车）　临时停车后系统仍处于正压状态，操作步骤如下。

① 通告系统前后工序或岗位。
② 停止向系统送气，同时关闭系统的出口阀。
③ 停止向系统送循环液，关闭泵的进口阀，停泵后，关闭其出口阀。
④ 关闭其他设备的进、出口阀门。

(2) 紧急停车　如遇停电或发生重大设备事故等情况时，需紧急停车，操作步骤如下。

① 迅速关闭导入原料混合气的阀门。
② 迅速关闭系统的出口阀。
③ 按短期停车方法处理。

(3) 长期停车　当系统需要检修或长期停止使用时，需长期停车，操作步骤如下。

① 按短期停车操作停车，然后开启系统放空阀，卸掉系统压力。
② 将系统中的溶液排放到溶液贮槽或地沟，然后用清水洗净。
③ 若原料气中含有易燃易爆物，则应用惰性气体对系统进行置换，当置换气中易燃物含量小于5%、含氧量小于0.5%时为合格。
④ 用鼓风机向系统送入空气，进行空气置换，当置换气中含氧量大于20%时为合格。

4. 正常操作要点及维护

(1) 操作要点

① 进塔气体的压力和流速不宜过大，否则会影响气、液两相的接触效率，甚至使操作不稳定。
② 进塔吸收剂不能含有杂质，避免杂物堵塞填料缝隙。在保证吸收率的前提下，尽量减少吸收剂的用量。
③ 控制进气温度，将吸收温度控制在规定范围。
④ 控制塔底与塔顶压力，防止塔内压差过大。压差过大，说明塔内阻力大，气、液接触不良，将使吸收操作过程恶化。
⑤ 经常调节排放阀，保持吸收塔液面稳定。
⑥ 经常检查风机、水泵的运转情况，以保证原料气和吸收剂流量的稳定。
⑦ 按时巡回检查各控制点的变化情况及系统设备与管道的泄漏情况，并根据记录表要

求做好记录。

(2) 维护要点

① 定期检查、清理或更换喷淋装置或溢流管,保持不堵、不斜、不坏。
② 定期检查算板的腐蚀程度,防止因腐蚀而塌落。
③ 定期检查塔体有无渗漏现象,发现后应及时补修。
④ 定期排放塔底积存赃物和碎填料。
⑤ 经常观察塔基是否下沉,塔体是否倾斜。
⑥ 经常检查运输设备的润滑系统及密封情况,并定期检修。
⑦ 经常保持系统设备的涂层完整,注意清洁卫生。

5. 解吸塔操作

气体吸收中采用吸收与解吸相结合的流程十分普遍。吸收率的高低除受吸收塔操作的影响外,还与解吸塔操作有关。主要是因为:吸收塔入塔的吸收剂是来自解吸塔的再生液,解吸不好,必然会引起入塔吸收剂浓度增大,从而降低吸收率;不但吸收剂入塔浓度与解吸塔操作有关,而且与吸收剂入塔温度及解吸塔操作有关,如再生液未能很好地冷却,将直接影响吸收剂入塔的温度,从而影响整个吸收塔的操作。所以应根据再生液浓度及温度的要求,控制解吸塔的操作条件,如吸收剂入塔温度升高则应加大再生液冷却器的冷却水量等。

■■■■■■ 任务实施 ■■■■■■

学生按操作岗位分为小组,按照下述操作要求与规程,在实训室或仿真室进行操作,熟练掌握后互换轮岗。

一、吸收-解吸单元仿真操作

1. 工艺流程说明

(1) 工艺说明 吸收解吸是石油化工生产过程中较常用的重要单元操作过程。吸收过程是利用气体混合物中各个组分在液体(吸收剂)中的溶解度不同来分离气体混合物。被溶解的组分称为溶质或吸收质,含有溶质的气体称为富气,不被溶解的气体称为贫气或惰性气体。

溶解在吸收剂中的溶质和在气相中的溶质存在溶解平衡,当溶质在吸收剂中达到溶解平衡时,溶质在气相中的分压称为该组分在该吸收剂中的饱和蒸气压。当溶质在气相中的分压大于该组分的饱和蒸气压时,溶质就从气相溶入溶质中,称为吸收过程。当溶质在气相中的分压小于该组分的饱和蒸气压时,溶质就从液相逸出到气相中,称为解吸过程。

提高压力、降低温度有利于溶质吸收,降低压力、提高温度有利于溶质解吸,正是利用这一原理分离气体混合物,而吸收剂可以重复使用。

该单元以 C_6 油为吸收剂,分离气体混合物(其中 C_4:25.13%,CO 和 CO_2:6.26%,N_2:64.58%,H_2:3.5%,O_2:0.53%)中的 C_4 组分(吸收质)。

从界区外来的富气从底部进入吸收塔 T-101。界区外来的纯 C_6 油吸收剂贮存于 C_6 油贮罐 D-101 中,由 C_6 油泵 P-101A/B 送入吸收塔 T-101 的顶部,C_6 流量由 FRC103 控制。吸收剂 C_6 油在吸收塔 T-101 中自上而下与富气逆向接触,富气中的 C_4 组分被溶解在 C_6 油中。不溶解的贫气自 T-101 顶部排出,经盐水冷却器 E-101 被 -4℃ 的盐水冷却至 2℃ 进入尾气分离罐 D-102。吸收了 C_4 组分的富油(C_4:8.2%,C_6:91.8%)从吸收塔底部排出,经贫富油换热器 E-103 预热至 80℃ 进入解吸塔 T-102。吸收塔塔釜液位由 LIC101 和 FIC104

通过调节塔釜富油采出量串级控制。

来自吸收塔顶部的贫气在尾气分离罐 D-102 中回收冷凝的 C_4、C_6 后，不凝气在 D-102 压力控制器 PIC103（1.2MPa）控制下排入放空总管进入大气。回收的冷凝液（C_4，C_6）与吸收塔釜排出的富油一起进入解吸塔 T-102。

预热后的富油进入解吸塔 T-102 进行解吸分离。塔顶气相出料（C_4：95%）经全冷器 E-104 换热降温至 40℃ 全部冷凝进入塔顶回流罐 D-103，其中一部分冷凝液由 P-102A/B 泵打回流至解吸塔顶部，回流量 8.0t/h，由 FIC106 控制，其他部分作为 C_4 产品在液位控制（LIC105）下由 P-102A/B 泵抽出。塔釜 C_6 油在液位控制（LIC104）下，经贫富油换热器 E-103 和盐水冷却器 E-102 降温至 5℃ 返回至 C_6 油贮罐 D-101 再利用，返回温度由温度控制器 TIC103 通过调节 E-102 循环冷却水流量控制。

T-102 塔釜温度由 TIC104 和 FIC108 通过调节塔釜再沸器 E-105 的蒸汽流量串级控制，控制温度 102℃。塔顶压力由 PIC-105 通过调节塔顶冷凝器 E-104 的冷却水流量控制，另有一塔顶压力保护控制器 PIC-104，在塔顶有凝气压力高时通过调节 D-103 放空量降压。

因为塔顶 C_4 产品中含有部分 C_6 油及其他 C_6 油损失，所以随着生产的进行，要定期观察 C_6 油贮罐 D-101 的液位，补充新鲜的 C_6 油。

(2) 本单元复杂控制方案说明 吸收解吸单元复杂控制回路主要是串级回路的使用，在吸收塔、解吸塔和产品罐中都使用了液位与流量串级回路。

串级回路是在简单调节系统基础上发展起来的。在结构上，串级回路调节系统有两个闭合回路。主、副调节器串联，主调节器的输出为副调节器的给定值，系统通过副调节器的输出操纵调节阀动作，实现对主参数的定值调节。所以在串级回路调节系统中，主回路是定值调节系统，副回路是随动系统。

举例：在吸收塔 T101 中，为了保证液位的稳定，有一塔釜液位与塔釜出料组成的串级回路。液位调节器的输出同时是流量调节器的给定值，即流量调节器 FIC104 的 SP 值由液位调节器 LIC101 的输出 OP 值控制，LIC101.OP 的变化使 FIC104.SP 产生相应的变化。

(3) 设备一览

T-101：吸收塔

D-101：C_6 油贮罐

D-102：气液分离罐

E-101：吸收塔顶冷凝器

E-102：循环油冷却器

P-101A/B：C_6 油供给泵

T-102：解吸塔

D-103：解吸塔顶回流罐

E-103：贫富油换热器

E-104：解吸塔顶冷凝器

E-105：解吸塔釜再沸器

P-102A/B：解吸塔顶回流、塔顶产品采出泵

2. 吸收解吸单元操作规程

(1) 开车操作规程 本操作规程仅供参考，详细操作以评分系统为准。

装置的开工状态为吸收塔、解吸塔系统均处于常温常压下，各调节阀处于手动关闭状态，各手操阀处于关闭状态，氮气置换已完毕，公用工程已具备条件，可以直接进行氮气充压。

① 氮气充压

a. 确认所有手阀处于关状态。

b. 氮气充压

（a）打开氮气充压阀，给吸收塔系统充压。

（b）当吸收塔系统压力升至 1.0MPa（g）左右时，关闭 N_2 充压阀。

（c）打开氮气充压阀，给解吸塔系统充压。

（d）当吸收塔系统压力升至 0.5MPa（g）左右时，关闭 N_2 充压阀。

② 进吸收油

a. 确认

（a）系统充压已结束。

（b）所有手阀处于关状态。

b. 吸收塔系统进吸收油

（a）打开引油阀 V9 至开度 50％左右，给 C_6 油贮罐 D-101 充 C_6 油至液位 70％。

（b）打开 C_6 油泵 P-101A（或 B）的入口阀，启动 P-101A（或 B）。

（c）打开 P-101A（或 B）出口阀，手动打开 FV103 阀至 30％左右给吸收塔 T-101 充液至 50％。充油过程中注意观察 D-101 液位，必要时给 D-101 补充新油。

c. 解吸塔系统进吸收油

（a）手动打开调节阀 FV104 开度至 50％左右，给解吸塔 T-102 进吸收油至液位 50％。

（b）给 T-102 进油时注意给 T-101 和 D-101 补充新油，以保证 D-101 和 T-101 的液位均不低于 50％。

③ C_6 油冷循环

a. 确认

（a）确认贮罐、吸收塔、解吸塔液位在 50％左右。

（b）吸收塔系统与解吸塔系统保持合适压差。

b. 建立冷循环

（a）手动逐渐打开调节阀 LV104，向 D-101 倒油。

（b）当向 D-101 倒油时，同时逐渐调整 FV104，以保持 T-102 液位在 50％左右，将 LIC104 设定在 50％投自动。

（c）由 T-101 至 T-102 油循环时，手动调节 FV103 以保持 T-101 液位在 50％左右，将 LIC101 设定在 50％投自动。

（d）手动调节 FV103，使 FRC103 保持在 13.50t/h，投自动，冷循环 10min。

④ T-102 回流罐 D-103 灌 C_4，打开 V21 向 D-103 灌 C_4 至液位为 20％。

⑤ C_6 油热循环

a. 确认

（a）冷循环过程已经结束。

（b）D-103 液位已建立。

b. T-102 再沸器投用

（a）设定 TIC103 于 5℃，投自动。

（b）手动打开 PV105 至 70％。

（c）手动控制 PIC105 于 0.5MPa，待回流稳定后再投自动。

（d）手动打开 FV108 至 50％，开始给 T-102 加热。

c. 建立 T-102 回流

(a) 随着 T-102 塔釜温度 TIC107 逐渐升高，C_6 油开始汽化，并在 E-104 中冷凝至回流罐 D-103。

(b) 当塔顶温度高于 50℃时，打开 P-102A/B 泵的入出口阀 VI25/27、VI26/28，打开 FV106 的前后阀，手动打开 FV106 至合适开度，维持塔顶温度高于 51℃。

(c) 当 TIC107 温度指示达到 102℃时，将 TIC107 设定在 102℃投自动，TIC107 和 FIC108 投串级。

(d) 热循环 10min。

⑥ 进富气

a. 确认 C_6 油热循环已经建立。

b. 进富气

(a) 逐渐打开富气进料阀 V1，开始富气进料。

(b) 随着 T-101 富气进料，塔压升高，手动调节 PIC103 使压力恒定在 1.2MPa（表）。当富气进料达到正常值后，设定 PIC103 于 1.2MPa（表），投自动。

(c) 当吸收了 C_4 的富油进入解吸塔后，塔压将逐渐升高，手动调节 PIC105，维持 PIC105 在 0.5MPa（表），稳定后投自动。

(d) 当 T-102 温度、压力控制稳定后，手动调节 FIC106 使回流量达到正常值 8.0t/h，投自动。

(e) 观察 D-103 液位，液位高于 50 时，打开 LIV105 的前后阀，手动调节 LIC105 维持液位在 50%，投自动。

(f) 将所有操作指标逐渐调整到正常状态。

(2) 正常操作规程

① 正常工况操作参数

a. 吸收塔顶压力控制 PIC103：1.20MPa（表）。

b. 吸收油温度控制 TIC103：5.0℃。

c. 解吸塔顶压力控制 PIC105：0.50MPa（表）。

d. 解吸塔顶温度：51.0℃。

e. 解吸塔釜温度控制 TIC107：102.0℃。

② 补充新油。因为塔顶 C_4 产品中含有部分 C_6 油及其他 C_6 油损失，所以随着生产的进行，要定期观察 C_6 油贮罐 D-101 的液位，当液位低于 30% 时，打开阀 V9 补充新鲜的 C_6 油。

③ D-102 排液。生产过程中贫气中的少量 C_4 和 C_6 组分积累于尾气分离罐 D-102 中，定期观察 D-102 的液位，当液位高于 70% 时，打开阀 V7 将凝液排放至解吸塔 T-102 中。

④ T-102 塔压控制。正常情况下 T-102 的压力由 PIC-105 通过调节 E-104 的冷却水流量控制。生产过程中会有少量不凝气积累于回流罐 D-103 中使解吸塔系统压力升高，这时 T-102 顶部压力超高保护控制器 PIC-104 会自动控制排放不凝气，维持压力不会超高。必要时可打手动打开 PV104 至开度 1%～3% 来调节压力。

(3) 停车操作规程 本操作规程仅供参考，详细操作以评分系统为准。

① 停富气进料

a. 关富气进料阀 V1，停富气进料。

b. 富气进料中断后，T-101 塔压会降低，手动调节 PIC103，维持 T-101 压力>1.0MPa（表）。

c. 手动调节 PIC105 维持 T-102 塔压力在 0.20MPa（表）左右。

d. 维持 T-101→T-102→D-101 的 C_6 油循环。

② 停吸收塔系统

a. 停 C_6 油进料

(a) 停 C_6 油泵 P-101A/B。

(b) 关闭 P-101A/B 入出口阀。

(c) FRC103 置手动，关 FV103 前后阀。

(d) 手动关 FV103 阀，停 T-101 油进料。

此时应注意保持 T-101 的压力，压力低时可用 N_2 充压，否则 T-101 塔釜 C_6 油无法排出。

b. 吸收塔系统泄油

(a) LIC101 和 FIC104 置手动，FV104 开度保持 50%，向 T-102 泄油。

(b) 当 LIC101 液位降至 0 时，关闭 FV108。

(c) 打开 V7 阀，将 D-102 中的凝液排至 T-102 中。

(d) 当 D-102 液位指示降至 0 时，关 V7 阀。

(e) 关 V4 阀，中断盐水停 E-101。

(f) 手动打开 PV103，吸收塔系统泄压至常压，关闭 PV103。

③ 停解吸塔系统

a. 停 C_4 产品出料。富气进料中断后，将 LIC105 置于手动，关阀 LV105 及其前后阀。

b. T-102 塔降温

(a) 将 TIC107 和 FIC108 置于手动，关闭 E-105 蒸汽阀 FV108，停再沸器 E-105。

(b) 停止 T-102 加热的同时，手动关闭 PIC105 和 PIC104，保持解吸系统的压力。

c. 停 T-102 回流

(a) 再沸器停用，温度下降至泡点以下后，油不再汽化，当 D-103 液位 LIC105 指示小于 10% 时，停回流泵 P-102A/B，关 P-102A/B 的入出口阀。

(b) 手动关闭 FV106 及其前后阀，停 T-102 回流。

(c) 打开 D-103 泄液阀 V19。

(d) 当 D-103 液位指示下降至 0 时，关 V19 阀。

d. T-102 泄油

(a) 手动置 LV104 于 50%，将 T-102 中的油倒入 D-101。

(b) 当 T-102 液位 LIC104 指示下降至 10% 时，关 LV104。

(c) 手动关闭 TV103，停 E-102。

(d) 打开 T-102 泄油阀 V18，T-102 液位 LIC104 下降至 0 时，关 V18 阀。

e. T-102 泄压

(a) 手动打开 PV104 至开度 50%，开始 T-102 系统泄压。

(b) 当 T-102 系统压力降至常压时，关闭 PV104。

④ 吸收油贮罐 D-101 排油

a. 当停 T-101 吸收油进料后，D-101 液位必然上升，此时打开 D-101 排油阀 V10 排污油。

b. 直至 T-102 中的油倒空，D-101 液位下降至 0，关 V10 阀。

(4) 仪表及报警一览表 仪表及报警一览表见表 6-5。

表 6-5　仪表及报警一览表

位号	说　明	类型	正常值	量程上限	量程下限	工程单位	高报值	低报值	高高报值	低低报值
AI101	回流罐 C_4 组分	AI	>95.0	100.0	0	%				
FI101	T-101 进料	AI	5.0	10.0	0.	t/h				
FI102	T-101 塔顶气量	AI	3.8	6.0	0	t/h				
FRC103	吸收油流量控制	PID	13.50	20.0	0	t/h	16.0	4.0		
FIC104	富油流量控制	PID	14.70	20.0	0	t/h	16.0	4.0		
FI105	T-102 进料	AI	14.70	20.0	0	t/h				
FIC106	回流量控制	PID	8.0	14.0	0	t/h	11.2	2.8		
FI107	T-101 塔底贫油采出	AI	13.41	20.0	0	t/h				
FIC108	加热蒸汽量控制	PID	2.963	6.0	0	t/h				
LIC101	吸收塔液位控制	PID	50	100	0	%	85	15		
LI102	D-101 液位	AI	60.0	100	0	%	85	15		
LI103	D-102 液位	AI	50.0	100	0	%	65	5		
LIC104	解吸塔釜液位控制	PID	50	100	0	%	85	15		
LIC105	回流罐液位控制	PID	50	100	0	%	85	15		
PI101	吸收塔顶压力显示	AI	1.22	20	0	MPa	1.7	0.3		
PI102	吸收塔塔底压力	AI	1.25	20	0	MPa				
PIC103	吸收塔顶压力控制	PID	1.2	20	0	MPa	1.7	0.3		
PIC104	解吸塔顶压力控制	PID	0.55	1.0	0	MPa				
PIC105	解吸塔顶压力控制	PID	0.50	1.0	0	MPa				
PI106	解吸塔底压力显示	AI	0.53	1.0	0	MPa				
TI101	吸收塔塔顶温度	AI	6	40	0	℃				
TI102	吸收塔塔底温度	AI	40	100	0	℃				
TIC103	循环油温度控制	PID	5.0	50	0	℃	10.0	2.5		
TI104	C_4 回收罐温度显示	AI	2.0	40	0	℃				
TI105	预热后温度显示	AI	80.0	150.0	0	℃				
TI106	吸收塔顶温度显示	AI	6.0	50	0	℃				
TIC107	解吸塔釜温度控制	PID	102.0	150.0	0	℃				
TI108	回流罐温度显示	AI	40.0	100	0	℃				

3. 事故设置一览

下列事故处理操作仅供参考，详细操作以评分系统为准。

(1) 冷却水中断

主要现象：① 冷却水流量为 0。

② 入口管路各阀门处于常开状态。

处理方法：① 停止进料，关 V1 阀。

② 手动关 PV103 保压。

③ 手动关 FV104，停 T-102 进料。

④ 手动关 LV105，停出产品。

⑤ 手动关 FV103，停 T-101 回流。

⑥ 手动关 FV106，停 T-102 回流。

⑦ 关 LIC104 前后阀，保持液位。

(2) 加热蒸汽中断

主要现象：① 加热蒸汽管路各阀开度正常。

② 加热蒸汽入口流量为 0。

③ 塔釜温度急剧下降。

处理方法：① 停止进料，关 V1 阀。

② 停 T-102 回流。

③ 停 D-103 产品出料。

④ 停 T-102 进料。
⑤ 关 PV103 保压。
⑥ 关 LIC104 前后阀，保持液位。

(3) 仪表风中断
主要现象：各调节阀全开或全关。
处理方法：① 打开 FRC103 旁路阀 V3。
② 打开 FIC104 旁路阀 V5。
③ 打开 PIC103 旁路阀 V6。
④ 打开 TIC103 旁路阀 V8。
⑤ 打开 LIC104 旁路阀 V12。
⑥ 打开 FIC106 旁路阀 V13。
⑦ 打开 PIC105 旁路阀 V14。
⑧ 打开 PIC104 旁路阀 V15。
⑨ 打开 LIC105 旁路阀 V16。
⑩ 打开 FIC108 旁路阀 V17。

(4) 停电
主要现象：① 泵 P-101A/B 停。
② 泵 P-102A/B 停。
处理方法：① 打开泄液阀 V10，保持 LI102 液位在 50%。
② 打开泄液阀 V19，保持 LI105 液位在 50%。
③ 关小加热油流量，防止塔温上升过高。
④ 停止进料，关 V1 阀。

(5) P-101A 泵坏
主要现象：① FRC103 流量降为 0。
② 塔顶 C_4 上升，温度上升，塔顶压上升。
③ 釜液位下降。
处理方法：① 停 P-101A，先关泵后阀，再关泵前阀。开启 P-101B，先开泵前阀，再开泵后阀。
② 由 FRC-103 调至正常值，并投自动。

(6) LIC104 调节阀卡
主要现象：① FI107 降至 0。
② 塔釜液位上升，并可能报警。
处理方法：① 关 LIC104 前后阀 VI13、VI14。
② 开 LIC104 旁路阀 V12 至 60% 左右。
③ 调整旁路阀 V12 开度，使液位保持 50%。

(7) 换热器 E-105 结垢严重
主要现象：① 调节阀 FIC108 开度增大。
② 加热蒸汽入口流量增大。
③ 塔釜温度下降，塔顶温度也下降，塔釜 C_4 组成上升。
处理方法：① 关闭富气进料阀 V1。
② 手动关闭产品出料阀 LIC102。
③ 手动关闭再沸器后，清洗换热器 E-105。

4. 仿真界面

仿真界面如图 6-14～图 6-17 所示。

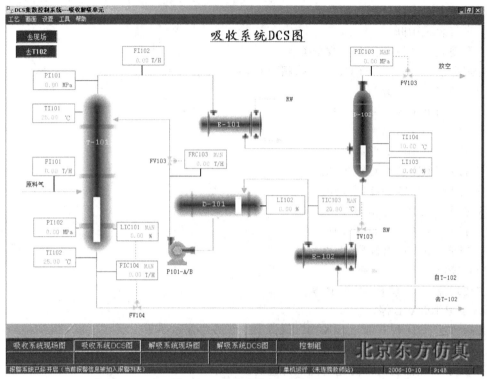

图 6-14 吸收系统 DCS 界面

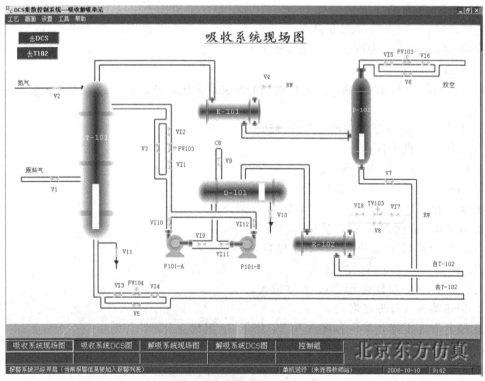

图 6-15 吸收系统现场界面

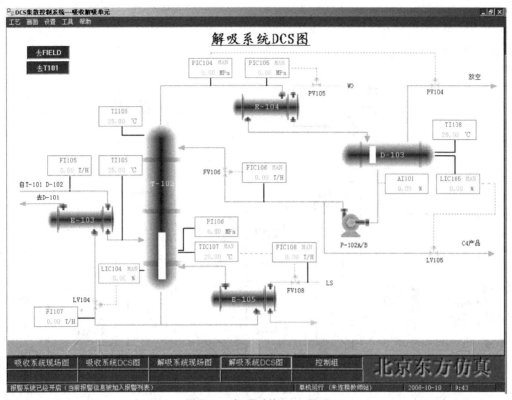

图 6-16 解吸系统 DCS 界面

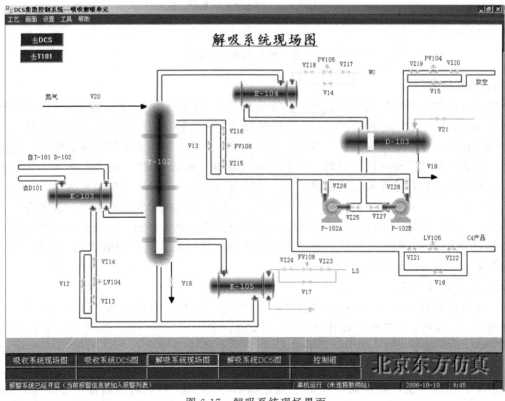

图 6-17 解吸系统现场界面

项目六 吸收过程及操作

二、吸收-解吸实训操作

吸收-解吸实训装置见图 6-18。

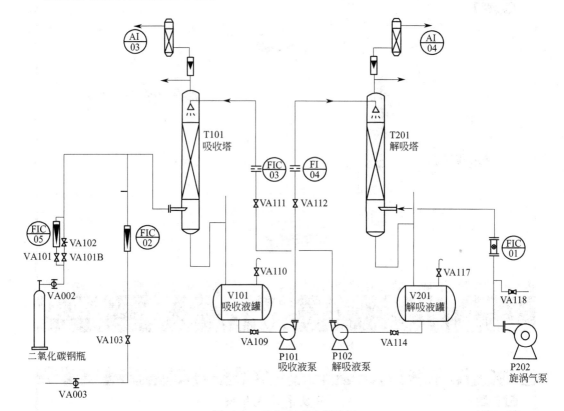

图 6-18　吸收-解吸实训装置

1. 装置流程

空气（载体）由空气压缩机提供，二氧化碳（溶质）由钢瓶提供，二者混合后从吸收塔的底部进入，向上流动通过吸收塔，与下降的吸收剂逆流接触吸收，吸收尾气一部分进入二氧化碳气体分析仪，大部分排空；吸收剂（解吸液）存储于解吸液储槽，经解吸液泵输送至吸收塔的顶端向下流动经过吸收塔，与上升的气体逆流接触吸收其中的溶质（二氧化碳），吸收液从吸收塔底部进入吸收液储槽。空气（解吸惰性气体）由旋涡气泵机提供，从解吸塔的底部进入解吸塔向上流动通过解吸塔，与下降的吸收液逆流接触进行解吸，解吸尾气一部分进入二氧化碳气体分析仪，大部分排空；吸收液存储于吸收液储槽，经吸收液泵输送至解吸塔的顶端向下流动经过解吸塔，与上升的气体逆流接触解吸其中的溶质（二氧化碳），解吸液从解吸塔底部进入解吸液储槽。

2. 工艺操作指标

二氧化碳钢瓶压力≥0.5MPa；压缩空气压力≤0.3MPa；吸收塔压差 0~1.0kPa；解吸塔压差 0~1.0kPa；加压吸收操作压力≤0.5MPa；吸收剂流量 200~400L/h；解吸剂流量 200~400L/h；解吸气泵流量 4.0~10.0m^3/h；CO_2 气体流量 4.0~10.0L/min；压缩空气流量 15~40L/min；吸收塔进、出口温度为室温；解吸塔进、出口温度为室温；各电机温升≤65℃；孔板流量计孔径 5.0mm，孔流系数 $C_0=0.60$；吸收液储槽液位 200~300mm；解吸液储槽液位 1/3~3/4。

3. 准备工作

① 了解填料塔的基本构造，熟悉工艺流程和主要设备。

② 了解各仪表的作用，掌握测量与控制点的位置。

③ 检查公用工程（水、电、气）是否处于正常供应状态。

④ 设备上电，检查流程中各设备、仪表是否处于正常开车状态，动设备试车。

⑤ 检查吸收液储槽及解吸液储槽液位。

⑥ 检查二氧化碳钢瓶储量。

⑦ 检查各阀门是否处于正常开车状态：阀门 VA101、VA103、VA104、VA105、VA106、VA107、VA108、VA110、A111、VA112、VA113、VA114、VA115、VA116 关闭；阀门 VA109、VA117、VA118 全开。

4. 开车

① 确认阀门 VA111 处于关闭状态，启动解吸液泵 P201，逐渐打开阀门 VA111，吸收剂（解吸液）通过孔板流量计 FIC04 从顶部进入吸收塔。

② 将吸收剂流量设定为规定值（200～400L/h），观测孔板流量计 FIC03 显示和解吸液入口压力 PI03 显示。

③ 当吸收塔底的液位 LI01 达到规定值时，启动空气压缩机，将空气流量设定为规定值（1.4～1.8m^3/h），通过质量流量计算仪使空气流量达到此值。

④ 观测吸收液储槽的液位 LIC03，待其大于规定液位高度（200～300mm）后，启动旋涡气泵 P202，将空气流量设定为规定值（4.0～18m^3/h），调节空气流量 FIC01 到此规定值（若长时间无法达到规定值，可适当减小阀门 VA118 的开度）（注：新装置首次开车时，解吸塔要先通入液体润湿填料，再通入惰性气体）。

⑤ 确认阀门 VA112 处于关闭状态，启动吸收液泵 P101，观测泵出口压力 PI02（如 PI02 没有示值，关泵，必须及时报告指导教师进行处理），打开阀门 VA112，解吸液通过孔板流量计 FI04 从顶部进入解吸塔，通过解吸液泵变频器调节解吸液流量，直至 LIC03 保持稳定，观测孔板流量计 FI04 显示。

⑥ 观测空气由底部进入解吸塔和解吸塔内气液接触情况，空气入口温度由 TI03 显示。

⑦ 将阀门 VA118 逐渐关小至半开，观察空气流量 FIC01 的示值。气液两相被引入吸收塔后，开始正常操作。

5. 运行

① 打开二氧化碳钢瓶阀门，调节二氧化碳流量到规定值，打开二氧化碳减压阀保温电源。

② 二氧化碳和空气混合后制成实训用混合气从塔底进入吸收塔。

③ 注意观察二氧化碳流量变化情况，及时调整到规定值。

④ 操作稳定 20min 后，分析吸收塔顶放空气体（AI03）、解吸塔顶放空气体（AI05）。

⑤ 气体在线分析：二氧化碳传感器检测吸收塔顶放空气体（AI03）、解吸塔顶放空气体（AI05）中二氧化碳的体积分数，传感器将采集到的信号传输到显示仪表中，在显示仪表 AI03 和 AI05 上读取数据。

6. 停车

① 关闭二氧化碳钢瓶总阀门，关闭二氧化碳减压阀保温电源。

② 10min 后，关闭吸收液泵 P201 电源，关闭空气压缩机电源。

③ 吸收液流量变为零后，关闭解吸液泵 P101 电源。

④ 5min 后，关闭旋涡气泵 P202 电源。

⑤ 关闭总电源。

讨论与拓展

讨论：
1. 漩涡气泵开车时为什么要先开其旁通阀？
2. 漩涡气泵的流量调节方法有哪些？
3. 填料塔内所装填料采用不规则排列时，为什么要先向填料塔内灌满水后再装填料？
4. 如何调节吸收塔的液位？引起吸收塔液位的波动的因素有哪些？
5. 吸收塔在正常操作中，应控制好哪些工艺条件？如何控制？

拓展：
分组去企业调研，整理归纳出所见到的气体吸收实例，画出流程简图，写出主要操作要求与方法、步骤，并与实训室操作相比较。

项目考核与评价

本项目考核采用过程性考核与结论性考核相结合的方式，面向学生的整个学习过程，注重化工能力素质考核，其中能力目标和素质目标考核情况主要结合实训等操作情况给分。具体考核方案见考核表。

项目六 考核评价表

考核类型	考核项目	考核内容及配分			配分	得分
		知识目标掌握情况 30% 教师评价	能力目标掌握情况 40% 本人评价	素质目标掌握情况 30% 组员评价		
过程性考核	任务一 吸收认知				10	
	任务二 工业吸收过程				10	
	任务三 吸收过程操作分析				15	
	任务四 吸收塔认知与操作				15	
	考核内容	考核指标				
结论性考核	吸收-解吸实操（见任务四，地点：仿真室、实训室）	考核准备	企业调研		4	
			实训室规章制度		4	
		方案制定	内容完整性		4	
			实施可行性		4	
		实施过程	方法选择正确		4	
			操作符合规程		4	
			仪表设备使用无误		4	
			操作过程及结束后的工作场地、环境整理好		4	
		任务结果	报告记录完整、规范、整洁		4	
			产品符合要求		4	
		项目完成报告	撰写项目完成报告、数据真实、提出建议		4	
			能完整、流畅地汇报项目实施情况		3	
			根据教师点评，进一步完善工作报告		3	
		其他	损坏一件设备、仪器		-10	
			发生安全事故		-40	
			乱倒(丢)废液、废物		-10	
总　分					100	

项目七 精馏过程及操作

项目设置依据

在化工生产过程中,常常需要将原料、中间产物或粗产品中的组成部分进行分离,如将原油分成汽油、煤油、柴油及重油等馏分作为产品;又如聚氯乙烯在聚合前要求单体氯乙烯纯度不低于99.99%,这些物质大都是均相混合物。对于均相物系的分离,必须造成一个两相物系,利用组分间某种物性的差异使其中某个或某些组分从一相迁移到另外一相,实现传质与分离操作。常见的传质与分离过程不少,其中精馏是分离均相液态溶液最常用的方法。

学习目标

- 熟知精馏操作的原理、双组分理想体系的气液相平衡关系、回流比的选择及回流比对精馏操作的影响。
- 掌握精馏设备的操作规程及有关注意事项。
- 熟知精馏操作的主要影响因素变化时,对精馏产品质量和产量的影响。
- 熟知精馏系统中常见设备的结构和性能。
- 能进行精馏操作工艺参数的简单计算。
- 能正确识读精馏流程。
- 会分析精馏操作的影响因素变化时对产品质量和产量的影响。
- 会进行精馏塔的开停车及正常操作。
- 会分析和处理连续精馏系统中常见的故障。

项目任务与教学情境

根据项目特性,将该项目分为五个不同的工作任务,配合不同的教学情境,见表7-1。

表 7-1 本项目具体任务

任　务	工 作 任 务	教 学 情 境
任务一	精馏认知	实训室现场教学
任务二	液体混合物粗分离	多媒体教室讲授相关知识与理论
任务三	液体混合物深度分离	多媒体教室讲授相关知识与理论
任务四	精馏过程操作分析	多媒体教室讲授相关知识与理论
任务五	精馏塔认知与操作	多媒体教室讲授相关知识与理论,在仿真室、实训室将学生分组(岗位)模拟精馏操作

项目实施与教学内容

任务一 精馏认知

任务引入

精馏就是利用各组分挥发能力的差异分离均相液体混合物的典型单元操作之一。在乙酸乙酯生产过程中,使用了筛板精馏塔操作、填料精馏塔操作、普通精馏操作、萃取精馏操作、常压精馏操作、减压精馏操作等。

相关知识

一、蒸馏及其在化工生产中的应用

化工生产过程中,常常遇到由两种或两种以上组分组成的均相液体混合物,为了达到提纯或者回收的目的,常需将组分分离开来,而蒸馏是实现该过程的典型单元操作之一,也是最早实现工业化的一种分离方法,广泛应用于化工、石油、医药、食品、酿酒等领域。

液体都具有挥发而成为蒸汽的能力,但不同的液体在一定温度下的挥发能力各不相同,因此,将液体混合物部分汽化后,通常其中某组分在气相中的浓度与该组分在液相中的浓度不同。蒸馏就是利用混合物中各组分在一定的操作条件下挥发能力的差异这一特性作为分离依据。例如低浓度乙醇和水的混合液,由于乙醇挥发能力高于水,因而在加热形成气液两相并达到平衡时,乙醇在气相中的摩尔分数会明显高于液相。若将汽化后的蒸气全部冷凝,则可得到较高纯度的乙醇,从而达到增浓的效果。

通常,我们将混合物中较容易挥发的组分称为易挥发组分或轻组分,将较难挥发的组分称为难挥发组分或重组分。

二、蒸馏过程的分类

蒸馏操作可按不同方法进行分类。

1. 按操作方式可分为间歇蒸馏和连续蒸馏

间歇操作主要应用于小规模生产或某些有特殊要求的场合,工业生产中多以连续操作为主。连续蒸馏通常为定态操作,间歇蒸馏为非定态操作。

2. 按操作压强可分为常压、减压和加压蒸馏

在没有特殊要求的情况下,常压下沸点为室温至150℃左右的混合物,一般采用常压蒸馏;常压下气态(如石油、石油气)或常压下沸点为室温的混合物,常采用加压蒸馏;对于常压下沸点较高或热敏性混合物(在较高温度下易发生分解、聚合等变质现象),则宜采用减压蒸馏,以降低操作温度。

3. 按蒸馏方式可分为简单蒸馏、平衡蒸馏、精馏和特殊精馏等

若混合物中各组分的挥发性相差较大,且对分离要求又不高时,可采用平衡蒸馏和简单蒸馏,它们是最简单的蒸馏方法;当混合物中各组分的分离要求较高,需将组分分离成接近纯组分时,宜采用精馏,它是工业生产中应用最为广泛的一种蒸馏方式;当混合物中各组分的挥发性差别很小或形成共沸液时,采用一般的精馏方法达不到分离要求,则应采用特殊精馏,常见的特殊精馏包括萃取精馏、共沸精馏、盐效应精馏等。

4. 按被分离混合物中组分的数目可分为双组分蒸馏和多组分蒸馏

原料中仅有两个组分的蒸馏称为双组分蒸馏，原料中有两个以上组分的蒸馏称为多组分蒸馏。工业生产中，绝大多数为多组分蒸馏，但两者在蒸馏原理、计算原则等方面均无本质区别，只是处理多组分蒸馏过程更为复杂，因此常以双组分蒸馏为基础。

任务实施

参观乙酸乙酯实训装置，了解其化工生产工艺流程，理解精馏操作基本原理和基本工艺流程，了解精馏塔等主要设备的结构特点、工作原理和性能参数，了解液位、流量、压力、温度等工艺参数的测量原理和操作方法。

讨论与拓展

参观合成氨厂或石油化工厂，了解典型化工生产工艺流程，理解化工生产中如何实现精馏过程？如何进行连续化、规模化生产？

任务二　液体混合物粗分离

任务引入

在生产和实验中，常常遇到由两种或两种以上组分组成的均相液体混合物，如乙醇与水的混合液、苯和甲苯的混合液等，前者需要增浓（提纯）、后者需要分离回收，这就需要将组分分离开来，而蒸馏（精馏）是其首选分离方法，也是实现该过程的典型单元操作之一，广泛应用于石油、化工、轻工等工业生产中。

精馏（蒸馏）是利用各种物质挥发性的不同，将一个多组分混合液分离的过程。如异丙苯法生产苯酚和丙酮，就是用精馏的方法将湿苯[0.2g（水）/kg（苯）]精制成产品[0.05g（水）/kg（苯）]，产物苯酚和丙酮的混合溶液也是通过精馏分离成精苯酚和丙酮。还有众所周知的石油通过精馏分离成汽油、煤油、柴油和重油。酿酒过程中的酒醪（含酒精15%的水溶液）通过精馏精制成高纯度的酒，如北京的二锅头酒就是将酒醪通过两次简单蒸馏得到含酒精65%的酒。

蒸馏有多种方式，如间歇蒸馏和连续蒸馏，简单蒸馏、平衡蒸馏、精馏等。其中连续精馏应用较为广泛。

相关知识

液体都具有挥发而成为蒸汽的能力，但不同的液体在一定温度下的挥发能力各不相同，因此，将液体混合物部分汽化后，通常其中某组分在气相中的浓度与该组分在液相中的浓度不同。利用混合物中各组分在一定的操作条件下挥发能力的差异这一特性作为分离依据的单元操作就是蒸馏。例如低浓度乙醇和水的混合液，由于乙醇挥发能力高于水，因而在加热形成气液两相并达到平衡时，乙醇在气相中的摩尔分数会明显高于液相。若将汽化后的蒸气全部冷凝，则可得到较高纯度的乙醇，从而达到增浓的效果。

通常，我们将混合物中较容易挥发的组分称为易挥发组分或轻组分，将较难挥发的组分称为难挥发组分或重组分。

按被分离混合物中组分的数目可分为双组分蒸馏和多组分蒸馏。原料中仅有两个组分的蒸馏称为双组分蒸馏，原料中有两个以上组分的蒸馏称为多组分蒸馏。工业生产中，绝大多数为多组分蒸馏,但两者在蒸馏原理、计算原则等方面均无本质区别,只是处理多组分蒸馏过程更为复杂,因此常以双组分蒸馏为基础。本书主要讨论双组分蒸馏。

均相液体混合物中,根据各组分彼此对蒸气压的影响规律不同,可以分为理想和非理想物系。根据溶液中同分子间与异分子间作用力的差异,可将溶液分为理想溶液和非理想溶液。若溶液中的任意两分子之间的作用力都相等,则此溶液为理想溶液。虽然严格意义上的理想溶液是不存在的,但对于性质相近、分子间力相似的组分组成的溶液可视为理想溶液,如苯-甲苯、甲醇-乙醇等同系物组成的物系。而一些性质不同、分子间力差异很大的组分组成的溶液可视为非理想溶液,如乙醇-水、乙酸-水物系。

理想物系是指液相为理想溶液,遵循拉乌尔定律;气相为理想气体,遵循道尔顿分压定律的物系。

一、汽液平衡关系的确定

1. 拉乌尔定律

理想溶液在达到平衡时,气相分压与液相组成之间的关系遵循拉乌尔定律,即一定温度下,理想溶液上方组分分压为

$$p_i = p_i^0 x_i \tag{7-1}$$

若混合液是双组分混合液,其中易挥发组分为 A,难挥发组分为 B(本章如无特殊说明,皆以 A 表示易挥发组分,B 表示难挥发组分),它们在气相的分压分别为 p_A 和 p_B,则有

$$p_A = p_A^0 x_A \qquad [7\text{-}1(a)]$$

$$p_B = p_B^0 x_B = p_B^0 (1 - x_A) \qquad [7\text{-}1(b)]$$

式中 x_A、x_B——溶液中 A、B 组分的摩尔分数;

p_A^0,p_B^0——同温度下纯组分 A、B 的饱和蒸气压,Pa。

2. 道尔顿分压定律

当溶液沸腾时,溶液上方总压等于各组分平衡分压之和,即:

$$p = p_A + p_B \tag{7-2}$$

$$y_A = p_A / p \qquad [7\text{-}2(a)]$$

$$y_B = p_B / p \qquad [7\text{-}2(b)]$$

式中 y_A,y_B——气相中 A、B 组分的摩尔分数。

3. 泡点方程式

$$x_A = \frac{p - p_B^0}{p_A^0 - p_B^0} \tag{7-3}$$

在总压恒定的情况下,液体混合物加热至出现第一个气泡(即刚开始形成第二个相)时,对应的温度称为液体在此总压下的泡点温度,简称泡点。

4. 露点方程式

在总压恒定的情况下,气体混合物冷却至产生第一滴液滴(即刚开始形成第二个相)时,对应的温度称为混合物在此总压下的露点温度,简称露点。

$$y_A = \frac{p_A^0 x_A}{p} \tag{7-4}$$

5. 阿托因(Atoine)方程

$$\lg p^0 = A - \frac{B}{t + C} \quad (A,B,C \text{ 为常数}) \tag{7-5}$$

二、气液平衡相图

双组分理想溶液的气液平衡关系，一般还可用气液平衡相图来表示。常见的相图有温度-组成（t-x-y）图和气相-液相组成（x-y）图。

1. 温度-组成（t-x-y）图

当计算出总压一定时的混合液在不同温度下的气-液相平衡组成（均以易挥发组分表示），以温度为纵坐标，气-液相组成为横坐标，用图线表示它们之间的关系，这就是该混合液在恒定压强下的温度-组成图，称 t-x-y 图。温度-组成图通常由实验数据绘制。图 7-1 是总压为 101.3kPa 下苯-甲苯混合液的 t-x-y 图。图中有两条曲线，下曲线表示平衡时液相组成与温度的关系，称为液相线，上曲线表示平衡时汽相组成与温度的关系，称为汽相线。两条曲线将整个 t-x-y 图分成三个区域，液相线以下代表尚未沸腾的液体，称为液相区。汽相线以上代表过热蒸汽区。被两曲线包围的部分为汽液共存区。

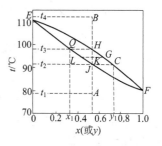

图 7-1 苯-甲苯物系的 t-x-y 图

在恒定总压下，组成为 x、温度为 t_1（图中的点 A）的混合液升温至 t_2（点 J）时，溶液开始沸腾，产生第一个汽泡，相应的温度 t_2 为泡点温度，产生的第一个气泡组成为 y_1（点 C）。同样，组成为 y、温度为 t_4（点 B）的过热蒸汽冷却至温度 t_3（点 H）时，混合气体开始冷凝产生第一滴液滴，相应的温度 t_3 称为露点，凝结出第一个液滴的组成为 x_1（点 Q）。F、E 两点为纯苯和纯甲苯的沸点。

应用 t-x-y 图，可以求取任一沸点的气液相平衡组成。当某混合物系的总组成与温度位于点 K 时，则此物系被分成互成平衡的汽液两相，其液相和汽相组成分别用 L、G 两点表示。两相的量由杠杆规则确定。

2. 气液相组成（y-x）图

蒸馏过程图解计算中，经常用到一定压力下 y-x 图。

y-x 图表示在恒定的外压下，蒸气组成 y 和与之相平衡的液相组成 x 之间的关系。图 7-2是 101.3kPa 的总压下，苯-甲苯混合物系的 y-x 图，它表示不同温度下液相组成 x 和与之相平衡的气相组成 y 间的关系。图中任意点 D 表示组成为 x_1 的液相与组成为 y_1 的气相互相平衡。图中对角线 $y = x$，为辅助线。两相达到平衡时，气相中易挥发组分的浓度大于液相中易挥发组分的浓度，即 $y > x$，故平衡线位于对角线的上方。

平衡线离对角线越远，说明互成平衡的气液两相浓度差别越大，过程的推动力也就越大，溶液就越容易分离。图 7-3 和图 7-4 分别为乙醇-水体系和硝酸-水体系的 x-y 图。图 7-3 中的 $M(N)$ 点是乙醇和水（硝酸-水）的共沸点，此处乙醇的摩尔分数 $x = y = 89.4\%$，温度为 78.15℃。常见两组分物系常压下的平衡数据，可从物理化学或化工手册中查得。

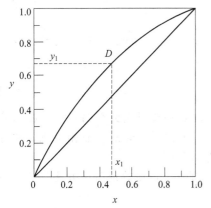

图 7-2 苯-甲苯物系的 y-x 图

三、相对挥发度与汽液相平衡的关系

1. 挥发度

前已指出，蒸馏的基本依据是混合液中各组分挥发

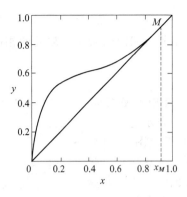

图 7-3 乙醇-水物系的 x-y 图

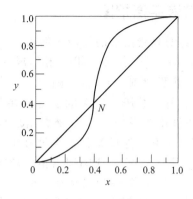

图 7-4 硝酸-水物系的 y-x 图

度的差异。在一定温度下，混合液的某组分在气相中的分压与平衡时液相中的摩尔分数之比称为挥发度，即

$$v_A = \frac{p_A}{x_A} \tag{7-6}$$

对于理想溶液，符合拉乌尔定律，则

$$v_A = \frac{p_A}{x_A} = \frac{p_A^0 x_A}{x_A} = p_A^0 \tag{7-6(a)}$$

同理，得

$$v_B = p_B^0 \tag{7-6(b)}$$

式中 v_A、v_B——溶液中组分 A、B 的挥发度。

式[7-6(a)] 和式[7-6(b)] 表明，在一定温度下，理想溶液各组分的挥发度与其饱和蒸气压在数值上相等。

2. 相对挥发度

混合物组分挥发能力的差异，可用相对挥发度表示。相对挥发度可用易挥发组分的挥发度与难挥发组分的挥发度之比表示，即：

$$\alpha = \frac{v_A}{v_B} = \frac{p_A/x_A}{p_B/x_B} \tag{7-7}$$

式中 α 为组分 A 对组分 B 的相对挥发度。

当总压不太高时，气压服从道尔顿分压定律：$p_A = py_A$，$p_B = py_B$，对双组分混合液，$x_B = 1 - x_A$，$y_B = 1 - y_A$，于是式(7-7) 可写作：

$$y = \frac{\alpha x}{1 + (\alpha - 1)x} \tag{7-8}$$

式(7-7) 称为相平衡方程式，它表示气液两相达平衡时，易挥发组分在两相中的摩尔分数与相对挥发度之间的关系。若已知 α，则可通过式(7-8) 求得平衡时的气液相组成，并可绘出 y-x 相图。在蒸馏的计算和分析中，式(7-8) 应用非常广泛。

由式(7-8) 可知，若 $\alpha>1$，表示 $y>x$，组分 A 容易挥发，可用普通蒸馏方法分离，而且 α 愈大，分离愈容易。

若 $\alpha=1$，$y=x$，气液相组成相同，此时不能用普通蒸馏方法分离，而需要采用特殊精馏或其他的分离方法分离。

任务实施

一、乙醇溶液提浓——简单蒸馏

简单蒸馏又叫微分蒸馏，其流程如图 7-5 所示，是一种间歇、单级蒸馏操作，也是历史上使用最早的蒸馏方法。原料液（稀乙醇液）加入蒸馏釜中，加热使之部分汽化，产生的蒸汽随即进入冷凝器中冷凝，冷凝液作为馏出液产品进入接收器中。随着蒸馏过程的进行，釜液中易挥发组分（乙醇）含量不断降低，与之平衡的气相组成（即馏出液组成）也随之下降，釜中液体的泡点逐渐升高，因此可用若干个馏出液接收器接受不同组成的产品。当釜液组分降低到预定值，或馏出液易挥发组分组成降低到预定值后，即停止蒸馏操作，釜液一次排出。而馏出液中轻组分（乙醇）含量比原液浓度显著增加，达到增浓目的。

简单蒸馏是单级分离过程，属间歇操作，不能得到较高纯度的产品。由于简单蒸馏的分离效率不高，故多用于相对挥发度相差较大、分离程度要求不高的混合液的分离或初步分离，如石油的粗馏。此外还常用于仅需截取某一沸点范围的馏出物（馏分）或是需除去某种难挥发组分（釜液）的混合液。

二、闪蒸——平衡蒸馏

使混合物汽、液两相共存，达到平衡后，再将两相分离开以得到一定程度分离，称平衡蒸馏。

实际生产中，平衡蒸馏的实例是闪蒸，在图 7-6 中，锅炉废水（料液）用泵加压，并输送到加热器，在加热器中将料液加热到接近操作压强下料液沸点的较高温度 t，然后经减压阀减压后进入闪蒸塔（分离器）。因减压后，液体的沸点下降，液体变为过热状态，所以，液体骤蒸，部分汽化。汽化所需要的汽化热由液体的显热提供，因此液体的温度由 t 下降到 t_e，最后两相达到平衡，汽相（水蒸气）和液相（废水）分别从塔顶与塔底引出得到闪蒸产品。

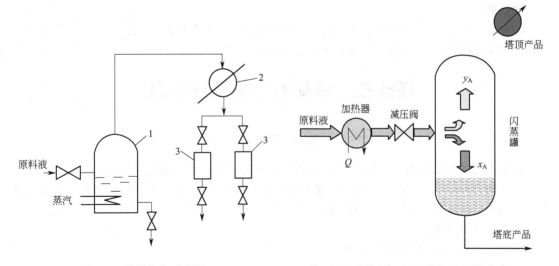

图 7-5　简单蒸馏示意图
1—蒸馏釜；2—冷凝器；3—接受器

图 7-6　平衡蒸馏示意图

这种蒸馏方法由于分离所形成的气液两相可认为达到平衡而称为平衡蒸馏。是一个连续的稳定过程，可以连续进料、连续移出液相和蒸汽，得到稳定浓度的液相和汽相，但分离程度仍不高。

讨论与习题

学生分组，讨论如下问题，并完成习题。

讨论：

1. 什么是挥发度和相对挥发度？相对挥发度的大小对精馏操作有何影响？如何求理想溶液的相对挥发度数值。
2. 蒸馏操作的依据是什么？
3. t-x-y 图和 x-y 图由哪几条曲线构成？如何使用？
4. 简单蒸馏和平衡蒸馏基本原理是什么？适用于何种情况？

习题：

1. 苯（A）与甲苯（B）的饱和蒸气压和温度的关系数据见表7-2。试利用拉乌尔定律和相对挥发度，分别计算苯-甲苯混合液在总压 P 为 101.33kPa 下的气液平衡数据，并作出温度-组成图。该溶液可视为理想溶液。

表7-2 习题1附表

温度/℃	80.1	85	90	95	100	105	110.6
p_A°/kPa	101.33	116.9	135.5	155.7	179.2	204.2	240.0
p_B°/kPa	40.0	46.0	54.0	63.3	74.3	86.0	101.33

2. 在 101.3kPa 下，C_6H_6（A）与 C_6H_5Cl（B）的饱和蒸气压（kPa）和温度（K）的关系见表7-3。

表7-3 习题2附表

温度/K	353.17	363.15	373.15	383.15	393.15	403.15	404.15
p_A°/kPa	101.33	134.39	177.99	231.98	297.31	375.97	402.63
p_B°/kPa	19.31	27.78	39.04	53.68	72.37	95.86	101.33

试计算：

① C_6H_6（A）与 C_6H_5Cl（B）的汽液平衡相组成，并画出 t-x-y 图。
② 平均相对挥发度（该溶液可视为理想溶液）。

任务三 液体混合物深度分离

任务引入

前面介绍的简单蒸馏只能解决混合液的初步分离，对要求高的就无能为力，如：

1. 对含苯40%和甲苯60%的溶液进行分离，要求将混合液分离为含苯97%和含苯不高于2%（以上均为质量分数）的两部分。
2. 制备无水酒精。
3. 常压下分离苯-环己烷混合液。

本任务将讨论以上三个问题的解决方案。

相关知识

对任务1，由图7-2苯-甲苯物系的 y-x 图中可以看出，如果仍运用普通蒸馏的方法，对同一物系，不可能做到一相含苯量为97%而同时另一相含苯量为2%，必须对上述方法进行修正。

蒸馏是实现分离、增浓、回收均相液体混合物的典型单元操作之一，有两种主要方式，一种是简单蒸馏（如前所述），通过蒸发沸腾的液体混合物，分离母液和回收冷凝蒸汽达到分离目的，期间没有任何液体返回到蒸馏器中，所以也没有任何回流。简单蒸馏一般用于分离沸点差异较大的成分，当沸点相近时，此方法就不再有效，因为冷凝蒸汽和残留液体都远没有提纯。如今用于工业生产的一种修正方法，就是本任务讨论的第二种方法——有回流的连续精馏，是将冷凝液返回至蒸馏器中，在这个过程中，冷凝液和蒸汽会有亲密的接触。

为此，为达到本任务所提出的分离要求，可以将含苯40%和甲苯60%的溶液，以每小时15000kg的流速在连续精馏塔中进行分离，操作压力控制在101.3kPa，经过一定的操作控制，即可将混合液分离为含苯97%的馏出液和釜残液中含苯不高于2%（以上均为质量分数）两部分。

任务2中酒精水溶液由于存在共沸点，$y=x$，不能用一般精馏法将之分离；任务3中，苯的沸点为80.1℃，环己烷为80.73℃，二者如此接近，显然也不能用一般精馏法分离，均宜采用特殊精馏或者其他的分离方法。

一、精馏原理

精馏过程原理可利用气液平衡相图说明。如图7-7所示，将组成为x_F的混合液升温至泡点以上的t_1，使其部分汽化，并将气相和液相分开，则两相组成分别为x_1、y_1，此时$y_1 > x_F > x_1$，若继续将组成为y_1的气相混合物降温至进行部分冷凝，则可得到组成为y_2的气相和组成为x_2的液相，再将组成为y_2的气相降温进行部分冷凝，则可得到组成为y_3的气相和组成为x_3的液相，而且$y_3 > y_2 > y_1$。由此可见，气相混合物经多次部分冷凝后，可在气相中获得高纯度的易挥发组分。同时，将组分为x_1的液相升温部分汽化，则可得到组分分别为y_2'的气相（图中未标出）及x_2'的液相，而且$x_1 > x_2'$，如此将液相混合物进行多次部分汽化，可在液相中获得高纯度的难挥发组分。

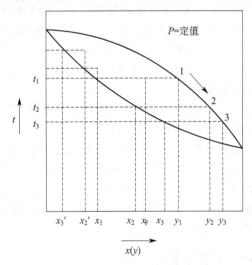

图7-7 精馏原理图

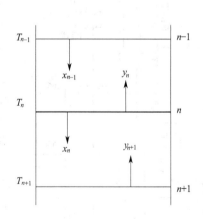

图7-8 塔板上的精馏过程

从热力学角度可以看出，上述过程中，气体混合物经多次部分冷凝，所得汽相中易挥发组分含量就越高，最后可得到几乎纯态的易挥发组分。液体混合物经多次部分汽化，所得到液相中易挥发组分的含量就越低，最后可得到几乎纯态的难挥发组分。

在实际应用时，每一次部分汽化和部分冷凝都会产生部分中间产物，致使最终得到的纯产品量极少,而且能量消耗大,所需设备庞杂。为解决此问题,工业生产中精馏操作采用直立圆形的精馏塔进行,同时并多次进行部分汽化和多次部分冷凝。

精馏塔内装有若干塔板(称板式塔)或充填一定高度的填料(称填料塔),它们都能提供气液两相进行传质和传热的场所。

现以板式塔为例,讨论精馏过程气液传质传热过程。如图7-8所示,在第 n 块塔板上,由第 $n+1$ 块板上升的蒸气(组成为 y_{n+1})与第 $n-1$ 块板下降的液体(组成为 x_{n-1})接触,由于它们是组成互不平衡的两相,且 $T_{n-1}>T_n>T_{n-1}$,因此在 n 板上进行传质、传热。组成为 y_{n+1} 的气相部分冷凝,其中部分难挥发组分转入液相,而冷凝时放出的潜热供给组成为 x_{n-1} 的液相,使之部分汽化,部分易挥发组分转入气相,直至在 n 板上达到平衡时离开。经过充分接触和传质传热后,气相组成 $y_n>y_{n+1}$,液相组成 $x_{n-1}>x_n$,精馏塔内每层塔板上都进行着上述相似的过程,所以,塔内只要有足够多的塔板,就可使混合物达到所要求的分离程度。除此之外,还必须保证源源不断的上升蒸气流和下降液体流(回流),因此,塔底蒸气回流和塔顶液体回流是精馏过程连续进行的必要条件,回流也是精馏与普通蒸馏的本质区别。

二、精馏操作流程

由精馏原理可知,仅有精馏塔还不能完成精馏操作,必须同时有塔底再沸器和塔顶冷凝器以保证必要的上升蒸汽和回流液体。有时还要配备原料预热器等附属设备,才能实现整个操作,图7-9为连续精馏操作流程。图中原料液从塔中间适当位置进入塔内,塔顶蒸气通过塔顶冷凝器冷凝为液体,冷凝液的一部分回入塔内称回流液,其余作为塔顶产品(馏出液)连续排出。塔底部的再沸器用于加热液体,产生蒸气引入塔内即气相回流,与下降的液体逆流接触。塔底产品(釜液)连续排出。

进料板以上,上升蒸气中难挥发组分向液相传递,而回流液中,易挥发组分向气相传递,两相间传质的结果,使上升蒸气中易挥发组分含量逐渐增加,到达塔顶时,蒸气将成为高纯度的易挥发组分。因此,塔的上半部完成了上升蒸气中易挥发组分的精制,因而称为精馏段。

进料板以下(包括进料板),同样进行着下降液体中易挥发组分的向气相传递,上升蒸气中难挥发组分向液相传递的过程。两相间传质的结果是在塔底获得高纯度的难挥发组分。因此,塔的下半部完成了下降液体中难挥发组分的提浓,因而称为提馏段。

一个完整的精馏塔应包括精馏段和提馏段,才能达到较高程度的分离。

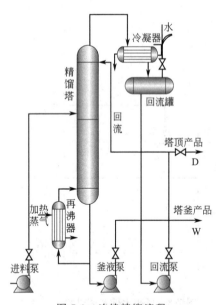

图7-9 连续精馏流程

三、双组分连续精馏的计算

本节的精馏计算重点讨论操作型计算。精馏的操作型计算内容是,在设备已经确定(即全塔的理论塔板数与加料位置已定,有时加料位置也可变动)的条件下指定操作条件,预计各层塔板上气、液(包括两端产品)的组成和温度分布;或者要求一定的操作结果,确定操作条件(如回流比 R、加料位置)。为方便计算,采用以下两种假设。

一是理论板假设。由于精馏过程的影响因素众多,计算复杂,为了简化计算,通常引入"理论板"的概念。所谓理论板是指离开这种板的气液两相达到平衡,即温度相等、组成达到平衡。气液相平衡是气液传质的极限,在达到平衡时,各相组成相对稳定。但实际上,由于塔板上气液间的接触面积和接触时间有限,因此任何形式的塔板都很难达到气液两相的平衡状态,也即理论板在实际上是不存在的,仅仅作为衡量实际板分离效率的依据和标准,它给精馏过程的分析和计算带来很大便利。通常,在设计中先求得理论板层数,再根据塔板效率的高低来决定实际板层数。

二是恒摩尔流假设。若在精馏塔塔板上气、液两相接触时有 n kmol 的蒸汽冷凝,相应就有 n kmol 的液体汽化。

恒摩尔气流:精馏操作时,在精馏塔的精馏段内,每层板的上升蒸汽摩尔流量都是相等的。

精馏段:$V_1=V_2=V_3=\cdots=V=$ 常数

提馏段:$V_1'=V_2'=V_3'=\cdots=V'=$ 常数

注意两段的上升蒸汽摩尔流量却不一定相等。

恒摩尔液流:精馏操作时,在塔的精馏段内,每层板下降的液体摩尔流量都相等。

精馏段:$L_1=L_2=L_3=\cdots=L=$ 常数

提馏段:$L_1'=L_2'=L_3'=\cdots=L'=$ 常数

注意两段的下降液体摩尔流量不一定相等。

精馏操作时,恒摩尔流虽是一项假设,但在很多情况下与实际情况基本接近,利用该假设可方便地进行精馏过程的计算。

1. 全塔物料衡算

根据全塔物料衡算,可以求出进、出精馏装置各物料的流量和组成及流量和组成之间的关系。

现对图 7-10 所示精馏装置作全塔物料衡算,并以单位时间为基准,即总物料衡算

$$F=D+W \qquad (7-9)$$

易挥发组分的物料衡算

$$Fx_F=Dx_D+Wx_W \qquad [7-9(a)]$$

式中　F——原料液流量,kmol/h;
　　　D——塔顶产品(馏出液)流量,kmol/h;
　　　W——塔底产品(釜残液)流量,kmol/h;
　　　x_F——原料液中易挥发组分的摩尔分数;
　　　x_D——馏出液中易挥发组分的摩尔分数;
　　　x_W——釜液中易挥发组分的摩尔分数。

在式(7-9) 和式[7-9(a)]中共有六个变量,若已知 4 个变量便可联立求解其余的 2 个。在使用时,要注意前后单位一致。

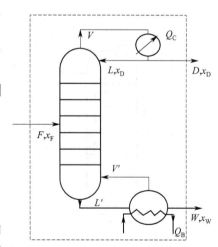

图 7-10　全塔物料衡算

联立式(7-9) 和式[7-9(a)]可以解得馏出液的采出率:

$$\frac{D}{F}=\frac{x_F-x_W}{x_D-x_W} \qquad (7-10)$$

对精馏过程所要求的分离程度,除了用产品的组成表示之外,有时还需用回收率来表示。常用回收率的表示有以下两种:

塔顶易挥发组分的回收率：

$$\eta_D = \frac{Dx_D}{Fx_F} \times 100\% \tag{7-11}$$

塔釜难挥发组分的回收率：

$$\eta_W = \frac{W(1-x_W)}{F(1-x_F)} \times 100\% \tag{7-12}$$

2. 操作线方程

因为原料液不停地从塔的中间位置加入，致使精馏段和提馏段内的上升蒸气或下降液体的摩尔流量不一定相等，因此精馏段和提馏段具有不同的操作关系，应分别予以讨论。

(1) 精馏段操作线方程 对图 7-11 中虚线范围（包括精馏段的第 $n+1$ 层板以上塔段及冷凝器）作物料衡算，以单位时间为基准，得：

总物料衡算： $V = L + D$

易挥发组分衡算： $V y_{n+1} = L x_n + D x_D$

式中 V——精馏段上升蒸汽的摩尔流量，kmol/h；
L——精馏段下降液体的摩尔流量，kmol/h；
y_{n+1}——精馏段第 $n+1$ 层板上升蒸汽中易挥发组分的摩尔分数；
x_n——精馏段第 n 层板下降液体中易挥发组分的摩尔分数。

整理：

$$y_{n+1} = \frac{L}{L+D} x_n + \frac{D}{L+D} x_D$$

令回流比 $R = L/D$，代入上式，得精馏段操作线方程

$$y_{n+1} = \frac{R}{R+1} x_n + \frac{x_D}{R+1} \tag{7-13}$$

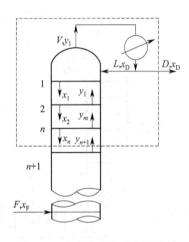

图 7-11 精馏段操作线方程推导

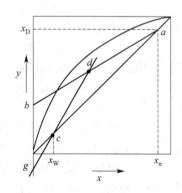

图 7-12 精馏塔的操作线

精馏段操作线方程反映了一定操作条件下精馏段内自任意第 n 层板下降的液相组成 x_n 与其相邻的下一层板（第 $n+1$ 层板）上升汽相组成 y_{n+1} 之间的关系。在稳定操作条件下，精馏段操作线方程为一直线。斜率为 $\frac{R}{R+1}$，截距为 $\frac{x_D}{R+1}$。由式(7-13)可知，当 $x_n = x_D$ 时，$y_{n+1} = x_D$，即该点位于 y-x 图的对角线上，如图 7-12 中的点 a；又当 $x_n = 0$ 时，

$y_{n+1}=x_D/(R+1)$，即该点位于 y 轴上，如图中点 b，即操作线经过 (x_D, x_D)、$[0, x_D/(R+1)]$两点。图中直线 ab 即为精馏段操作线。

(2) 提馏段操作线方程 按图 7-13 虚线范围（包括提馏段第 m 层板以下塔板及再沸器）作物料衡算，以单位时间为基础，得：

总物料衡算： $L' = V' + W$

易挥发组分衡算： $L'x'_m = V'y'_{m+1} + Wx_W$

则提馏段操作线方程：
$$y'_{m+1} = \frac{L'}{L'-W} x'_m - \frac{W}{L'-W} x_W \qquad (7-14)$$

式中 L'——提馏段下降液体的摩尔流量，kmol/h；

V'——提馏段上升蒸汽的摩尔流量，kmol/h；

x'_m——提馏段第 m 层板下降液相中易挥发组分的摩尔分数；

y'_{m+1}——提馏段第 $m+1$ 层板上升蒸汽中易挥发组分的摩尔分数。

提馏段操作线方程反映了一定操作条件下，提馏段内自任意第 m 层板下降的液相组成 x_m 与其相邻的下一层板（第 $m+1$ 层板）上升汽相组成 y_{m+1} 之间的关系。在稳定操作条件下，提馏段操作线方程为一直线。斜率为 $\frac{L'}{L'-W}$，截距为 $\frac{W}{L'-W}$。

由式(7-14) 可知，当 $x'_m = x_W$ 时，$y'_{m+1} = x_W$，即该点位于 y-x 图的对角线上，如图 7-12 中的点 c；当 $x'_m = 0$ 时，$y'_{m+1} = -Wx_W/(L'-W)$，该点位于 y 轴上，如图 7-12 中点 g，即操作线经过 (x_W, x_W)、$[0, -Wx_W/(L'-W)]$两点，图中直线 cg 即为提馏段操作线。由图 7-12 还可以看出，精馏段操作线和提馏段操作线相交于点 d。

应予指出，提馏段的下降液体流量 L' 和上升蒸气流量 V' 不像精馏段的 L 和 V 那样容易求得，提馏段内液体摩尔流量 L' 不仅与精馏段液体摩尔流量 L 的大小有关，而且它还受进料量 F 及进料热状况的影响。

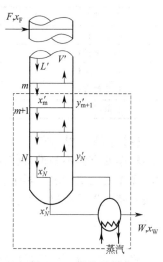

图 7-13 提馏段操作线方程推导

3. 进料热状况影响及 q 线方程

(1) 精馏塔的进料热状况 在实际生产中，精馏塔的原料液进料热状况可能有五种：温度低于泡点的冷液体进料、泡点下的饱和液体进料、温度介于泡点和露点之间的气液混合物进料、露点下的饱和蒸汽进料和温度高于露点的过热蒸汽进料。

(2) 进料热状况对进料板物流的影响 进料的五种热状况，使进料后分配到精馏段的蒸气量及提馏段的液体量有所不同。图 7-14 定性地表示出五种进料热状况下，进料板上升蒸气及该板下降液体的摩尔流量变化情况。

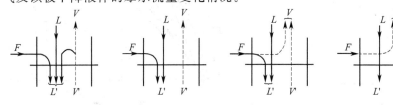

(a) 冷液体进料　(b) 饱和液体进料　(c) 汽液混合物进料　(d) 饱和蒸汽进料　(e) 过热蒸汽进料

图 7-14 进料热状况对进料板上、下各流股的影响

(3) 进料热状态参数 q 为了分析进料热状况及其流量对精馏操作的影响，可对进料板进行物料衡算及热量衡算。以单位时间为基准，可得：

$$\frac{I_V-I_F}{I_V-I_L}=q=\frac{将1kmol原料变成饱和蒸气所需热量}{1kmol原料的汽化潜热}$$

q 值称为进料热状况参数。通过 q 值可以计算提馏段的上升蒸气及下降液体的摩尔流量。

q 值的另一个意义是：对于饱和液体、汽液混合物以及饱和蒸汽进料而言，q 值就等于进料中的液相分率。

根据 q 值大小，可以判断五种进料热状况对精馏段 L、V 及提馏段 L'、V' 的影响，见表 7-4。

表 7-4 进料热状况对 L、V、L'、V' 的影响

进料状况	q 值	L' 和 L 的关系	V' 和 V 的关系
冷液进料	$q>1$	$L'>L+F$	$V'>V$
饱和液体进料	$q=1$	$L'=L+F$	$V'=V$
气液混合进料	$q=0\sim1$	$L'>L$	$V'<V$
饱和蒸气进料	$q=0$	$L'=L$	$V'=V-F$
过热蒸气进料	$q<0$	$L'<L$	$V'<V-F$

(4) q 线方程 由图 7-12 可知，提馏段操作线截距为负值，且数值很小，因此采用截距和斜率的方法不易准确作出提馏段操作线 c。因此通常的做法是先找出精馏段操作线与提馏段操作线的交点 d，再采用两点法连接 cd 得到提馏段操作线。精、提馏段操作线的交点可联立精、提馏段操作线方程得到：

$$y=\frac{q}{q-1}x-\frac{x_F}{q-1} \tag{7-15}$$

式(7-15) 即为精馏段操作线与提馏段操作线交点的轨迹方程，称为进料方程，也称 q 线方程。此方程在 y-x 坐标轴中是一条斜率为 $\frac{q}{q-1}$，截距为 $-\frac{x_F}{q-1}$，经过 (x_F,x_F) 点的直线。如图 7-15 所示，由于 q 线是精馏段和提馏段的交点轨迹方程，因此 q 线和精馏段操作线方程的交点必然也在提馏段操作线方程上，所以连接 q 线和精馏段操作线方程的交点 d 和 $c(x_W,y_W)$ 两点即可得提馏段操作线。

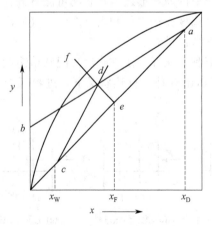

图 7-15 q 线与操作线

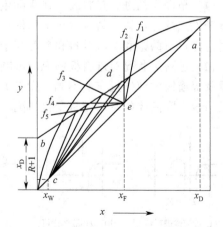

图 7-16 进料热状况对操作线的影响

q 线方程还可分析进料热状态对精馏塔设计及操作的影响。进料热状况不同，q 线位置不同，从而提馏段操作线的位置也相应变化。

根据不同的 q 值，将五种不同进料热状况下的 q 线斜率值及其方位标绘在图 7-16 中，并列于表 7-5 中。

表 7-5　进料热状况对 q 线的影响

进料热状况	进料的焓 I_F	q 值	$q/(q+1)$	q 线在 y-x 图上的位置
冷液体	$I_F > I_L$	>1	$+$	$ef_1(↗)$
饱和液体	$I_F = I_L$	1	∞	$ef_2(↑)$
气液混合物	$I_L < I_F < I_V$	$0 < q < 1$	$-$	$ef_3(↖)$
饱和蒸汽	$I_F = I_V$	0	0	$ef_4(←)$
过热蒸汽	$I_F > I_V$	<0	$+$	$ef_5(↙)$

四、其他精馏

1. 间歇精馏

间歇精馏又称分批精馏，原料液一次性加入蒸馏釜内，在操作过程中不再加料，其流程如图 7-17 所示。当混合液的分离要求较高而料液品种或组成经常变化时，采用间歇精馏比较灵活机动，因此，特别适合于小批量生产的部门，如研究院所、精细化工、生物化工等。

间歇精馏与连续精馏相比，具有以下特点：间歇精馏为非定态过程。间歇精馏操作开始时，全部料液加入精馏釜中，再逐渐加热汽化。自塔顶引入蒸汽经冷凝后，一部分作为馏出液产品，另一部分作为回流液送入塔内。待釜液组成降到规定值后，将其一次排出。因此，在精馏过程中，釜液组成不断降低，塔内操作参数（如温度、料液物性）不仅随位置变化，也随着时间而变化。

间歇精馏塔只有精馏段，因此，获得同样组成的产品，间歇精馏的能耗必大于连续精馏。

间歇精馏有两种基本操作方法，一种是馏出液组成恒定，需要在精馏过程中不断增加回流比；另一种是回流比恒定，这种操作的馏出液组成会逐渐减小。在实际生产中，有时采用两种操作方式结合。例如，在操作初

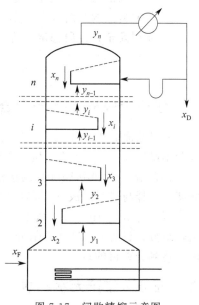

图 7-17　间歇精馏示意图

期可逐步加大回流比，以维持馏出液组成大致恒定，但回流比过大，在经济上不合理，因此在操作后期，可采用回流比恒定操作。如果最后所得馏出液不符合要求，可将此产物并入下一批原料再次精馏。

2. 特殊精馏

前已述及，对于 $\alpha = 1$ 的体系，溶液存在共沸点，$y = x$，不能用一般精馏法将之分离；而对于 α 接近 1 的溶液，采用一般的精馏方法不仅需要较多数量的理论塔板，而且回流比亦较大，使精馏过程的设备费用和操作费用增加。因此，这两种情况宜采用特殊精馏或者其他的分离方法。

这里简单介绍两种特殊精馏的方法：共沸精馏和萃取精馏。共沸精馏及萃取精馏的基本原理，都是在双组分溶液中加入第三组分，以改变原溶液中各组分之间的相对挥发度 α，达到便于分离的目的。

(1) 共沸精馏 在具有共沸点的原双组分混合液中加入第三组分（称为共沸剂或夹带剂），共沸剂与原混合液中的一个或两个组分形成新的共沸物，使原混合液中两组分之间的相对挥发度增大，从而可以一般精馏方法来分离。这种精馏方法称为共沸精馏。

选择适宜的共沸剂是共沸精馏成败的关键，对共沸剂的基本要求是：

① 共沸剂应能与被分离组分形成新的共沸液，其共沸点比纯组分的沸点低，一般两者沸点差值大于10℃。

② 新的共沸物中共沸剂的组成要小，以便能以较少的共沸剂夹带较多的被夹带物质，亦可降低将共沸物蒸发的热耗量。

③ 形成的新共沸物最好为非均相混合物，以便于冷凝后分层分离。

④ 无毒、无腐蚀性，热稳定性好，工业来源广泛，价格低廉。

(2) 萃取精馏 在被分离的混合液中加入第三组分（称为萃取剂），以增加原混合液中两组分之间的相对挥发度，从而可用一般的精馏方法分离。这种精馏方法称为萃取精馏。

选择适宜萃取剂的要求是：

① 萃取剂应使原组分之间的相对挥发度发生显著的变化。

② 萃取剂的沸点应较原混合液中纯组分的高，使萃取剂易于回收。

③ 与原料液的互溶度大，不产生分层现象。

④ 使用安全，性质稳定，价格便宜等。

任务实施

一、任务 1:分离苯-甲苯混合液

通过前面分析，我们知道为实现"将含苯40%和甲苯60%的溶液，分离为含苯97%和含苯不高于2%（以上均为质量分数）的两部分"这一任务，必须采取精馏的方法。

将含苯40%和甲苯60%的溶液（原料液）以每小时15000kg流速在连续精馏塔中进行分离，选择与进料组成（0.44）相近的塔板为进料板，控制操作压力为101.3kPa，控制馏出液流量为76.7kmol/h，塔釜液流量为98.3kmol/h，控制一定的操作条件，即可在塔顶得到轻组分含量为0.974（摩尔分率）的苯，在塔底得到苯含量为0.0235（摩尔分率）的甲苯，达到分离目的。

二、任务 2:生产无水乙醇

常压下乙醇-水溶液的分离，其共沸组成为乙醇89.4%（摩尔分数，下同），故一般精馏方法只能得到工业酒精，而不能得到无水酒精。若以苯为夹带剂，可形成苯-水-乙醇三组分非均相共沸物，此共沸点为64.9℃，共沸物组成为：苯53.9%、乙醇22.8%、水23.3%。

采用如图7-18所示流程，在精馏塔1中部加入工业酒精，塔顶加入苯溶液，精馏时，上述共沸由于沸点低，从塔顶蒸出，经过冷凝冷却后在分层器中分层，上层主要为苯，被送入塔内回流，苯作为共沸剂循环使用；下层主要为乙醇和水的混合液，送入塔2中回收其中少量的苯。塔2塔顶所得到的共沸物并入分层器，塔底的稀乙醇-水溶液送至塔3，用一般的精馏方法回收其中的乙醇，塔底则排出废水。

只要有足够的苯，就可使进料中的水全部形成共沸物，从塔1顶部蒸出，而在塔底则得到无水酒精。

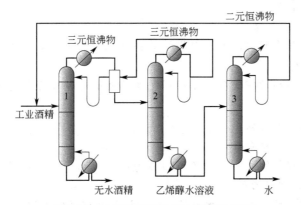

图 7-18 共沸精馏制取无水酒精示意图

三、任务 3:常压下分离苯-环己烷混合液

在常压下,苯的沸点为 80.1℃,环己烷的沸点为 80.73℃,在双组分混合液中加入萃取剂糠醛后,混合液的相对挥发度发生了显著的变化,如表 7-6 所列。

表 7-6　苯-环己烷混合液加入糠醛后 α 的变化

溶液中糠醛的摩尔分数 x	0	0.2	0.4	0.5	0.6	0.7
α	0.98	1.38	1.86	2.07	2.36	2.7

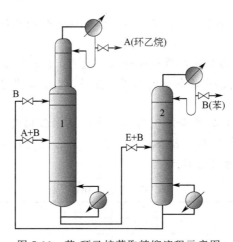

图 7-19　苯-环己烷萃取精馏流程示意图

从表中可以看出,相对挥发度随着萃取剂量的增大而增加。图 7-19 是该工艺的流程图。原料液(A+B)从萃取精馏塔 1 的中部进入,萃取剂糠醛(E)从精馏塔的顶部进入,使它在塔中每层塔板上均能与苯接触,塔顶蒸出的为环己烷(A)。为了防止糠醛蒸气从塔顶带出,糠醛和苯一起从塔釜排出,送入溶剂分离塔 2。由于糠醛与苯的沸点相差很大,所以很容易与苯分离。分离出的糠醛返回萃取精馏塔重新使用。

▌讨论与习题▐

本部分内容量比较大,公式多、图表多、计算多,但重点应放在运用这些内容解决精馏生产中实际问题上,如依据工作原理选择精馏方法、根据不同料液浓度确定不同的进料位置、操作工艺控制计算等。

讨论：

1. 压力对相平衡关系有何影响？精馏塔的操作压力增大，其他条件不变，塔顶、底的温度和浓度如何变化？

2. 什么是挥发度和相对挥发度？相对挥发度的大小对精馏操作有何影响？如何求理想溶液的相对挥发度数值。

3. 蒸馏操作的依据是什么？

4. 何谓部分汽化和部分冷凝？

5. 精馏过程的原理是什么？为什么精馏塔必须有回流？为什么回流必须用最高浓度的回流？用原料液作回流可行否？

6. 精馏塔中汽相浓度、液相浓度以及温度沿塔高有何变化规律，原因是什么？

7. t-x-y 图和 x-y 图由哪几条曲线构成？

8. 进料热状况参数 q 的物理意义是什么？对汽液混合物进料 q 值表示的是进料中的液体分率，对过冷液和过热蒸汽进料，q 值是否也表示进料中的液体分率？写出 5 种进料状况下 q 值的范围。

9. q 线方程的物理意义是什么？q 线方程式是怎样的？图示 5 种进料热状况下 q 线的方位并讨论在进料组成、分离要求、回流比一定的条件下，q 值的大小对所需理论板数及釜加热蒸汽用量的影响。

10. 简述在 x-y 图上绘制精馏段操作线、提馏段操作线、q 线的方法。不同进料热状态时这些线如何变化？

11. 间歇精馏适用于何种情况？它与简单蒸馏和连续精馏有何异同？间歇精馏有哪几种操作方式？

12. 恒沸精馏与萃取精馏的基本原理是什么？适用于何种情况？夹带剂和萃取剂如何选择？试对恒沸精馏与萃取精馏在添加剂的作用、能量消耗、操作条件方面作比较。

习题：

1. 苯（A）与甲苯（B）的饱和蒸气压和温度的关系数据见表 7-7。试利用拉乌尔定律和相对挥发度，分别计算苯-甲苯混合液在总压 P 为 101.33kPa 下的气液平衡数据，并作出温度-组成图。该溶液可视为理想溶液。

表 7-7　习题 1 附图

温度/℃	80.1	85	90	95	100	105	110.6
p_A^0/kPa	101.33	116.9	135.5	155.7	179.2	204.2	240.0
p_B^0/kPa	40.0	46.0	54.0	63.3	74.3	86.0	101.33

2. 在 101.3kPa 下，C_6H_6(A) 与 C_6H_5Cl(B) 的饱和蒸气压（kPa）和温度（K）的关系见表 7-8。

表 7-8　习题 2 附图

温度/K	353.17	363.15	373.15	383.15	393.15	403.15	404.15
p_A^0/kPa	101.33	134.39	177.99	231.98	297.31	375.97	402.63
p_B^0/kPa	19.31	27.78	39.04	53.68	72.37	95.86	101.33

试计算：

① C_6H_6（A）与 C_6H_5Cl（B）的气液平衡相组成，并画出 t-x-y 图。

② 平均相对挥发度（该溶液可视为理想溶液）。

3. 苯和甲苯在92℃时的饱和蒸气压分别为143.73kPa和57.6kPa。试求苯的摩尔分率为0.4、甲苯的摩尔分率为0.6的混合液在92℃各组分的平衡分压、系统压力及平衡蒸气组成。此溶液可视为理想溶液。

4. 由正庚烷和正辛烷组成的溶液在常压连续精馏塔中进行分离。混合液的质量流量为5000kg/h，其中正庚烷的含量为30%（摩尔分数，下同），要求馏出液中能回收原料中88%的正庚烷，釜液中含正庚烷不高于5%。试求馏出液的流量及组成，分别以质量流量和质量分数表示。

任务四　精馏过程操作分析

任务引入

精馏操作的基本要求是保证在最经济的条件下处理更多的物料，达到预定的分离要求（x_d、x_w）或组分的回收率。如在给定条件下确定最佳进料位置、精馏过程中的物料平衡控制、回流比影响、进料物料状态影响等。这些都属于精馏操作条件的优化，目的是获得最佳分离效果。

影响分离效果的因素较多，如压力增加，会使分离效率下降；塔底产品采出量减少，会引起塔顶产品质量下降等。那么，实际操作中的优化措施主要应从哪几个方面考虑？

相关知识

精馏操作型问题包括定性分析和定量计算两部分。定性分析是对运行中的精馏塔，分析某操作条件改变后分离效果的变化，或者提出为获得合格产品须采取的调节措施等。定量计算通常核算某精馏塔的分离能力或者估算操作中的某个参数，有两种类型：一种是设备已经确定，在指定的操作条件下操作结果；另一种是设备已经确定，要求一定的操作结果，确定必需的操作条件（如回流比R、加料位置）。

精馏操作条件的优化，一般可通过操作型计算来解决。

操作型计算在实际生产中可以用来预计产品的质量、操作条件变化（R、n/m、加料位置）对产品质量的影响、保证产品质量应采取的措施等。

操作型计算具两个特点：一是由于众多变量之间的非线性关系，使操作型计算一般均需通过试差（迭代），即先假设一个塔顶（或塔底）组成，再用物料衡算及逐板计算予以校核的方法来解决，由于试差过程比较复杂，目前都采用计算机求解，它相当于在计算机上进行一次实际精馏塔的操作实验；二是加料板位置（或其他操作条件）一般不满足最优化条件。

灵活地分析和计算精馏操作型问题，能使我们深刻领会和掌握精馏的基本原理，尤其是定性分析对了解精馏的本质很有帮助。在精馏操作型问题中，严格说来，操作条件的改变将引起塔内气液相流量和组成的变化，从而影响塔板效率，但是，只要精馏塔能正常操作，一般该项影响就很小，可以忽略不计，所以精馏塔操作条件改变后理论板数可视为不变。此时的已知量为：全塔总板数N及加料板位置（第m块板）；相平衡曲线或相对挥发度；原料组成与热状态q；回流比R；并规定塔顶馏出液的采出率D/F。待求未知量为精馏操作的最终结果——产品组成以及逐板的组成分布。

精馏操作条件的改变首先影响塔内的气液相负荷，随即影响每块塔板的分离能力，最终表现为馏出液和釜液组成的变化，而它们又受到全塔物料衡算关系的制约。因此在精馏塔的操作性分析和计算中应牢牢抓住塔内逐板组成的变化关系，并结合全塔物料衡算进行分析。

优化连续精馏操作条件的理论依据为物料衡算、操作线方程、进料热状况影响及 q 线方程、理论塔板数计算（见任务二），除此之外，还有以下指标。

一、回流比的影响与选择

回流是保证精馏塔连续定态操作的基本条件，因此回流比是精馏过程的重要参数，而且回流比是影响精馏操作费用和设备投资费用的重要因素，同时也影响着分离效果。

回流比对精馏过程的影响，可以从以下两个方面来讨论。

对于一定的分离任务，即 F、x_F、x_D 及 x_W 等数值都确定，如果增大回流比，精馏段操作线的斜率增大，截距减小，精馏段操作线向对角线靠近，提馏段操作线也向对角线靠近，相平衡线与操作线之间的距离增大（即为过程的推动力增加），在计算理论塔板数作阶梯时，每个阶梯的水平距离与垂直距离都增大，即每一块板的分离程度增大，则得到的总的阶梯数目减小，也就是所需的理论塔板数减少，塔设备费用减少。

对于一个固定的精馏塔，此时如果增大回流比，每一块板的分离程度增大，最终 x_D 增大，x_W 减小，提高了产品质量。不过另一方面，回流比增大使塔内气、液相量及操作费用提高。因此，在精馏过程中，需要选择适宜的回流比，以最大程度提高产品质量和减少设备投资费用和操作费用。

回流比有两个极限，上限为全回流时的回流比，下限为最小回流比。适宜的回流比介于两极限之间。

1. 全回流与最少理论塔板数

塔顶上升蒸汽经全凝器冷凝后全部流回塔内，这种回流方式称为全回流。

全回流时回流比 $R \to \infty$，塔顶产品量 D 为零，通常进料量 F 及塔釜产品量 W 均为零，即既不向塔内进料，也不从塔内取出产品。此时生产能力为零。

全回流时全塔无精、提馏段之分，操作线方程 $y=x$，操作线与对角线重合。此时，操作线离平衡线的距离最远，完成一定的分离任务所需的理论塔板数最少，称为最少理论板数，记作 $N_{\min}$，图解法求全回流条件下的理论塔板数如图 7-20 所示。

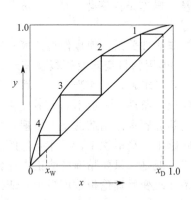

图 7-20 全回流时的最少理论板数

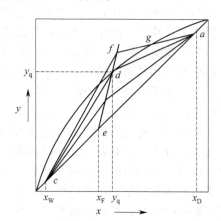

图 7-21 最小回流比的确定

最少理论板数 $N_{\min}$ 也可采用芬斯克方程计算：

$$N_{\min} = \frac{\lg\left[\left(\dfrac{x_D}{1-x_D}\right)\left(\dfrac{1-x_W}{x_W}\right)\right]}{\lg \alpha_m} - 1 \qquad (7\text{-}16)$$

式中 N_{min}——全回流时的最小理论板数,不包括再沸器;
  α_m——全塔平均相对挥发度,一般可取塔顶、塔底几何平均值。

全回流在实际生产中没有意义,但在装置开工、调试、操作过程异常或实验研究中多采用全回流。

2. 最小回流比

当进料状况一定时,减小回流比,精馏段操作线的斜率减小,截距增大,精、提馏段操作线均向平衡线靠近,操作线与相平衡线之间的距离减小,气液两相间的传质推动力减小,达到一定分离要求(x_D、x_W)所需的理论板层数将会增多。当回流比减小至某一数值时,两操作线交点正好落在平衡线上,如图7-21中 d 点,此时即使理论板层数无穷多,此时的回流比即为指定分离度时的最小回流比,用 R_{min} 表示。

最小回流比可用图解法或解析法求得:
也可根据公式求得:

$$R_{min} = \frac{x_D - y_q}{y_q - x_q} \quad (7-17)$$

式中 x_q、y_q——相平衡线与进料线交点坐标(互为平衡关系)。

最小回流比的 R_{min} 值还与平衡线的形状有关。若如图7-22所示的物系的平衡曲线,具有下凹的部分,当操作线与q线的交点尚未落到平衡线上之前,操作线已与平衡线相切,如图中点 g 所示。在这种情况下,即使无穷多塔板也不能跨过切点 g,所以,该回流比即为最小回流比。对于这种情况下的 R_{min} 的求法是由点(x_D,x_D)向平衡线作切线,再由切线的截距或斜率求之。

应予指出,最小回流比 R_{min} 的值对于一定的原料液与规定的分离程度(x_D,x_W)有关,同时还和物系的相平衡性质有关。

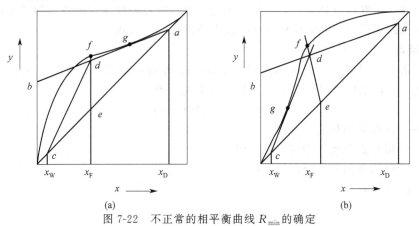

图 7-22 不正常的相平衡曲线 R_{min} 的确定

二、全塔效率与单板效率

1. 全塔效率

全塔效率又称总板效率。在塔设备的实际操作中,由于受到气液接触时间和面积的限制,一般不可能达到气液相平衡,也就是说,实际塔板的分离作用低于理论板。全塔效率是指达到指定的分离效果所需理论板层数与实际板层数的比值:

$$E = \frac{N_T}{N_P} \times 100\%$$

式中 E——全塔效率；

N_T——理论板层数（不包括再沸器）；

N_P——实际板层数。

全塔效率包含影响传质过程的全部动力学因素，但目前尚不能用纯理论公式计算得到，利用有关工程手册的关联图得到一些参考数据。可靠数据只能通过实验测定。

2. 单板效率

单板效率又称默弗里板效率，是指气相或液相经过一层塔板前后的实际组成变化与经过该层塔板前后的理论组成变化的比值。按气相组成变化表示的单板效率为：

$$E_{mV} = \frac{y_n - y_{n+1}}{y_n^* - y_{n+1}}$$

按液相组成变化表示的单板效率为：

$$E_{mL} = \frac{x_{n-1} - x_n}{x_{n-1} - x_n^*}$$

式中 y_n、y_{n+1}——进入和离开 n 板的气相组成；

x_{n-1}、x_n——进入和离开 n 板的液相组成；

y_n^*、x_n^*——分别为 n 板上达到平衡时的气液相组成。

需要指出，板式塔各层塔板的效率并不相同，单板效率直接反映了该层塔板的传质效果，而全塔效率反映了整个塔内的平均传质效果。即使塔内各单板效率相等，全塔效率在数值上也不等于单板效率，这是因为两者的定义基准不同，全塔效率是基于所需理论板层数的概念，而单板效率基于该板理论增浓程度的概念。

三、精馏装置的热量衡算

对精馏操作装置进行热量衡算，可以求得塔顶冷凝器和塔釜再沸器的热负荷以及冷却介质和加热介质的消耗量，并为操作这些换热设备提供基本数据。

1. 冷凝器的热量衡算

若精馏塔的冷凝器冷为全凝器。对图 7-10（全塔物料衡算图，见任务三）所示的全凝器作热量衡算，以单位时间为基准，并忽略热损失，则：

$$Q_c = (R+1)D(I_V - I_L)$$

式中 Q_c——全凝器的热流量，kJ/h；

I_V——塔顶上升蒸气的摩尔焓，kJ/kmol；

I_L——塔顶馏出液的摩尔焓，kJ/kmol。

冷却介质消耗量为：

$$W_c = \frac{Q_c}{c_{pc}(t_2 - t_1)} \tag{7-18}$$

式中 W_c——冷却介质的消耗量，kJ/h；

c_{pc}——冷却介质的比热容，kJ/(kg·℃)；

t_1，t_2——分别为冷却介质在冷凝器的进、出口温度，℃。

2. 再沸器的热量衡算

对图 7-10 所示的再沸器作热量衡算，以单位时间为基准，则：

$$Q_B = V'(I_{VW} - I_{LW}) + Q_L$$

式中 Q_B——再沸器的热负荷，kJ/h；

Q_L——再沸器的热损失，kJ/h；

I_{VW}——再沸器中上升蒸汽的焓,kJ/kmol;

I_{LW}——釜残液的焓,kJ/kmol。

加热介质消耗量为:

$$W_h = \frac{Q_B}{h_{B1} - h_{B2}} \tag{7-19}$$

式中 W_h——加热介质消耗量,kg/h;

h_{B1},h_{B2}——分别为加热介质进、出再沸器的质量焓,kJ/kg。

若用饱和蒸汽加热,且冷凝液在饱和温度下排出,则加热蒸汽消耗量可按下式计算:

$$W_h = \frac{Q_B}{r} \tag{7-20}$$

式中 r——加热蒸汽的汽化热,kJ/kg。

■■■■■■ 任务实施 ■■■■■■

精馏操作的优化目的是获得最佳分离效果,而影响分离效果的因素较多,如压力增加,会使分离效率下降;塔底产品采出量减少,会引起塔顶产品质量下降等。实际操作中的优化措施主要从以下几个方面考虑。

一、保持精馏装置进出物料平衡——生产控制

保持精馏装置进出物料平衡是保证精馏塔稳定操作的必要条件。在料液 F 浓度确定后,馏出液 D、釜残液 W 的量和浓度只取决于料液流量、回流比 R、理论塔板数 N 及气液平衡关系。因此,D、F(或者 D/F、W/F)只能根据 x_D、x_W 来求算,不能任意改变。否则,进出塔的两个组分的量不平衡,将引起塔内组分的增减,导致塔内浓度变化,操作波动,偏离最佳状态。另外,塔顶组成 x_D 反过来也受物料衡算的限制,如回流比影响。最后 x_D 的提高也受精馏段理论板数的限制,此处不予讨论。

【例题】 每小时将 5000kg 含苯 30% 和甲苯 70% 的混合物在连续精馏塔中进行分离,要求馏出物中含苯不小于 98%,釜液中含苯不大于 3%(以上均为质量百分率),试求馏出液和釜液的质量流量和摩尔流量。

解:由式(7-9) 和式[7-9(a)]可得:

$$D = 5000 \frac{0.30 - 0.03}{0.98 - 0.03} = 1421 (\text{kg/h})$$

$$W = 5000 \frac{0.98 - 0.30}{0.98 - 0.03} = 3579 (\text{kg/h})$$

精馏计算中,物流的流量和组成常分别以摩尔流量和摩尔分数计,上述物料衡算常又可计算如下。

苯的摩尔质量为 78,甲苯的摩尔质量为 92,当组成以摩尔分数表示时

$$x_F = \frac{0.3/78}{0.3/78 + 0.7/92} = 0.3358$$

$$x_D = \frac{0.98/78}{0.98/78 + 0.02/92} = 0.983$$

$$x_B = \frac{0.03/78}{0.03/78 + 0.97 + 92} = 0.0352$$

进料的平均摩尔质量 M_F 为：
$$M_F = 78 \times 0.3358 + 92 \times (1 - 0.3358) = 87.3 (\text{kg/kmol})$$

进料的摩尔流量 F 为：
$$F = \frac{5000}{87.3} = 57.3 (\text{kmol/h})$$

将上述数据代入式(7-9) 和式[7-9(a)]得：
$$D = 57.3 \frac{0.3358 - 0.0352}{0.983 - 0.0352} = 18.17 (\text{kmol/h})$$

$$W = 57.3 \frac{0.983 - 0.3358}{0.983 - 0.0352} = 39.13 (\text{kmol/h})$$

二、确定进料板位置——理论塔板数的求法

理论塔板数是一个非要重要的数据，其数值直接关系到精馏塔的实际塔板数甚至塔高。在精馏过程中，塔板数或者塔高直接影响到产品的质量。

精馏塔理论塔板数的计算，常用的方法有逐板计算法、图解法以及简捷算法。在计算理论板数时，一般需已知原料液组成、进料热状态、操作回流比及所要求的分离程度，利用气液相平衡关系和操作线方程求得。

1. 逐板计算法

逐板计算法是计算理论塔板层数的最基本方法，其应用关系式为操作线方程式和相平衡方程式。

对于理论塔板，离开塔板的气液相组成满足相平衡关系方程；而相邻两块塔板间的气液相组成满足操作线方程。这样，交替地使用相平衡关系和操作线方程逐板计算每一块塔板上的气液相组成，所用相平衡关系的次数就是理论塔板数。

具体方法如下：如图 7-23 所示的连续精馏塔，若塔顶采用全凝器，泡点回流。从塔顶最上一层板（序号为1）上升的蒸气在全凝器中全部冷凝。因此，馏出液和回流液的组成相同，均为 y_1，此时，从塔顶开始计算

$$y_1 = x_D \xrightarrow{\text{平衡关系}} x_1 \xrightarrow{\text{精馏段操作关系}} y_2$$
$$\xrightarrow{\text{平衡关系}} x_2 \xrightarrow{\text{精馏段操作关系}} y_3 \cdots \cdots x_n \leqslant x_F (\text{仅指泡点进料})$$
$$\xrightarrow{\text{提馏段操作关系}} y_{n+1} \xrightarrow{\text{平衡关系}} x_{n+1} \cdots \cdots x_N \leqslant x_W$$

应予注意：

① 从 $y_1 = x_D$ 开始，交替使用相平衡方程及精馏段操作线方程计算，直到 $x_n \leqslant x_F$ 为止（对其他进料热状况，应计算到 $x_n \leqslant x_q$ 为止），使用一次相平衡方程相当于有一块理论板，第 n 块板即为加料板，精馏段所需理论板层数为 $n-1$ 块。

② 当 $x_n \leqslant x_F$（泡点进料）时，改交替使用相平衡方程及提馏段操作线方程计算，直到 $x_N \leqslant x_W$ 为止，使用相平衡方程的次数为 m，再沸器相当于一块理论板，精馏段所需理论板层数为 $m-1$ 块。

逐板计算法是求解理论板层数的最基本方法，其概念清晰，计算结果准确，并同时可得到各层塔板层上的气液相组成。但该方法较繁琐，适用于计算机编程计算。

2. 图解法

图解法求取理论塔板数的基本原理与逐板计算法相同，不同的是以 $y-x$ 相图和平衡曲线、操作线代替平衡方程式和操作线方程式的计算。图解的步骤如下，参见图 7-24。

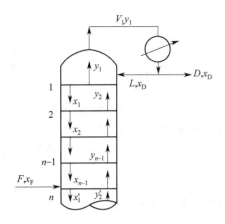
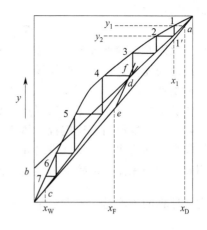

图 7-23　逐板计算法示意图　　　　图 7-24　图解法求取理论塔板数

① 作 $y-x$ 图，根据该物系的相平衡关系绘出 $y-x$ 相图，再依次绘制精馏段操作线、q 线方程、提馏段操作线。

② 自对角线上的 a 点开始，在精馏段操作线与平衡线之间画水平线及垂直线组成的阶梯，即从 a 点作水平线与平衡线交于点 1，该点即代表离开第一层理论板的汽液相平衡组成 (x_1, y_1)，故由点 1 可确定 x_1。由点 1 作垂线与精馏段操作线的交点 $1'$ 可确定 y_2。再由点 $1'$ 作水平线与平衡线交于点 2，由此点定出 x_2。如此重复在平衡线与精馏段操作线之间绘阶梯。当阶梯跨越两操作线的交点 d 点时，则改在提馏段操作线与平衡线之间画阶梯，直至阶梯的垂线跨过点 $c(x_W, x_W)$ 为止。

③ 每出现一个阶梯，表示使用了操作线方程和平衡线方程各一次，即代表一块理论板。跨过点 d 的阶梯为进料板，最后一个阶梯为再沸器。总理论板层数为阶梯数减 1。

④ 阶梯中水平线的距离代表液相中易挥发组分的浓度经过一次理论板后的变化，阶梯中垂直线的距离代表气相中易挥发组分的浓度经过一次理论板的变化，因此阶梯的跨度也就代表了理论板的分离程度。阶梯跨度不同，说明理论板分离能力不同。

图解法简单直观，但计算精确度较差，尤其是对相对挥发度较小而所需理论塔板数较多的场合更是如此。

3. 确定最优进料位置

进料位置的选择是精馏过程的一个重要参数。为保持操作稳定，使塔内各处气、液组成和温度稳定，精馏过程的一般原则是，最优的进料位置一般应在塔内液相或汽相组成与进料组成相近或相同的塔板上，以避免不同组成的物流的混合。当采用图解法计算理论板层数时，适宜的进料位置应为跨越两操作线交点所对应的阶梯。最佳的加料位置在该板的液相组成 x 等于或略低于料液组成 x_F（假设是泡点进料）。

在实际操作中，如果进料位置不当，将使精馏操作不能达到最佳分离效果。进料位置过高，使馏出液的组成偏低（难挥发组分含量偏高）；反之，进料位置偏低，使釜残液中易挥发组分含量增高，从而降低馏出液中易挥发组分的收率。

三、回流比的影响与选择

回流比是影响精馏过程分离效果的主要因素，所以它是生产中用来调节产品质量的主要手段。回流比增大，分离效果变好；回流比减少，分离效果变差。但是，操作回流比的调节不能偏离最优回流比太大，否则，设备长期在不适宜操作条件下运行，必然会降低其经济效益。最佳回流比为：
$$R_{OP} = (1.1 \sim 1.2) R_{min}$$

回流比同时影响到设备投资费和实际操作费用，所以，操作回流比应根据经济核算确定，以期达到完成给定任务所需设备费用和操作费用的总和为最小。设备费是指精馏塔、再沸器、冷凝器等设备的投资费，此项费用主要取决于设备的尺寸，对操作来讲一般已经确定；操作费主要取决于塔底再沸器加热剂用量及塔顶冷凝器中冷却剂的用量。

实际生产中操作回流比应视具体情况选择。对于难分离体系，相对挥发度接近1，此时应采用较大的回流比，以降低塔高并保证产品的纯度；对于易分离体系，相对挥发度较大，可采用较小的回流比，以减少加热蒸气消耗量，降低操作费用。

定量计算的方法是：先设定某一 x'_W 值，可按物料衡算式求出 $x_D = \dfrac{x_F - x_W(1 - D/F)}{D/F}$

然后，自组成为 x_D 起交替使用精馏段操作方程 $y_{n+1} = \dfrac{R}{R+1} x_n + \dfrac{x_D}{R+1}$ 及相平衡方程 $x_n = \dfrac{y_n}{\alpha - (\alpha - 1) y_n}$ 进行 m 次逐板计算，算出离开 1~m 板的气、液两相组成。直至算出离开加料板液体的组成 x_m。跨过加料板以后，须改用提馏段操作方程：$y_{n+1} = \dfrac{R + q\dfrac{F}{D}}{(R+1) - (1-q)\dfrac{F}{D}} x_n - \dfrac{\dfrac{F}{D} - 1}{(R+1) - (1-q)\dfrac{F}{D}} x_W$ 及相平衡方程再进行 $N - m$ 次逐板计算，算出最后一块理论板的液体组成 x_N。将此时 x_N 值与所假设的 x_W 值比较，两者基本接近则有效，否则重新试差。

必须注意，在馏出液 D/F 规定的条件下，借增加回流比 R 以提高 x_D 的方法并非总是有效：

① x_D 的提高受精馏段塔板数即精馏塔分离能力的限制。对一定板数，即使回流比增至无穷大（全回流）时，x_D 也有确定的最高极限值；在实际操作的回流比下不可能超过此极限值。

② x_D 的提高受全塔物料衡算的限制。加大回流比可提高 x_D，但其极限值为 $x_D = F x_F / D$。对一定塔板数，即使采用全回流，x_D 也只能某种程度趋近于此极限值。如 $x_D = F x_F / D$ 的数值大于1，则 x_D 的极限值为1。

此外，加大操作回流比意味着加大蒸发量与冷凝量，这些数值还将受到塔釜及冷凝器的传热面的限制。

四、进料状态的影响

当进料热状态（q 值）变化时，要使塔内热平衡不变，可以采取两种方法：回流比 R 不变，改变塔釜蒸汽量；塔釜蒸汽量不变，改变回流比 R。

下面分析两种情况：

(1) q 值减少 采用第一种方法，即 R 不变，使塔釜蒸汽量 V' 减少，所需 $N_{精}$ 增多；L'/V' 靠近平衡线，所需 $N_{提}$ 增多，表示分离效果降低。

采用第二种情况，即塔釜蒸汽量 V' 不变，R 增加。

很容易可知，精馏段操作线远离平衡线，所需 $N_精$ 减少，$N_提$ 减少，即分离效果变好，但 R 增大，操作费用增加。

(2) q 值增大 R 不变，V' 增大（操作费用增大），所需 $N_精$ 减少，所需 $N_提$ 减少，即分离效果变好。

V' 不变，R 减少，所需 $N_精$ 增加，所需 $N_提$ 增加，即分离效果降低。

所以，试图用改变 q 值（提高 q 值，减少回流比；降低 q 值，减少塔釜上升蒸汽量）来减轻塔顶冷凝器或塔釜再沸器的负荷，都将会降低分离效果。

工业上一般以饱和液体进料。为了废热利用或清洁，有时用气态进料。

五、产品质量控制灵敏板

在一定的压强下，混合物的泡点和露点直接取决于混合物的组成，所以，理论上可以用温度来表示混合物的组成。

一个正常操作的精馏塔，当受到某一外界因素的干扰（如回流比、进料组成发生波动等），全塔各板组成将发生变动，全塔的温度分布也将发生相应的变化。因此，有可能用测量温度的方法预示塔内组成尤其是塔顶馏出液组成的变化。

在一定总压下，塔顶温度是流出液组成的直接反映。但是高纯度分离时，在塔顶（或塔底）相当高的一个塔段中温度变化极小，典型的温度分布曲线如图 7-25 所示。这样，当塔顶温度有了可觉察的变化，馏出液组成的波动早已超出了允许的范围。以乙苯-苯乙烯在 8kPa 下减压精馏为例，当塔顶馏出液中含乙苯由 99.9% 降至 90% 时，泡点变化仅为 0.7℃。可见高纯度分离时一般不能用测量塔顶温度的方法来控制馏出液的质量。

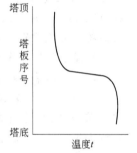

图 7-25 高纯度分离时全塔的温度分布曲线

仔细分析操作条件变动前后温度分布的变化，即可发现在精馏段或提馏段的某些塔板上，温度变化最为显著。或者说，这些塔板的温度对外界干扰因素的反应最为灵敏，故将这些塔板称之为灵敏板。将感温元件安置在灵敏板上可以较早觉察精馏操作所受到的干扰；而且灵敏板比较靠近进料口，可在塔顶馏出液组成尚未产生变化之前先感受到进料参数的变动并及时采取调节手段，以稳定馏出液的组成。

可通过试差法计算各板温度，找出灵敏板。

讨论与习题

本任务内容可以说是任务二的延续和发展。在任务二的基础上，重点讨论了操作中所涉及的各种计算，虽然公式不多，但应用得不少，应结合任务二进行学习和掌握。

分组讨论解决下列问题，并互相讲评，教师小结。

讨论：

1. 回流比的定义是什么？回流比的大小对精馏操作有何影响？
2. 什么是最小回流比？如何计算？
3. 什么叫全回流和最小理论板数？全回流时回流比和操作线方程是怎样的？全回流应用于何种场合？如何计算全回流时的最少理论板数？某塔全回流时，$x_n=0.3$，若 $\alpha=3$，求 y_{n+1}。
4. 精馏操作中，当料液由泡点进料改为冷液进料，若 F、x_F、V、D 保持不变，则 x_D、x_W、R 和 L/V 有何变化？

5. 精馏操作中，若保持 F、x_F、q、D 不变，如果增加 R，则 x_D、x_W、V 和 L/V 有何变化？

6. 压力对相平衡关系有何影响？精馏塔的操作压力增大，其他条件不变，塔顶、底的温度和浓度如何变化？

7. 什么是挥发度和相对挥发度？相对挥发度的大小对精馏操作有何影响？如何求理想溶液的相对挥发度数值。

习题：

1. 在连续精馏塔中分离 CS_2-CCl_4 混合液。已知原料液于泡点加入，流量为 3500kg/h，其中含 CS_2 30%（质量分数，下同），回流比为 2.8，塔顶产品中含 CS_2 92%，馏出液回收率为 62%，试求：

(1) 塔顶产品量和塔底残液量及残液组成；

(2) 塔顶回流量及蒸馏釜汽化量（分别以 kg/h 及 kmol/h 表示）。

2. 某精馏塔用于分离苯-甲苯混合液，泡点进料，进料量 30kmol/h，进料中苯的摩尔分数为 0.5，塔顶、底产品中苯的摩尔分数分别为 0.95 和 0.10，采用回流比为最小回流比的 1.5 倍，操作条件下可取系统的平均相对挥发度 $\alpha=2.40$。

(1) 求塔顶、底的产品量；

(2) 若塔顶设全凝器，各塔板可视为理论板，求离开第二块板的蒸汽和液体组成。

3. 在常压连续精馏塔中分离两组分理想溶液。该物系的平均相对挥发度为 2.5。原料液组成为 0.35（易挥发组分摩尔分率，下同），饱和蒸气加料。塔顶采出率为 $D/F=40\%$，且已知精馏段操作线方程为 $y=0.75x+0.20$，试求：

(1) 提馏段操作线方程；

(2) 若塔顶第一板下降的液相组成为 0.7，求该板的气相默夫里效率 E_{mv1}。

4. 将含 24%（摩尔分数，下同）易挥发组分的某液体混合物送入一连续精馏塔中。要求馏出液含 95% 易挥发组分，釜液含 3% 易挥发组分。送至冷凝器的蒸气摩尔流量为 850kmol/h，流入精馏塔的回流液为 670kmol/h。试求：

(1) 每小时能获得多少 kmol 的馏出液？多少 kmol 的釜液？

(2) 回流比 R 等于多少？

5. 某连续精馏塔，泡点加料，已知操作线方程如下：精馏段 $y=0.8x+0.172$，提馏段 $y=1.3x-0.018$，试求原料液、馏出液、釜液组成及回流比。

6. 某精馏塔在常压下分离苯-甲苯混合液，此时该塔的精馏段和提馏段操作线方程分别为 $y=0.723x+0.263$ 和 $y'=1.25x'-0.0188$，每小时送入塔内 75kmol 的混合液，进料为泡点下的饱和液体，试求精馏段和提馏段上升的蒸汽量为多少。

7. 在连续精馏塔中，精馏段操作线方程 $y=0.75x+0.2075$，q 线方程式为 $y=-0.5x+1.5x_F$，试求：

(1) 回流比 R；

(2) 馏出液组成 x_D；

(3) 进料液的 q 值；

(4) 当进料组成 $x_F=0.44$ 时，精馏段操作线与提馏段操作线交点处的 x_q 值为多少？并要求判断进料状态。

8. 用一精馏塔分离二元理想液体混合物，进料量为 100kmol/h，易挥发组分 $x_F=0.5$，泡点进料，塔顶产品 $x_D=0.95$，塔底釜液 $x_W=0.05$（以上皆为摩尔分数），操作回流比 $R=1.61$，该物系相对挥发度 $\alpha=2.25$，求：

(1) 塔顶和塔底的产品量（kmol/h）；

(2) 提馏段上升蒸汽量（kmol/h）；
(3) 提馏段操作线数值方程；
(4) 最小回流比。

9. 用一常压连续精馏塔分离含苯 0.4 的苯-甲苯混合液。要求馏出液中含苯 0.97，釜液含苯 0.02（以上均为质量分率），原料流量为 15000kg/h，操作回流比为 3.5，进料温度为 25℃，加热蒸气压力为 137kPa（表压），全塔效率为 50%，塔的热损失可忽略不计，回流液为泡点液体，平衡数据见习题1。求：所需实际板数和加料板位置；蒸馏釜的热负荷及加热蒸汽用量；冷却水的进出口温度分别为 27℃和 37℃，求冷凝器的热负荷及冷却水用量。

任务五　精馏塔认知与操作

■ 任务引入 ■

在前面的任务中我们已经介绍了精馏操作的相关理论和操作条件的优化，这些都需通过精馏操作来实施，而精馏操作又是通过精馏塔这一设备进行的。精馏设备如何构成的？如何运行？如何判断运行效果？等等，这些都是我们在操作中应解决的主要问题。

■ 相关知识 ■

一、精馏操作设备——精馏塔

精馏塔主要有板式塔和填料塔，其中板式塔早在 1813 年就已应用于工业生产，是使用量最大、应用范围最广的气液传质设备。最早的板式塔有泡罩塔和筛板塔，到了 20 世纪 50 年代，出现了一些新的板式塔，其中浮阀塔由于具有塔板效率高、操作稳定等优点而得到广泛的应用。60 年代初，结构简单的筛板塔在克服了自身某些缺点之后，应用又日益增多，现在又有越来越多的新型板式塔问世，它们以生产能力大、分离效果好的优势，正在受到人们的广泛关注。

1. 板式精馏塔结构

板式塔结构如图 7-26 所示。它是由圆柱形壳体、塔板、气体和液体进出口、溢流堰、降液管及受液盘等部件组成。塔板是板式塔的核心构件，其功能是提供气、液两相保持充分接触的场所，决定了一个塔的基本性能，使之能在良好的条件下进行传质和传热过程。操作时，塔内液体依靠重力的作用，由上层塔板的降液管流到下层塔板的受液盘，然后横向流过塔板，从另一侧的降液管流至下一层塔板。溢流堰的作用是塔板上保持一定厚度的流动液层；气体自下而上通过塔板上的开孔部分，与自上一块塔板流入的液体在塔板上接触，达到传质、传热的目的。在塔中，两相一般呈逆流流动，以提供最大的传质推动力。

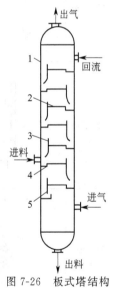

图 7-26　板式塔结构
1—壳体；2—塔板；
3—溢流堰；4—受液盘；5—降液管

2. 塔板的类型与特点

塔板可分为有降液管式（也称溢流式或错流式）及无降液管式（也称穿流式或逆流式）两类，如图 7-27 所示。在有降液管式的塔板上，气液两相呈错流方式接触，这种塔板效率较高，而且具有较大的操作弹性，使用较为广泛。在无降液管式的塔板上，气液两相呈逆流方式接触，这种塔板的板面利用率高，生产能力大，结构简单，但效率较低，操作弹性小，工业应用较少。

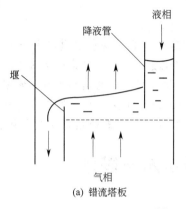
(a) 错流塔板

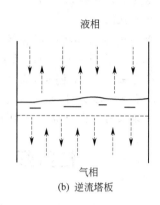
(b) 逆流塔板

图 7-27 塔板分类

塔板的主要类型见表 7-9。

表 7-9 塔板的主要类型

名称	图例	构成	特点
泡罩塔板	（泡罩、齿缝、升气管）	气体通道由升气管和泡罩组成	气体在较低的气速下也不容易发生漏液,防止气体漏下,操作弹性较高,不易堵塞,对各种物料的适应能力强,操作稳定可靠。但结构复杂,金属耗量大,板压降大,生产能力低,造价高,近年来已逐渐被取代
浮阀塔板	（出口堰、浮阀、塔板、降液管、受液盘）	取代了泡罩塔板的升气管,在每个气孔的上方装有一个可以上下浮动的阀片(浮阀)	用浮阀代替了泡罩塔的升气管和泡罩,孔径较大,不易堵塞。浮阀可以上下浮动,当气体流量大时浮阀上升,反之浮阀下降,这样有较大的操作弹性。生产能力比圆形泡罩提高20%～40%,塔板的效率较高。缺点是浮阀使用久会被卡住、绣住或粘住,影响开启
筛孔塔板(筛板)		塔板上开有许多小孔	操作时,气体自下而上通过筛孔进入板上液层鼓泡而出,与塔板上液层进行气液接触,充分传质,脱离液层后进入上面一块塔板,液体自上而下通过降液管进入下面一块塔板。结构简单,造价低廉。缺点是操作弹性小,易堵塞
喷射型塔板		在塔板上冲出许多舌形孔,舌片与板面的角度一般为20°左右,按一定规律排布,向塔板的溢流出口侧张开,塔板出口不设溢流堰	生产能力较高

3. 塔板上汽液两相接触状况判断

(1) 正常接触状况 以筛板塔为例，气体通过筛孔时的速度不同，汽液两相在塔板上的接触状况也不同，通常有三种状况，如图 7-28 所示。

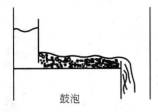 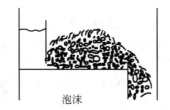 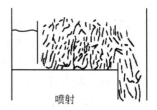

鼓泡　　　　　　　　　泡沫　　　　　　　　　喷射

图 7-28　塔板上的汽液接触状态

① 鼓泡接触状况。当孔中气速很低时，气体以鼓泡形式穿过板上的清液层，由于塔板上的气泡数量较少，因此板上液层清晰可见。两相接触面积为气泡表面，液体为连续相，气体为分散相。由于气泡数量较少，气泡表面的湍动程度较低，因此传质阻力较大，传质的面积较小，传质效果差，一般不宜采用。

② 泡沫接触状况。随着孔速的增加，气泡数量急剧增加并形成泡沫，此时气液两相的传质面是面积很大的液膜，液膜和气泡不断发生破裂与合并，并重新形成泡沫。这时液体仍为连续相，气体为分散相。

由于这种液膜不同于因表面活性剂而形成的稳定泡沫，因此高度湍动并不断合并与破裂，为两相传质创造了良好的流体力学条件。

③ 喷射接触状况。当孔中气速继续增大，动能很大的气体从筛孔喷出并穿过液层，将板上液体破碎成许多大小不等的液滴，并被抛上塔板上方的空间，当液滴回落合并后，再次被破碎成液滴抛出。这时两相传质面积是液滴的外表面，液体为分散相，气体为连续相。

由于液滴的多次形成与合并，使传质表面不断更新，因此也为两相传质创造了良好的流体力学条件。

因为鼓泡状况的传质阻力大，故实际使用意义不大。理想的气液接触状况是泡沫接触状况和喷射接触状况，所以工业上常采用这两种状况之一。

(2) 不正常接触状况——非理想流动 塔板上理想的气液流动，是塔内两相总体上保持逆流而在塔板上呈均匀的错流，以获得最大的传质推动力。但在实际操作中经常出现偏离理想流动的情况，归纳起来有如下几种。

① 返混现象。与反应器的返混概念有所区别，塔板流体的返混现象指与主流方向相反的流动。与液体主体流动方向相反的流动表现为雾（液）沫夹带；与气体主体方向相反的流动表现为气泡夹带。

a. 雾沫夹带：上升气流穿过塔板上的液层时，将部分液体分散成微小液滴，气体夹带着这些液滴在板间的空间上升，如果液滴来不及沉降分离，则将随着气体进入上一层塔板，这种现象称为雾沫夹带（图 7-29）。

雾沫夹带造成液相返混，导致板效率严重下降。影响雾沫夹带的因素很多，最主要的是空塔气速和塔板间距，空塔气速减小以及塔板间距增大，都可以减小液沫夹带量。为维持正常操作，需要将泡沫夹带限制在一定的范围内，一般工业规定每 kg 上升气体夹带到上层塔板的液体量不应超过 0.1kg。

b. 气泡夹带：与雾沫夹带相对应，在塔板上与气体充分接触后的液体，在降液管时将气泡卷入降液管，若液体在降液管内的停留时间太短，所含的气泡来不及脱离而被夹带到下一层塔板，这种现象称为气泡夹带。

气泡夹带产生的气体夹带量占气体总流量的比例很小，因而给传质带来的危害不大，但由于降液管内液体含大量的气泡，使降液管内泡沫层平均密度降低，导致降液管的通过能力降低，严重时还会破坏塔的正常操作。

② 气体和液体的不均匀分布。分为以下两种情况。

一是气体沿塔板的不均匀分布。在每一层塔板上气液两相呈错流流动，因此，希望在塔板上各点的气速都相等。但是由于液面落差的存在，在塔板入口处的液层厚，气体通过的阻力大，因此气量小；而在塔板出口处的液层薄，气体通过的阻力小，因此气量大，从而导致气体流量沿塔板的不均匀分布。不均匀的气流分布对传质是不利的。板上的液体流动距离越长或液体流量越大，液面落差就越大。为了减轻气体流动不均匀分布，应尽量减少液面落差。

图 7-29　过量的雾沫夹带

二是液体沿塔板的不均匀分布。因为塔截面是圆形的，所以，液体横向流过塔板时有多种途径。在塔板中央，液体行程短而平直、阻力小、流速大，而在塔板的边沿部分，行程长而弯曲，又受到塔壁的牵制，阻力大、流速小。由于液体沿塔板的速度分布是不均匀的，因而严重时会在塔板上造成一些液体流动不畅的滞留区，总的结果是使塔板的物质传递量减少，因此对传质不利。

液体分布的不均匀性与液体流量有关，当液体流量低时，该问题尤为突出。此外，由于气体的搅动，液体在塔板上还存在各种小尺度的反向流动，而在塔板边沿处，还可能产生较大尺度的环流。这些与主体流动方向相反的流动，同样属于返混，使传质效果较低。

在操作过程中，如果塔板上液体下降受阻，并逐渐在塔板上积累，直到充满整个板间，从而破坏了塔的正常操作，这种现象称为液泛（也称淹塔），如图 7-30 所示。液泛是气液两相作逆向流动时的操作极限。发生液泛时，压力降急剧增大，塔板效率急剧降低，塔的正常操作将被破坏，在实际操作中要避免。

根据液泛发生原因不同，可分为两种情况：对一定的液体流量，气速过大，气体穿过板上的液层时，造成雾沫夹带量增加，每层塔板在单位时间内被气体夹带的液体越多，液层就越厚，而液层越厚，雾沫夹带量也就越大，这样必将出现恶性循环，最终导致液体充满全塔，造成液泛，这种由于严重的雾沫夹带引起的液泛称为夹带液泛。液体流量和气体流量过大，均会引起降液管液泛。当液体流量过大时，降液管截面不足以使液体通过，管内液面升高；当气体流量过大时，相邻两块塔板的压降增大，使降液管内液体不能顺利下流，管内液体积累使液位不断升高，直至管内液体升高到越过溢流堰顶部，于是，两板间液体相连，最终导致液泛，并称之为降液管液泛。

开始发生液泛时的气速称之为泛点气速，正常操作气速应控制在泛点气速之下。影响液泛的因素除气、液相流量和物性外，还与塔板的结构特别是塔板间距有关。设计中采用较大的板间距，可提高泛点气速。

气体通过筛孔的速度较小时，气体通过筛孔的动压不足以阻止板上液体的流下，液体会直接从孔口落下，这种现象称为漏液（见图 7-31）。漏液量随孔速的增大与板上液层高度的降低而减小。漏液会影响气液在塔板上的充分接触，降低传质效果，严重时将使塔板上不能积液而无法操作。当从孔道流下的液体量占液体流量的 10% 以上时，称为严重漏液。严重漏液可使塔板不能积液而无法操作，因此，为保证塔的正常操作，漏液量应不大于塔内液体流量的 10%。

图 7-30　液泛

图 7-31　漏液

造成漏液的主要原因是气速太小和由于板面上液面落差所引起的气流分布不均匀，液体在塔板入口侧的液层较厚，此处往往出现漏液，所以常在塔板入口处留出一条不开孔的安定区，以避免塔内严重漏液。

二、精馏塔的操作规程

1. 开工准备

在精馏塔的装置安装完成后，需经历一系列投运准备工作后，才能开车投产。精馏塔首次开工或改造后的装置开工，操作前必须进行设备检查、试压、吹（清）扫、冲洗、脱水及电气、仪表、公用工程处于备用状态，盲板拆装无误，然后才能转入化工投料阶段。

（1）设备检查　依据技术规范、标准要求，检查每台设备的安装部件。设备安装质量好坏直接影响开工过程和开工后正常运行。

制造安装完成后的精馏塔如果与设计图纸的尺寸和要求存在某些差异，均可能是潜在的麻烦根源。因此，需按图纸和设计要求进行检查，有些还需要由专业人员进行，如防腐蚀、可能发生的疲劳损坏等，其大部分检查则由工艺和操作人员进行。尽早发现缺陷和差错，尽早进行修复，所花费的时间最短，其费用也能减到最小，所以应提倡边安装边检查。尤其对于那些装好以后难以接近的构件，例如塔底受液盘区更应这样做。

不少人推荐检查工作由技术部门人员进行，这样一方面能平衡该阶段操作人员和技术部门人员的工作量，易安排；另一方面，也因为技术部门人员一般对塔内的流动情况和传质情况比较了解，熟悉哪些内容应该重点检查。同时，在检查过程中还给技术部门人员提供了宝贵的实践机会，对于改进今后的设计和维持正常运转都有利。

在着手检查工作前应该准备一份检查内容的清单，使检查要求清楚简明，又可防止遗漏。

① 塔设备。首次运行的塔设备，必须逐层检查所有塔盘，确认安装正确，检查溢流口

尺寸、堰高等，符合要求。所有阀也要进行检查，确认清洁，如浮阀要活动自如；舌型塔板，舌口要清洁无损坏。所有塔盘紧固件应正确安装，能起到良好的紧固作用。所有分布器安装定位正确，分布孔畅通。每块塔板和降液管清洁无杂物。所有设备检查工作完成后，马上安装人孔。

② 机泵、空冷风机。机泵经检修和仔细检查，可以备用；泵，冷却水畅通，润滑油加至规定位置，检查合格；空冷风机，润滑油或润滑脂按规定加好，空冷风叶调节灵活。

③ 换热器。换热器安装到位，试压合格。对于检修换热器，抽芯、清扫、疏通后，达到管束外表面清洁和管束通畅，保证开工后的换热效果，换热器所有盲板拆除。

(2) 试压 精馏塔设备本身在制造厂做过强度试验，到工厂安装就位后，为了检查设备焊缝的致密性和机械强度，在试用前要进行压力试验。一般使用清洁水做静液压试验。试压一般按设计图上的要求进行，如果设备无要求，则按系统的操作压力进行，若系统的操作压力在 5×101.3 kPa 以下，则试验压力为操作压力的 1.5 倍；操作压力在 5×101.3 kPa 以上，则试验压力为操作压力的 1.25 倍；若操作压力不到 2×101.3 kPa，则试验压力为 2×101.3 kPa 即可。一般塔的最高部位和最低部位应各安装一个压力表，塔设备上还应有压力记录仪表，可用于记录试验过程并长期保存。

首先需关闭全部放空和排液阀，试压系统与其他部分连接管线上的阀门也要关闭。打开高位放空口，向待试验系统注水，直至系统充满水，关闭所有放空和排凝阀，利用试验泵将系统压力升至规定值。关闭试验泵及出口阀，观察系统压力应为 1h 内保持不变。试压结束后，打开系统排凝阀放水，同时打开高位通气口，防止系统形成真空损坏设备。还应注意检验设备对水压的承受能力。

液压试验以后，开工前还必须用空气、氮气或蒸汽对塔设备进行气体压力试验，以保证法兰等静密封点的气密性，并检查液压试验以后设备存在的泄漏点。加压完毕后，注意监测系统压力的下降速度，并对各法兰、入孔、焊缝等处，用肥皂水等检漏。注意当检查出渗漏时，小漏大多可通过拧紧螺栓来消除，或对系统进行减压，针对缺陷进行修复。在加压实验时发现问题，修理人员应事先了解试验介质的性质，如氮气对人有窒息作用，需做好相应的防范措施。同时也要注意超压的危险。用水蒸气试压时需倍加注意，应缓慢通入，以防大量冷凝水产生而造成麻烦，尤其应注意防止系统停蒸汽后造成负压而损坏设备。

对于减压精馏系统，一般可先按上述方法加压，因为加压试漏时渗漏点容易出现。随后再对系统抽真空，抽至正常操作真空度后关闭真空发生设备，监控压力的回升速度，判断是否达到要求。在抽真空试验前，应将设备中的积液和残留水排除，否则会在真空下汽化升压，影响判断。

(3) 吹（清）扫 试压合格后，需对新配管及新配件进行吹扫等清洁工作，以免设备内的铁锈、焊渣等杂物对设备、管道、管件、仪表造成堵塞。

管线清扫一般在塔内向外吹扫，首先将各管线与塔相连接处的阀门关闭，将仪表管线拆除，接管处阀门关闭，只保留指示清扫所需的仪表。开始向塔内充以清扫用的空气或氮气，塔作为一个"气柜"，当达到一定压力后停止充气，接着对各连接管路逐个进行清扫。

塔的清扫，一般采用"加压和卸压"的方法，即通过多次重复对设备加压和卸压来实现清扫。开车前的清扫先用水蒸气，再用氮气清扫；在停车清扫时，蒸汽易产生静电有危险，故先吹氮气再吹水蒸气。清扫排气应通过特设的清扫管。在进行塔的加压和卸压时，要注意控制压力的变化速度。

(4) 盲板 盲板是用于管线、设备间相互隔离的一种装置。塔停车期间，为了防止物料经连接管线漏入塔中而造成危险，一般在清扫后于各连接管线上加装盲板。在试运行和开车前，这些加装的盲板又需拆除。有时试运行仅在流程部分范围内进行，为防止试运行物料漏入其余部分，在与试运行部分相连的管线上也需加装盲板，全流程开车之前再拆除。

专用的冲洗水蒸气、水等管线，在正常操作时塔中不能有水漏入，或塔中物料漏入这种管线将会出现危险，在塔开车前对这些管线需加装盲板，在清扫或试运行中用到它们时则又需拆除这些盲板。总之，在杜绝连接管线与设备之间的物流流动时，又应拆除盲板。在实际操作时，可以利用醒目的彩色涂料或盲板标记帮助提醒已安装的盲板位置。

正确装拆盲板与确保生产安全和正常运行密切相关，因未装盲板造成人身伤亡、爆炸等事故，以及盲板未及时拆除而延误开工、出现险情等已见报道，而且在装拆盲板时还有潜在的危险，因此，建立有关规范是十分必要的。下面列举几点供参考。

在十分熟悉生产流程、操作、安全和环保等基础上，分别制定出停车期间、试运行期间和开工正常生产期间，需加装和拆除盲板清单，并用图表表明。

每次停车、试运行和开工期间，需制定装拆盲板的进度表，并随时记录执行情况。

盲板需用合适的材料，如防腐、耐温又有足够强度。盲板分别编号，加上明显标签，由专人管理。

装拆盲板前，需了解可能出现的危情，要查明上游阀门的启闭情况，是否堵塞，物料泄漏到大气中有何后果。

(5) 塔的水冲洗、水联运

① 水冲洗。主要用来清除塔中污垢、泥浆、腐蚀物等固体物质，也可用于塔的冷却或为入塔检修而冲洗。在塔的停车阶段，往往利用轻组分产物来冲洗，例如催化裂化分馏系统的分馏塔，其进料中含有少量催化剂粉末，随塔底油浆排出塔外。冲洗液大多数情况下使用水，有的需使用专用的清洗液。

装置吹扫试压工作已完成，设备、管道、仪表达到生产要求；装置排水系统通畅，应拆法兰、调节阀、仪表等均已拆除；应加装的盲板均已加装好；与冲洗管道连接的蒸汽、风、瓦斯等与系统有关的阀门关闭。有关放空阀都打开，没有放空阀的系统拆开法兰以便排水。

一般从泵的入口引入新鲜水，经塔顶进入塔内，最高水位为最上抽出口（也可将最上一个人孔打开以限制水位），自上而下逐条管线由塔内向塔外进行冲洗，并在设备进出口、调节阀处及流程末端放水。必须经过的设备如换热器、机泵、容器等，应打开入口放空阀或拆开入口法兰排水冲洗，待水洁净后再引入设备。冲洗应严格按照流程，冲洗干净一段流程或设备，才能进入下一段流程或设备。冲洗过程尽量利用系统建立冲洗循环，以节约用水，在滤网持续 12h 保持清洁时，可判断冲洗已完成。

② 水联运。主要是为了暴露工艺、设备缺陷及问题，对设备的管道进行水压试验，打通流程。考察机泵、测量仪表和调节仪表的性能。

水冲洗完毕，安装好孔板、调节阀、法兰等，泵入口过滤器清洗干净重新安装好，塔顶放空打开，改好水联运流程，关闭设备安全阀前的闸阀，关闭气压机出入口阀及气封阀、排凝阀。从泵入口处引入新鲜水，经塔顶冷回流线进入塔内，试运过程中对塔、管道进行详细检查，无水珠、水雾、水流出为合格；机泵连续运转 8h 以上，检查轴承温度、振动情况，运行平稳无杂声为合格；仪表尽量投用，调节阀经常活动，有卡住现象及时处理；水联运要达 2 次以上，每次运行完毕都要打开低点排凝阀把水排净，清理泵入口过滤器，加水再次联运；水联运完毕后，放净存水，拆除泵入口过滤网，用压缩空气吹净存水。还应注意控制好泵出口阀门的开度，防止电流超负荷烧坏电机。严禁水窜入余热锅炉体、加热炉体、冷热催化剂罐、蒸汽、风、瓦斯及反应再生系统。

(6) 脱水操作（干燥） 对于低温操作的精馏塔，塔中有水会影响产品质量，造成设备腐蚀，低温下水结冰还可造成堵塞，产生固体水合物；高温塔中有水存在会引起压力波动，因此需在开车前进行脱水操作。

① 液体循环。可分为热循环和冷循环，所用液体可以是系统加工处理的物料，也可以是水。

② 全回流脱水。应用于与水不互溶的物料，它可以是正式运行的物料，也可以是特选的试验物料，随后再改为正式生产中的物料，最好其沸点比水高。当塔在全回流下运转时，水汽蒸到塔顶经冷凝器冷凝到回流罐，水分分别从装于冷凝器物料侧和回流罐最低位处的排液阀排走。此法脱水耗时较长，结果可靠。

③ 热气体吹扫。用热气体吹扫将管线或设备中某些部位的积水吹走，从排液口排出。

④ 干燥气体吹扫。依靠干燥气体带走塔内汽化的水分。该方法一般用于低温塔的脱水，并在装置中装有产生干燥气体的设备。

⑤ 吸水性溶剂循环。应用乙二醇、丙醇等一类吸湿性溶剂在塔系统中循环，吸取水分，达到脱水的目的。

(7) 置换 在工业生产中，被分离的物质大部分为有机物，它们具有易燃、易爆的性质，在正式生产前，如果不驱除设备内的空气，就容易与有机物形成爆炸性混合物。因此，先用氮气将系统内的空气置换出去，使系统内的含氧量达到安全规定以下，即对精馏塔及附属设备、管道、管件、仪表凡能连通的都连在一起，再从一处或几处向内部充氮气，充到指定压力，关闭氮气阀，排掉系统内的空气，再重新充气，反复3~5次，直到分析结果含氧量合格为止。

(8) 电、仪表、公用工程

① 电气动力。新安装或检修后的电机试车完成，电缆绝缘、电机转向、轴承润滑、过流保护、与主机匹配等均要符合要求。新鲜水、蒸汽等引入装置正常运行，蒸汽管线各疏水器正常运行，工业风、仪表风、氮气等引入装置正常运行。

② 仪表。仪表调试对每台、每件、每个参数都很重要，所有调节阀经过调试，全程动作灵活，动作方向正确。热电偶经过校验检查，测量偏差在规定范围内，流量、压力和液位测量单元检测正常。其中特别要注意塔压力、塔釜温度、回流、塔釜液面等调节阀阀位的核对，投料前全部仪表处于备用状态。

③ 公用工程。精馏塔所涉及的公用工程主要是冷却剂、加热剂，冷却剂可以循环使用，加热剂接到再沸器调节阀前备用。

所有的消防、灭火器材均配备到位，所有的安全阀处于投运状态，各种安全设备备好待用。

2. 精馏塔的开停车

开车是生产中十分重要的环节，目标是缩短开车时间，节省费用，避免可能发生的事故，尽快取得合格产品。停车也是生产中十分重要的环节，当装置运转一定周期后，设备和仪表将发生各种各样的问题，继续维持生产在生产能力和原材料消耗等方面已经达不到经济合理的要求，还有着发生事故的潜在危险，于是需停车进行检修，要实现装置完全停车，尽快转入检修阶段，必须做好停车准备工作，制定合理的停车步骤，预防各种可能出现的问题。

(1) 精馏塔的开车 精馏塔开车一般包括下列步骤。

① 制定出合理的开车步骤、时间表和必需的预防措施；准备好必要的原材料和水电汽供应；配备好人员编制，并完成相应的培训工作等。

② 塔的结构必须符合设计要求，塔中整洁，无固体杂物，无堵塞，并清除了一切不应存在的物质，例如塔中含氧量和水分含量必须符合规定；机泵和仪表调试正常；安全措施已调整好。

③ 对塔进行加压和减压，达到正常操作压力。
④ 对塔进行加热和冷却，使其接近操作温度。
⑤ 向塔中加入原料。
⑥ 开启塔顶冷凝器，开启再沸器和各种加热器的热源以及各种冷却器的冷源。
⑦ 对塔的操作条件和参数逐步调整，使塔的负荷、产品质量逐步又尽快地达到正常操作值，转入正常操作。

由于各精馏塔处理的物系性质、操作条件和在整个生产装置中所起的作用等千差万别，具体的操作步骤很可能有差异。重要的是必须重视具体塔的特点，审慎地确定开车步骤。

(2) 精馏塔的停车　精馏塔停车的一般包括下列步骤。
① 制订一个降负荷计划，逐步降低塔的负荷，相应地减小加热器和冷却剂用量，直至完全停止。如果塔中有直接蒸汽（如催化裂化装置主分馏塔），为避免塔板漏液，多出些合格产品，降量时可适当增加些直接蒸汽的量。
② 停止加料。
③ 排放塔中存液。
④ 实施塔的降压或升压、降温或升温，用惰性气清扫或冲洗等，使塔接近常温或常压，准备打开人孔通大气，为检修做好准备。具体需做哪些准备工作，必须由塔的具体情况而定，因地制宜。

━━━━━━ 任务实施 ━━━━━━

一、精馏仿真操作

1. 工艺流程说明

(1) 工艺说明　本流程是利用精馏方法，在脱丁烷塔中将丁烷从脱丙烷塔釜混合物中分离出来。精馏是将液体混合物部分气化，利用其中各组分相对挥发度的不同，通过液相和气相间的质量传递来实现对混合物的分离。本装置中将脱丙烷塔釜混合物部分气化，由于丁烷的沸点较低，即其挥发度较高，故丁烷易于从液相中气化出来，再将气化的蒸汽冷凝，可得到丁烷组成高于原料的混合物，经过多次气化冷凝，即可达到分离混合物中丁烷的目的。

原料为67.8℃脱丙烷塔的釜液（主要有C_4、C_5、C_6、C_7等），由脱丁烷塔（DA-405）的第16块板进料（全塔共32块板），进料量由流量控制器FIC101控制。灵敏板温度由调节器TC101通过调节再沸器加热蒸汽的流量，来控制提馏段灵敏板温度，从而控制丁烷的分离质量。

脱丁烷塔塔釜液（主要为C5以上馏分）一部分作为产品采出，一部分经再沸器（EA-418A、B）部分汽化为蒸汽从塔底上升。塔釜的液位和塔釜产品采出量由LC101和FC102组成的串级控制器控制。再沸器采用低压蒸汽加热。塔釜蒸汽缓冲罐（FA-414）液位由液位控制器LC102调节底部采出量控制。

塔顶的上升蒸汽（C_4馏分和少量C_5馏分）经塔顶冷凝器（EA-419）全部冷凝成液体，该冷凝液靠位差流入回流罐（FA-408）。塔顶压力PC102采用分程控制：在正常的压力波动下，通过调节塔顶冷凝器的冷却水量来调节压力，当压力超高时，压力报警系统发出报警信号，PC102调节塔顶至回流罐的排气量来控制塔顶压力调节气相出料。操作压力4.25atm（表压），高压控制器PC101将调节回流罐的气相排放量来控制塔内压力稳定。冷凝器以冷却水为载热体。回流罐液位由液位控制器LC103调节塔顶产品采出量来维持恒定。回流罐中的液体一部分作为塔顶产品送下一工序，另一部分由回流泵（GA-412A、B）送回塔顶做为回流，回流量由流量控制器 FC104 控制。

（2）本单元复杂控制方案说明　吸收解吸单元复杂控制回路主要是串级回路的使用，在吸收塔、解吸塔和产品罐中都使用了液位与流量串级回路。

串级回路：是在简单调节系统基础上发展起来的。在结构上，串级回路调节系统有两个闭合回路。主、副调节器串联，主调节器的输出为副调节器的给定值，系统通过副调节器的输出操纵调节阀动作，实现对主参数的定值调节。所以在串级回路调节系统中，主回路是定值调节系统，副回路是随动系统。

分程控制：就是由一只调节器的输出信号控制两只或更多的调节阀，每只调节阀在调节器的输出信号的某段范围中工作。

具体实例：

DA405 的塔釜液位控制 LC101 和塔釜出料 FC102 构成一串级回路。

FC102.SP 随 LC101.OP 的改变而变化。

PIC102 为一分程控制器，分别控制 PV102A 和 PV102B，当 PC102.OP 逐渐开大时，PV102A 从 0 逐渐开大到 100；而 PV102B 从 100 逐渐关小至 0。

（3）设备一览

DA-405：脱丁烷塔

EA-419：塔顶冷凝器

FA-408：塔顶回流罐

GA-412A、B：回流泵

EA-418A、B：塔釜再沸器

FA-414：塔釜蒸汽缓冲罐

2. 精馏单元操作规程

（1）冷态开车操作规程　本操作规程仅供参考，详细操作以评分系统为准。

装置冷态开工状态为精馏塔单元处于常温、常压氮吹扫完毕后的氮封状态，所有阀门、机泵处于关停状态。

① 进料过程

a. 开 FA-408 顶放空阀 PC101 排放不凝气，稍开 FIC101 调节阀（不超过 20%），向精馏塔进料。

b. 进料后，塔内温度略升，压力升高。当压力 PC101 升至 0.5atm 时，关闭 PC101 调节阀投自动，并控制塔压不超过 4.25atm（如果塔内压力大幅波动，改回手动调节稳定压力）。

② 启动再沸器

a. 当压力 PC101 升至 0.5atm 时，打开冷凝水 PC102 调节阀至 50%；塔压基本稳定在 4.25atm 后，可加大塔进料（FIC101 开至 50% 左右）。

b. 待塔釜液位 LC101 升至 20% 以上时，开加热蒸汽入口阀 V13，再稍开 TC101 调节阀，给再沸器缓慢加热，并调节 TC101 阀开度使塔釜液位 LC101 维持在 40%～60%。待 FA-414 液位 LC102 升至 50% 时，投自动，设定值为 50%。

③ 建立回流

随着塔进料增加和再沸器、冷凝器投用，塔压会有所升高，回流罐逐渐积液。

a. 塔压升高时，通过开大 PC102 的输出，改变塔顶冷凝器冷却水量和旁路量来控制塔压稳定。

b. 当回流罐液位 LC103 升至 20% 以上时，先开回流泵 GA412A/B 的入口阀 V19，再启动泵，再开出口阀 V17，启动回流泵。

c. 通过 FC104 的阀开度控制回流量，维持回流罐液位不超高，同时逐渐关闭进料，全回流操作。

④ 调整至正常

a. 当各项操作指标趋近正常值时，打开进料阀 FIC101。

b. 逐步调整进料量 FIC101 至正常值。

c. 通过 TC101 调节再沸器加热量使灵敏板温度 TC101 达到正常值。

d. 逐步调整回流量 FC104 至正常值。

e. 开 FC103 和 FC102 出料，注意塔釜、回流罐液位。

f. 将各控制回路投自动，各参数稳定并与工艺设计值吻合后，投产品采出串级。

(2) 正常操作规程

① 正常工况下的工艺参数

a. 进料流量 FIC101 设为自动，设定值为 14056kg/h。

b. 塔釜采出量 FC102 设为串级，设定值为 7349kg/h，LC101 设为自动，设定值为 50%。

c. 塔顶采出量 FC103 设为串级，设定值为 6707kg/h。

d. 塔顶回流量 FC104 设为自动，设定值为 9664kg/h。

e. 塔顶压力 PC102 设为自动，设定值为 4.25atm，PC101 设为自动，设定值为 5.0atm。

f. 灵敏板温度 TC101 设为自动，设定值为 89.3℃。

g. FA-414 液位 LC102 设为自动，设定值为 50%。

h. 回流罐液位 LC103 设为自动，设定值为 50%。

② 主要工艺生产指标的调整方法

a. 质量调节。本系统的质量调节采用以提馏段灵敏板温度作为主参数，以再沸器和加热蒸汽流量的调节系统为副参数，从而实现对塔的分离质量控制。

b. 压力控制。在正常的压力情况下，由塔顶冷凝器的冷却水量来调节压力，当压力高于操作压力 4.25atm（表压）时，压力报警系统发出报警信号，同时调节器 PC101 将调节回流罐的气相出料，为了保持同气相出料的相对平衡，该系统采用压力分程调节。

c. 液位调节。塔釜液位由调节塔釜的产品采出量来维持恒定，设有高低液位报警。回流罐液位由调节塔顶产品采出量来维持恒定，设有高低液位报警。

d. 流量调节。进料量和回流量都采用单回路的流量控制；再沸器加热介质流量，由灵敏板温度进行调节。

(3) 停车操作规程

本操作规程仅供参考，详细操作以评分系统为准。

① 降负荷

a. 逐步关小 FIC101 调节阀，降低进料至正常进料量的 70%。

b. 在降负荷过程中，保持灵敏板温度 TC101 的稳定性和塔压 PC102 的稳定，使精馏塔分离出合格产品。

c. 在降负荷过程中，尽量通过 FC103 排出回流罐中的液体产品，至回流罐液位 LC104 在 20% 左右。

d. 在降负荷过程中，尽量通过 FC102 排出塔釜产品，使 LC101 降至 30% 左右。

② 停进料和再沸器

在负荷降至正常的 70%，且产品已大部采出后，停进料和再沸器。

a. 关 FIC101 调节阀，停精馏塔进料。

b. 关 TC101 调节阀和 V13 或 V16 阀，停再沸器的加热蒸汽。

c. 关 FC102 调节阀和 FC103 调节阀，停止产品采出。

d. 打开塔釜泄液阀 V10，排不合格产品，并控制塔釜降低液位。

e. 手动打开 LC102 调节阀，对 FA-114 泄液。

③ 停回流

a. 停进料和再沸器后，回流罐中的液体全部通过回流泵打入塔，以降低塔内温度。

b. 当回流罐液位至 0 时，关 FC104 调节阀，关泵出口阀 V17（或 V18），停泵 GA412A（或 GA412B），关入口阀 V19（或 V20），停回流。

c. 开泄液阀 V10 排净塔内液体。

④ 降压、降温

a. 打开 PC101 调节阀，将塔压降至接近常压后，关 PC101 调节阀。

b. 全塔温度降至 50℃左右时，关塔顶冷凝器的冷却水（PC102 的输出至 0）。

(4) 仪表一览表　仪表一览表见表 7-10。

表 7-10　仪表一览表

位号	说明	类型	正常值	量程高限	量程低限	工程单位
FIC101	塔进料量控制	PID	14056.0	28000.0	0.0	kg/h
FC102	塔釜采出量控制	PID	7349.0	14698.0	0.0	kg/h
FC103	塔顶采出量控制	PID	6707.0	13414.0	0.0	kg/h
FC104	塔顶回流量控制	PID	9664.0	19000.0	0.0	kg/h
PC101	塔顶压力控制	PID	4.25	8.5	0.0	atm
PC102	塔顶压力控制	PID	4.25	8.5	0.0	atm
TC101	灵敏板温度控制	PID	89.3	190.0	0.0	℃
LC101	塔釜液位控制	PID	50.0	100.0	0.0	%
LC102	塔釜蒸汽缓冲罐液位控制	PID	50.0	100.0	0.0	%
LC103	塔顶回流罐液位控制	PID	50.0	100.0	0.0	%
TI102	塔釜温度	AI	109.3	200.0	0.0	℃
TI103	进料温度	AI	67.8	100.0	0.0	℃
TI104	回流温度	AI	39.1	100.0	0.0	℃
TI105	塔顶气温度	AI	46.5	100.0	0.0	℃

3. 事故设置一览

下列事故处理操作仅供参考，详细操作以评分系统为准。

(1) 热蒸汽压力过高

原因：热蒸汽压力过高。

现象：加热蒸汽的流量增大，塔釜温度持续上升。

处理：适当减小 TC101 的阀门开度。

(2) 热蒸汽压力过低

原因：热蒸汽压力过低。

现象：加热蒸汽的流量减小，塔釜温度持续下降。

处理：适当增大 TC101 的开度。

(3) 冷凝水中断

原因：停冷凝水。

现象：塔顶温度上升，塔顶压力升高。

处理：① 开回流罐放空阀 PC101 保压。
② 手动关闭 FC101，停止进料。
③ 手动关闭 TC101，停加热蒸汽。
④ 手动关闭 FC103 和 FC102，停止产品采出。
⑤ 开塔釜排液阀 V10，排不合格产品。
⑥ 手动打开 LIC102，对 FA114 泄液。
⑦ 当回流罐液位为 0 时，关闭 FIC104。
⑧ 关闭回流泵出口阀 V17/V18。
⑨ 关闭回流泵 GA424A/GA424B。
⑩ 关闭回流泵入口阀 V19/V20。
⑪ 待塔釜液位为 0 时，关闭泄液阀 V10。
⑫ 待塔顶压力降为常压后，关闭冷凝器。

(4) 停电
原因：停电。
现象：回流泵 GA412A 停止，回流中断。
处理：① 手动开回流罐放空阀 PC101 泄压。
② 手动关进料阀 FIC101。
③ 手动关出料阀 FC102 和 FC103。
④ 手动关加热蒸汽阀 TC101。
⑤ 开塔釜排液阀 V10 和回流罐泄液阀 V23，排不合格产品。
⑥ 手动打开 LIC102，对 FA114 泄液。
⑦ 当回流罐液位为 0 时，关闭 V23。
⑧ 关闭回流泵出口阀 V17/V18。
⑨ 关闭回流泵 GA424A/GA424B。
⑩ 关闭回流泵入口阀 V19/V20。
⑪ 待塔釜液位为 0 时，关闭泄液阀 V10。
⑫ 待塔顶压力降为常压后，关闭冷凝器。

(5) 回流泵故障
原因：回流泵 GA-412A 泵坏。
现象：GA-412A 断电，回流中断，塔顶压力、温度上升。
处理：① 开备用泵入口阀 V20。
② 启动备用泵 GA412B。
③ 开备用泵出口阀 V18。
④ 关闭运行泵出口阀 V17。
⑤ 停运行泵 GA412A。
⑥ 关闭运行泵入口阀 V19。

(6) 回流控制阀 FC104 阀卡
原因：回流控制阀 FC104 阀卡。
现象：回流量减小，塔顶温度上升，压力增大。
处理：打开旁路阀 V14，保持回流。

4. 仿真界面
仿真界面见图 7-32、图 7-33。

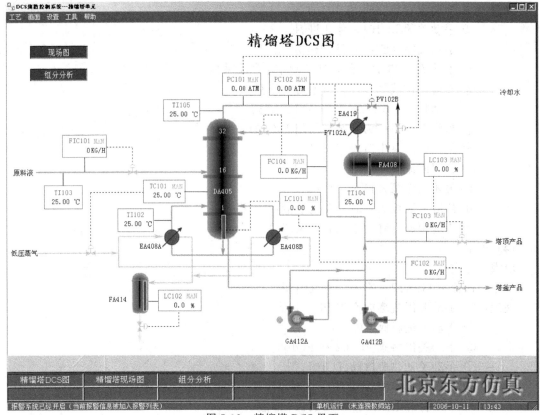

图 7-32 精馏塔 DCS 界面

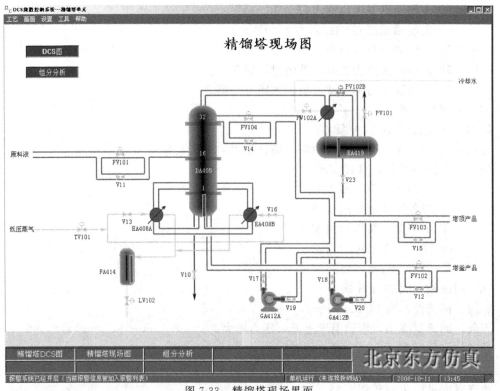

图 7-33 精馏塔现场界面

二、精馏操作

以乙醇-水精馏塔的实际操作方法及塔设备的日常维护完成任务的实施。

分组：学生按工序分为 4 组，分别操作，并轮换。

操作步骤如下。

1. 企业调研，查找资料

找出企业精馏操作规程等相关文件，文件内容应包括：

① 岗位主要任务、管辖范围。

② 精馏原理、乙醇（甲醇等）精馏装置生产方法、流程特点。

③ 工艺流程简述。

④ 三塔（预塔、加压塔、常压塔）主要工艺操作指标、控制或检测参数（温度、压力、液位、流量）、精馏岗位调节阀一览表、产品乙醇（甲醇）质量指标、精馏岗位分析取样项目一览表

⑤ 正常生产时的工艺调节原则（进料量、温度、回流量、压力、液位）、单体设备的开车与倒车（离心泵、计量泵）、离心泵运行应注意事项、离心泵常见故障原因及处理办法、

⑥ 开车（准备、预塔开车、加压塔和常压塔开车）、停车（长期停车、短期停车、紧急停车）。

⑦ 不正常现象及处理。

⑧ 安全技术、原材料中毒症状及救护措施、安全生产及注意事项、岗位事故处理原则、有害物质相关参数及防范措施。

⑨ 巡检路线及内容。

⑩ 主要设备性能一览表。

⑪ 工艺流程图。

2. 学习校内实训室操作规程、管理规章制度等。

3. 分组制定实训操作实施方案，教师检查通过后实施。

4. 在乙醇-水精馏实训室实际操作。

讨论与拓展

讨论：

1. 连续精馏装置主要应包括哪些设备？它们的作用是什么？
2. 工业生产中对塔板主要有哪些要求？
3. 简述筛板塔板、浮阀塔板的简单结构及各自的主要优缺点。
4. 塔板上气液两相有哪几种接触状态？各有何特点？

拓展：

分组参观工厂实际使用的板式塔，并画出塔结构简图，互相交流比较找出异同。

项目考核与评价

本项目考核采用过程性考核与结论性考核相结合的方式，面向学生的整个学习过程，注重化工能力素质考核，其中能力目标和素质目标考核情况主要结合实训等操作情况给分。具体考核方案见考核表。

项目七 考核评价表

考核类型	考核项目	考核内容及配分			配分	得分
		知识目标掌握情况（教师评价30%）	能力目标掌握情况（本人评价40%）	素质目标掌握情况（组员评价30%）		
过程性考核	任务一				10	
	任务二				10	
	任务三				10	
	任务四				10	
	任务五				10	
结论性考核	考核内容	考核指标				
	从12%稀乙醇液生产无水乙醇（地点：仿真室、实训室）	考核准备	企业调研		3	
			实训室规章制度		3	
		方案制定	内容完整性		3	
			实施可行性		3	
		实施过程	方法选择正确		4	
			设备确定正确		3	
			操作符合规程		4	
			仪表设备使用无误		4	
			操作过程及结束后的工作场地、环境整理好		4	
		任务结果	报告记录完整、规范、整洁		4	
			数据记录规范合理		3	
			产品符合要求		3	
		项目完成报告	撰写项目完成报告、数据真实、提出建议		3	
			能完整、流畅地汇报项目实施情况		3	
			根据教师点评，进一步完善工作报告		3	
		其他	未成功		−30	
			损坏一件设备、仪器		−10	
			发生安全事故		−40	
			乱倒（丢）废液、废物		−10	
总分					100	

项目八　干燥过程及操作

项目设置依据

在化工生产过程中，固体原料、中间体和产品，总是或多或少地含有一些水或其他液体（湿分），这些化学品依据它在贮藏、运输、加工和应用等方面的不同要求，湿分的含量有不同的标准。如一级尿素含水量不能超过0.5%，聚氯乙烯含水量不能超过0.3%。所以，固体物料作为成品之前，必须除去超过规定部分的湿分。去湿方法有多种，其中，用加热的方法使固体物料中的湿分汽化并除去的操作过程称为干燥，干燥不仅用于石油化工工业中，还应用于医药、食品、原子能、纺织、建材、采矿、电工、机械制品以及农产品加工等行业中，几乎涉及国民经济的每个部门，在国民经济中占有很重要的地位。

学习目标

◆ 会运用干燥基本理论，分析影响干燥速率的因素，提出强化措施，并掌握干燥时间、水分蒸发量、空气消耗量等与干燥控制与运行相关的计算。

◆ 能利用湿空气相关参数，判定湿物料的水分性质。

◆ 了解干燥器相关知识与应用，掌握干燥过程与流程，能识读干燥单元工艺流程图，并能在实训室熟练操作干燥设备。

◆ 严格按操作规程操作，养成良好的生产操作习惯，并能按分工保质、按期完成自己的实训任务。

项目任务与教学情境

根据项目特性，将该项目分为三个工作任务，配合不同的教学情境加以实施，见表8-1。

表8-1　本项目具体任务

任务	工作任务	教学情境
任务一	干燥认知	实训室现场教学
任务二	湿空气的性质及湿焓图的应用	在多媒体教室讲授相关理论
任务三	干燥过程操作分析	多媒体教室讲授相关知识与理论
任务四	干燥器认知与操作	实训室,学生分组（岗位）进行

项目实施与教学内容

任务一　干燥认知

任务引入

在化工、轻工、食品、医药等工业中，有些固体原料、半成品或成品中含有水分或其他溶剂（统称为湿分）需要除去，通常利用干燥操作来实现。干燥在其他工农业部门中也得到了普遍的应用，如农副产品的加工、造纸、纺织、制革及木材加工中，干燥都是必不可少的操作。日常生活中把湿衣服晾干，就是简单的干燥过程，你能从晒衣服的事例中分析出干燥过程的实质吗？

相关知识

工业生产总有些固体原料、半成品和成品为便于贮存、运输、使用或进一步加工，需除去其中的湿分（水分或其他液体），称为去湿。常用的去湿方法有机械去湿法，即采用过滤、离心分离等机械方法去湿；物理化学去湿法，即用干燥剂如无水氯化钙、硅胶等与固体湿物料共存，使湿物料中的湿分经气相转入干燥剂内；加热去湿法，即向物料供热以汽化其中的湿分，利用热能使湿物料中的湿分汽化，并排出生成的蒸汽，以获得湿分含量达到规定要求的成品，这种利用热能除去固体物料中湿分的单元操作称为干燥。

工业中往往将以上两种方法联合起来操作，即先用比较经济的机械方法尽可能除去湿物料中大部分湿分，然后再利用干燥方法继续除湿，以获得湿分含量符合规定的成品。

一、干燥过程的分类

1. 按操作压强来分

主要有常压干燥和真空干燥。真空干燥时温度较低、蒸气不易外泄，适宜于处理热敏性、易氧化、易爆或有毒物料以及产品要求含水量较低、要求防止污染及湿分蒸气需要回收的情况。加压干燥只在特殊情况下应用，通常是在压力下加热后突然减压，水分瞬间发生汽化，使物料发生破碎或膨化。

2. 按操作方式来分

有连续干燥和间歇干燥。工业生产中多为连续干燥，其生产能力大，产品质量较均匀，热效率较高，劳动条件也较好；间歇干燥的投资费用较低，操作控制灵活方便，故适用于小批量、多品种或要求干燥时间较长的物料。

3. 按热量供给方式分

有传导干燥、对流干燥、辐射干燥和介电加热干燥。

（1）传导干燥　热能以传导方式通过传热壁面加热物料，使其中的湿分汽化。传导干燥是间接加热，常用饱和水蒸气、热烟道气或电热作为间接热源，其热利用率较高，但与传热壁面接触的物料易造成过热，物料层不宜太厚，而且金属消耗量较大。

（2）对流干燥　干燥介质与湿物料直接接触，以对流方式给物料供热使湿物料汽化，汽化后产生的蒸汽被干燥介质带走。热气流的温度和湿含量调节方便，物料不易加热。对流干燥生产能力较大，相对来说设备投资较低，操作控制方便，是应用最为广泛的一种干燥方式；其缺点是热气流用量大，带走的热量较多，热利用率比传导干燥要低。

(3) 辐射干燥 热能以电磁波的形式由辐射器发射到湿物料表面。被物料吸收并转化为热能，使湿分汽化。辐射干燥特别适用于物料表面薄层的干燥。辐射源可按被干燥物件的形状布置，这种情况下，辐射干燥可比传导或对流干燥的生产强度大几十倍，产品干燥程度均匀而不受污染，干燥时间短，如汽车漆层的干燥，但电能消耗大。

(4) 介电加热干燥 将需要干燥的物料置于高频电场内，利用高频电场的交变作用，将湿物料加热并汽化。这种干燥的特点是，物料中水分含量愈高的部位获得的热量愈多，故加热特别均匀。这是由于水分的介电常数比固体物料要大得多，而一般物料内部的含水量比表面高，因此，介电加热干燥时物料内部的温度比表面要高，与其他加热方式不同，介电加热干燥时传热的方向与水分扩散方向是一致的，这样可以加快水由物料内部向表面的扩散和汽化，缩短干燥时间，得到的干燥产品质量均匀，自动化程度较高。尤其适用于当加热不匀时易引起变形、表面结壳或变质的物料，或内部水分较难除去的物料。但是，这种方法电能消耗量大，设备和操作费用都很高。

在工业上对湿分较高的散粒状物料，常常是先用机械分离或蒸发除去湿物料中的大部分水分，然后再采用对流干燥获得合格的干燥产品，其他加热方式也往往和对流方式结合使用。本章主要讨论以空气为干燥介质，除去的湿分为水的对流干燥过程。

二、物料中水分的性质

根据物料本身的性质，物料中所含的水分分为结合水和非结合水。根据物料干燥过程中的干燥情况，物料中所含水分又分为平衡水分和自由水分。

(1) 非结合水与结合水 非结合水为附着在粗糙物料表面或者大孔隙的水分，这部分水分与物料之间属于机械结合，其结合的强度比较弱，因此易于除去。非结合水分所产生的蒸气压等于同温度下液态水的饱和蒸气压。含非结合水的物料称为非吸水物料。

结合水与物料结合较强，难以去除，结合水分所产生的蒸气压小于液态水同温度时所产生的蒸气压。细胞内水分、毛细管中所含水分、结晶水分等都是结合水，含结合水的物料称为吸水物料。

(2) 平衡水分与自由水分 一定干燥条件下，按湿物料中所含水分能否用干燥的方法除去，可分为平衡水分和自由水分。当物料表面的水汽分压与干燥介质中的水汽分压相等时，干燥过程达到平衡，物料的含水量保持稳定，这时物料中的含水量称为平衡含水量，又称平衡水分，常用 X^* 表示。平衡水分是湿物料在一定干燥介质条件下的干燥极限。只要干燥介质状态不变，物料的平衡含水量就保持稳定，所以要想得到绝干物料，就必须采用绝干介质进行干燥。在一定的干燥介质下，物料中能够被干燥除去的水分称为自由水分，是湿物料中大于平衡水分的那部分水分。

三、对流干燥的过程分析

1. 对流干燥的特点

对流干燥可以是连续过程，也可以是间歇过程，典型的对流干燥工艺流程如图 8-1 所示。湿空气经预热后进入干燥器中，与湿物料直接接触进行传质、传热，空气沿流动方向温度降低，湿含量增加，最后废气自干燥器另一端排出。干燥若为连续过程，物料则被连续地加入与排出，物料与气流接触可以是并流、逆流或其他方式；若为间歇过程，湿物料则被成批地放入干燥器，干燥至要求的湿含量后再取出。

对流干燥过程中，物料表面温度 θ_i 低于气相主体温度 t，因此热量以对流方式从气相传递到固体表面，再由表面向内部传递，这是个传热过程；固体表面水汽分压 P_i 高于气相主体中水汽分压，因此水汽由固体表面向气相扩散，这是一个传质过程。可见对流干燥过程是传质和传热同时进行的过程，见图 8-2。

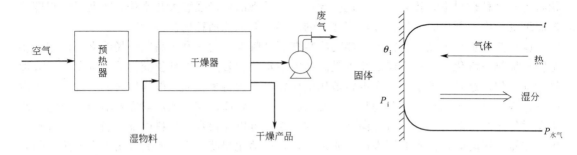

图 8-1　对流干燥流程示意图　　　　　　图 8-2　干燥过程的传质和传热

显然，干燥过程中压差（$P-P_i$）越大，温差（$t-\theta_i$）越高，干燥过程进行得越快，因此干燥介质及时将汽化的水汽带走，以维持一定的扩散推动力。

2. 对流干燥原理

在对流干燥过程中，温度较高的热空气将热量传给湿物料表面，大部分热量在此供水分汽化，还有一部分热量由物料表面传至物料内部，这是一个能量传递的过程；同时，由于物料表面水分汽化，使得水在物料内部与表面之间出现了浓度差，在此浓度差作用下，水分从物料内部扩散至表面并汽化，汽化后的蒸汽再通过湿物料与空气之间的气膜扩散到空气主体内，这是一个质量传递过程。由此可见，对流干燥过程是一个传热和传质同时进行的过程，两者传递方向相反、相互影响。

上述干燥过程得以进行的必要条件是：物料表面产生的水汽分压必须大于空气中所含的水汽分压（注意：空气中总是或多或少含有水汽，因此，在干燥中往往将空气称为湿空气）。要保证此条件，生产过程中，需要不断地提供热量使湿物料表面水分汽化，同时将汽化后的水汽移走，这一任务由湿空气来承担。所以，如前所述，湿空气既是载热体又是载湿体。

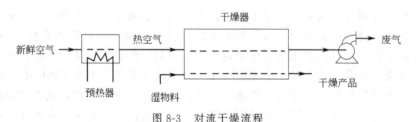

图 8-3　对流干燥流程

3. 对流干燥流程

图 8-3 为对流干燥流程示意图，空气由预热器加热至一定温度后进入干燥器，与进入干燥器的湿物料相接触，空气将热量以对流传热的方式传给湿物料，湿物料表面水分被加热汽化成蒸汽，然后扩散进入空气，最后由干燥器的另一端排出。空气与湿物料在干燥器内的接触可以是并流、逆流或其他方式。

四、干燥速率

1. 干燥速率

在恒定干燥操作的情况下，干燥器的生产能力取决于干燥速率的大小。而在干燥器生产能力一定的情况下，物料随着干燥速率的不同，干燥所需的时间不同。因此干燥速率是干燥生产过程中至关重要的控制指标。

所谓干燥速率是指在单位时间内单位干燥面积上汽化的水分质量，用符号 u 表示。物料的干燥速率可由干燥实验测得。

通过实验还可绘制如图 8-4 所示的物料含水量 X 及物料表面温度 θ 与干燥时间 τ 的关系曲线，称为干燥曲线。干燥曲线表明在相同的干燥条件下将某物料干燥到某一含水量时所需的干燥时间及干燥过程中物料表面温度的变化情况。

从干燥速率曲线看到，预热段 AB 干燥速率随含水量减小而增大，但该段占总干燥时间的很小部分；BC 段，干燥速率随物料含水量减小而保持不变，称为恒速干燥阶段。通常把预热段并入恒速干燥段称为第一阶段。当物料的含水量小于 C 点对应的含水量 X_C 时，干燥速率随物料含水量减小而下降，直至 E 点，物料的含水量等于平衡含水量 X^*，干燥达到平衡，干燥速率等于零，因此，图中 CDE 干燥阶段称为降速干燥阶段。恒速干燥阶段 AC 与降速干燥阶段 CDE 的交点 C 称为临界点，改点对应的含水量称为临界含水量，常记为 X_C。

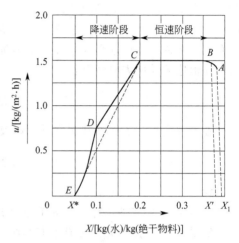

图 8-4　恒定干燥情况下的干燥速率曲线

2. 影响干燥速率的因素

影响干燥速率的因素主要有三个方面：湿物料、干燥介质和干燥设备。这三者之间又是相互关联的。现就其中较为重要的方面讨论如下。

(1) 湿物料的性质和形状　湿物料的化学性质、物理结构、形状、料层的厚度及物料中水分存在的状态等，都会影响干燥速率。一般结晶性物料比粉末干燥快，因为粉末之间的空隙多而小，内部水分扩散慢，故干燥速率小。因固体内水分扩散速率与物料的厚度的平方成反比，因此，物料堆积越厚，暴露面越小，干燥也越慢，反之则较快。由于物料中的非结合水比结合水的结合力弱，因此非结合水更容易除去。物料本身的性质，通常是不能改变的因素。

(2) 物料温度　物料的温度越高，干燥速率越大。但在干燥过程中，物料的温度与干燥介质的温度和湿度有关。

(3) 干燥介质的温度和湿度　干燥介质的温度越高、湿度越低，干燥速率越大。但应以不损害被干燥物质为原则，这在干燥某些热敏性物料时更应注意。

(4) 干燥介质的流速和流向　在第一阶段内，提高气速可加快干燥速率，介质流动方向垂直于物料表面时的干燥速率比平行时要大，在第二阶段影响却很小。

(5) 干燥器的结构　上述各项因素都和干燥器的结果有关，许多新型干燥器就是针对某些因素而设计的。

由于影响干燥速率的因素很多，目前还不能完整地用数学函数的形式将这些因素表达出来，也没有统一的计算方法来确定干燥器的主要尺寸。因此，设计中都是根据实验数据进行的。

3. 干燥时间

根据物料初始含水量 X_1、干燥产品含水量要求 X_2 及临界含水量 X_C 大小，物料干燥所需时间：

① 当干燥产品的含水量 $X_2 \geqslant X_C$ 时,物料干燥过程只有恒速干燥阶段,干燥时间为 τ_1。

② 若干燥产品的含水量 $X_2 < X_C$,物料的整个干燥过程包含恒速干燥和降速干燥两个阶段,由 X_1 干燥至 X_C 为恒速干燥阶段,由 X_C 干燥至 X_2 为降速干燥阶段,此阶段干燥所需时间为降速干燥时间 τ_2,所需总的干燥时间为二者之和。

一般来讲,在恒速干燥与降速干燥阶段去除的含水量大致相同的情况下,降速干燥所需时间比恒速干燥所需时间更长。

■ 任务实施 ■

在实训室中,了解并掌握常见干燥设备的结构、干燥原理和使用性能。

■ 讨论与拓展 ■

讨论:
1. 干燥方法有哪几种?对流干燥的原理是什么?
2. 影响干燥操作的主要因素有哪些?

拓展:

干燥速率与干燥时间的关系:如前所述,干燥速率的大小反映了干燥进行得快慢。干燥速率越大,干燥时间越少或者所需要的设备越小。但对于干燥过程来说,单一追求干燥时间短或者干燥设备小有时是不合时宜的,因为干燥速率对干燥产品的外观是有一定影响的。因此,在选择干燥速率时,速率和外观两方面的要求均要考虑,并以产品外观保持作为首要条件。

参观合成氨厂或石油化工厂,了解典型化工生产工艺流程,指出其所使用的干燥操作。

任务二 湿空气的性质及湿焓图的应用

■ 任务引入 ■

在化工生产中,物料经常需要干燥处理,一般我们都采用空气为干燥介质,进行对流干燥。

在自然条件下,空气都是干空气与水汽的混合物,称为湿空气。在干燥过程中,被预热至一定温度的湿空气进入干燥器后,与其中的湿物料进行热和质的交换,其结果是湿空气中的水汽含量、温度和所含热量都将发生改变,因此,可通过湿空气在干燥前后有关性质的变化来分析和研究干燥过程。

例如:为了提高干燥的效率,我们可以升高湿空气的温度,降低它的相对湿度,从而增强湿空气的吸湿能力,加快干燥的速度,这些都涉及湿空气的参数计算等问题。

任务1: 已知湿空气的总压为 1.013×10^5 Pa,相对湿度为60%,干球温度为30℃。试求该空气的水汽分压、湿度、焓和露点,如将该空气预热至100℃进入干燥器,空气流率为100kg 干空气/h,其传热速率为多少(单位为 kJ/h)。

任务2: 已知湿空气的总压为 1.013×10^5 Pa,相对湿度为60%,干球温度为30℃。试利用湿度图确定空气的水汽分压、湿度、焓和露点,如将该空气预热至100℃进入干燥器,空气流率为100kg 干空气/h,其传热速率为多少(单位为 kJ/h)。

相关知识

一、湿空气的性质参数

1. 湿度

在湿空气中,单位质量干空气所带有的水汽质量,称为湿空气的含湿量或绝对湿度,简称湿度。表达式为:

$$H = \frac{n_w M_w}{n_g M_g}$$

式中　H——湿度,kg(水)/kg(干空气);
　　　n_g——湿空气中干空气的物质的量,mol;
　　　n_w——湿空气中水汽的物质的量,mol;
　　　M_g——干空气的摩尔质量,kg/kmol;
　　　M_w——水汽的摩尔质量,kg/kmol。

设湿空气的总压为 P,其中水汽的分压为 P_w,整理可得常用的湿度计算式:

$$H = 0.622 \times \frac{P_w}{P - P_w} \tag{8-1}$$

此式表示,湿度 H 与湿空气的总压以及其中水汽的分压 P_w 有关,当总压 P 一定时,湿度 H 随水汽分压 P_w 的增大而增大。

2. 相对湿度

在一定总压下,湿空气中水汽的分压 P_w 与同温下水的饱和蒸气压 P_s 之比称为湿空气的相对湿度,用 φ 表示,其计算式为:

$$\varphi = \frac{P_w}{P_s} \times 100\% \tag{8-2}$$

相对湿度可以用来衡量湿空气的不饱和程度。当 $P_w = P_s$,$\varphi = 100\%$,表明该湿空气已被水汽所饱和,不能再吸收水汽。对未被水汽饱和的湿空气,其 $P_w < P_s$,$\varphi < 100\%$。显然,只有不饱和空气才能作为干燥介质,而且,其相对湿度越小,吸收水汽的能力越强。

水的饱和蒸气压 P_s 随温度的升高而增大,对于具有一定水汽分压 P_s 的湿空气,温度升高,相对湿度 φ 必然下降。因此,在干燥操作中,为提高湿空气的吸湿能力和传热的推动力,通常将湿空气先进行预热再送入干燥器。

由式(8-1)和式(8-2)可得:

$$\varphi = \frac{pH}{(0.622 + H)P_s} \tag{8-3}$$

由上式可知,在一定总压 P 下,相对湿度 φ 与湿度 H 和饱和蒸气压 P_s 有关,而饱和蒸气压 P_s 又是温度 t 的函数,所以当总压 P 一定时,相对湿度 φ 是湿度 H 和温度 t 的函数。

如上所述,当 $\varphi = 100\%$ 时,湿空气已达到饱和,此时所对应的湿度称为饱和湿度,用 H_s 表示,其计算式为:

$$H_s = 0.622 \times \frac{P_s}{P - P_s} \tag{8-4}$$

在一定总压下,饱和湿度随温度的变化而变化,对一定温度的湿空气,饱和湿度是湿空气的最大含水量。

3. 湿空气的比容

1kg 干空气及其所带有水汽的总体积称为湿空气的比容或比体积，用 v_H 表示，单位为 m³(湿空气)/kg(干空气)。其定义式为：$v_H = \dfrac{\text{湿空气的体积}}{\text{湿空气中干空气的质量}}$，计算式为：

$$v_H = v_g + Hv_w = (0.773 + 1.244H) \times \dfrac{t+273}{273} \tag{8-5}$$

可见，在常压下，湿空气的比容随湿度 H 和温度 t 的增加而增大。

4. 湿空气的质量热容（湿热）

常压下将 1kg 干空气及其所带有的 H kg 水汽温度升高 1K 时所需要的热量称为湿空气的质量热熔，简称湿热，以符号 C_H 表示，单位为 kJ/[kg(干空气)·℃]。其计算式为：

$$C_H = 1.01 + 1.88H \tag{8-6}$$

由式可知，湿热仅与湿度 H 有关。

5. 湿空气的焓

1kg 干空气的焓与其所带有 H kg 水汽的焓之和称为湿空气的焓，简称为湿焓，符号为 I_H，单位为 kJ/kg（干空气）。

对温度为 t℃、湿度为 H 的空气，经过相关推导，可得湿空气的焓为：

$$I_H[\text{kJ/kg(干空气)}] = (1.01 + 1.88H)t + 2490H \tag{8-7}$$

由式可知，湿空气的焓与其温度和湿度有关，温度越高，湿度越大，焓值越大。

6. 露点

将未饱和的湿空气在总压 P 和湿度 H 不变的情况下冷却降温至饱和状态时（$\varphi = 100\%$）的温度称为该空气的露点，用符号 t_d 表示，单位为℃或K。

露点时的空气湿度为饱和湿度，其数值等于原空气的湿度 H。湿空气中水汽分压 P_w 应等于露点温度下水的饱和蒸气压 P_{std}，计算式为：

$$P_{std} = \dfrac{HP}{0.622 + H} \tag{8-8}$$

在确定湿空气的露点时，只需要将湿空气的总压和湿度代入上式，由求得的 P_{std}，查饱和水蒸气表，查出对应于 P_{std} 的温度，即为该湿空气的露点 t_d。

若将已达到露点的湿空气继续冷却，则湿空气中会有水分析出，湿空气中湿含量开始减小。冷却停止后，每千克干空气中所析出的水分量为原空气的湿含量与冷却温度下的饱和湿度之差值。

7. 干球温度和湿球温度

如图 8-5 所示，左侧一只玻璃温度计的感温球与空气直接接触，称为干球温度计，所测得的温度为干球温度 t，单位为℃或K。右侧的玻璃温度计

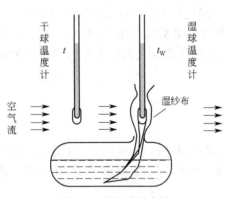

图 8-5 干湿球温度计

的感温球用湿纱布包裹，并且湿纱布的下部浸于水中，使之始终保持湿润，这支温度计称为湿球温度计。湿球温度计在空气中达到稳定时的温度称为湿球温度，用 t_w 表示，单位为℃或K。

湿球温度为空气与湿纱布之间的传热、传质过程达到动态平衡条件下的稳定温度。当不

饱和空气流过纱布表面时,由于湿纱布表面的饱和蒸气压大于空气中的水蒸气分压,在湿纱布表面和空气之间存在着湿度差,这一湿度差使湿纱布表面的水分汽化并被空气带走,水分汽化所需潜热,只能取自于水,因此水的温度下降,水温一旦下降,与空气之间便产生温差,热量即由空气向水中传递。只有当空气传入的热量等于汽化消耗的潜热时,湿纱布表面才达到一个稳定温度,即湿球温度。因此湿球温度不是湿空气的真实温度,它是湿空气的一个特征温度。不饱和空气的湿球温度低于干球温度,空气中含水汽量越少,二者的差值越大;饱和空气的湿球温度等于干球温度。

8. 绝热饱和温度

在绝热条件下,使湿空气增湿达到饱和时的温度称为绝热饱和温度,以符号 t_{as} 表示,单位为℃或K。

绝热饱和温度取决于湿空气的干球温度和湿度,是湿空气的性质或状态参数之一,研究表明,对于空气-水汽体系,其绝热饱和温度与湿球温度基本相等,在工程计算中,常取 $t_w = t_{as}$。

二、湿度图

1. 构成

湿空气的性质参数较多,采用数学表达式进行计算,尤其是湿球温度 t_w 和绝热饱和温度 t_{as} 的计算还要采用试差法,相当繁琐,工程上为了设计计算便利,选择两个独立的湿空气参数作为坐标,在总压一定下,将湿空气其他参数间的关系用图线表示出来,这些图线就称为湿空气的湿度图。利用湿度图就可以确定湿空气性质的各项性能参数值,避免了繁琐的计算。

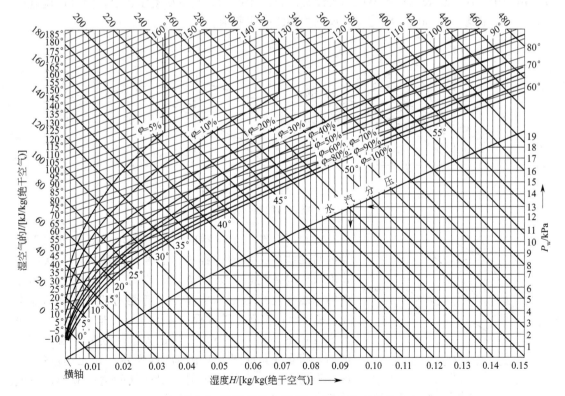

图 8-6 湿空气的 I-H 图 ($P = 101.3$ kPa)

如图 8-6 所示，在总压为 101.3kPa 情况下，以湿空气的焓为纵坐标，湿度为横坐标所构成的湿度图又称为 I-H 图。为了使图中各曲线间隔分明，提高读图的准确性，图中两坐标轴的夹角为 135°，同时为了方便读数，将横轴上湿度 H 值投影到水平辅助轴上。

I-H 图由五种线束构成，其意义如下：

① 等湿度线（等 H 线）。它是一组与纵轴平行的直线，同一条湿度线上各点的湿度值相等，湿度值从水平的辅助轴上读取。

② 等焓线（等 I 线）。它是一组与横轴平行的直线，同一条等焓线上各点的焓值相等，其值由纵轴读出。

③ 等温线（等 t 线）。是一组直线，直线斜率随 t 升高而增大，温度值也在纵轴上读出。

④ 等相对湿度线（等 φ 线）。取一定的 φ 值，在不同温度 t 下求出 H 值，就可以画出一条等 φ 线，等 φ 线是一组曲线。

图中最下面一条等 φ 线为 $\varphi=100\%$ 的曲线，称为饱和空气线，此线上的任意一点均为饱和空气。此线上方区域为不饱和区，在此区域内的空气才能作为干燥介质。

⑤ 水蒸气分压线。湿空气中的水汽分压 P_w 与湿度 H 之间有一定关系，将其关系标绘在饱和空气下方，近似为一条直线。其分压读数在右端的纵轴上。

2. 应用

湿度图应用主要有两个方面：一是确定湿空气状态参数，二是图示湿空气状态变化过程。前者在任务完成中详解，此处主要介绍第二个应用。

(1) 湿空气的加热和冷却 不饱和的湿空气在间壁式换热器中的加热过程，是一个湿度不变的过程，如图 8-7(a) 所示，从 A 到 B 表示湿空气温度由 t_0 被加热至 t_1 的过程，图 8-7(b) 表示一个冷却过程，若空气温度在露点以上时，在降温过程中，湿度不变，冷却过程由图中 AB 线段表示；当温度达到露点时再继续冷却，则有冷凝水析出，空气的湿度减小，空气的状态沿饱和空气线变化，如图中 BC 曲线所示。

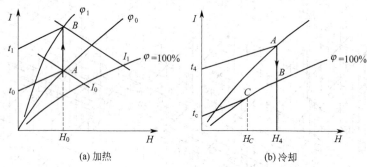

(a) 加热   (b) 冷却

图 8-7 空气的加热和冷却

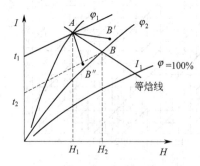

图 8-8 干燥器内空气状态变化图示

(2) 湿空气在干燥器内的状态变化 湿空气在干燥器内与湿物料接触的过程中，湿度必然增加，其状态变化取决于设备情况。如设备是绝热的，湿空气在干燥器内的状态变化可近似认为是一个等焓过程，如图 8-8 中 AB 线所示；实际干燥过程中，干燥器并非绝热，若干燥器内有热量补充，其补充的热量大于热损失，则焓可能增加，状态变化如图 8-8 中 AB' 线所示；如无热量补充，或补充的热量小于热损失时，则空气的焓值减小，空气的状态变化如图 8-8 中 AB'' 所示。

■ 任务实施 ■

湿空气状态参数的计算主要有公式法和图解法两种。

一、公式法

任务 1：计算水汽分压、湿度、焓和露点，均为湿空气的状态参数，可通过如下计算解决问题：

解：（1）水汽分压 P　已知 $\varphi=60\%$，$t=30℃$，查水的饱和蒸气压表得在 30℃ 时，$P_s=4247.4\text{Pa}$，则水汽分压为：

$$P=\varphi P_s=60\%\times 4247.4=2548.4\text{Pa}$$

（2）湿度 H　由式（8-4）得：

$$H=0.622\frac{\varphi P_s}{P-\varphi P_s}=0.622\times\frac{2548.4}{1.013\times 10^5-2548.4}=0.0161（\text{kg 水/kg 干空气}）$$

（3）焓 I　由式（8-7）得：

$$I=(1.01+1.88H)t+2490H=(1.01+1.88\times 0.0161)\times 30+2490\times 0.0161$$
$$=71.3（\text{kJ/kg 干空气}）$$

（4）露点 t_d　露点 t_d 是空气湿度或水汽分压不变时冷却到饱和时的温度，所以由 $P=2548.4\text{Pa}$，查水的饱和蒸气压表，得 $t_d=20.6℃$。

将 100kg 干空气/h 从 30℃ 预热到 100℃ 所需的传热速率为：

$$Q=L\Delta I=100(1.01+1.88H)(t_2-t_1)$$
$$=100(1.01+1.88\times 0.0161)(100-30)=7282（\text{kJ/h}）$$

二、用湿度图确定湿空气的参数——图解法

"I-H" 图上的五种线能用来确定湿空气的状态及进行干燥器的物料与热量衡算。根据湿空气的两个独立参量，可在 "I-H" 图上定出一个交点，这个交点即表示湿空气所处的状态，由此点即可查出其他各参量值。必须指出，（t_d-H）、（t_d-p）、（t_w-I）或（p-H）都是重复的条件，它们彼此均不独立，都在同一条等 H 线或等 I 线上，故不能由这样的两个参量来确定湿空气的状态。

在 "I-H" 图上，已知湿空气的状态点 A 求各种参量的方法，如图 8-9 所示，由 A 点可直接读得温度 t、湿度 H、焓 I、相对湿度 φ 及水汽分压 P。露点是在湿空气的湿度 H 不变的条件下冷却至饱和时的温度，所以，由已知点 A 的等 H 线与相对湿度 $\varphi=100\%$ 曲线定出交点，此交点所示的温度即为露点 t_d。对"空气-水"系统湿球温度 t_w 即为绝热饱和温度 t_{as}，由已知的空气状态点 A 沿等 I 线与相对湿度 $\varphi=100\%$ 曲线定出交点，此交点所示的温度即为湿球温度 t_w。

通常，湿空气的已知参量组合为：干、湿球温度，干球温度和露点，以及干球温度和相对湿度。三种条件下确定状态点的方法分别如图 8-10（a）、图 8-10（b）和图 8-10（c）所示。

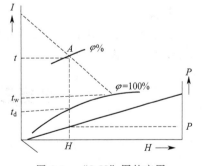

图 8-9　"I-H" 图的应用

已知温度 t 和湿球温度 t_w 时，过 t_w 等温线 $\varphi=100\%$ 饱和线的交点 B 作等焓线，其与 t 等温线相交，交点 A 即为湿空气的状态点，如图 8-10（a）所示；已知温度 t 和露点 t_d 时，

过 t_d 等温线与 $\varphi=100\%$ 饱和线的交点 C 作等温线，其与 t 等温线相交，交点 A 即为湿空气的状态点，图 8-10(b) 所示；已知湿空气的相对湿度 φ 和温度 t 时，由对应的等 φ 线和等 t 线的交点 A 即为湿空气的状态点，图 8-10(c) 所示。

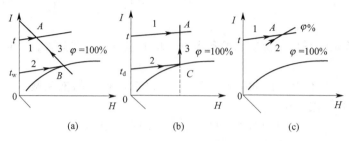

图 8-10 "I-H" 图上湿空气状态点的确定

任务 2：分析：根据已知条件，可以利用湿度图的性质来查取。

解：由 $t=30$℃的等 t 线与 $\varphi=60\%$ 的等 φ 线相交的点 A 即为湿空气的状态点，如图 8-11 所示。

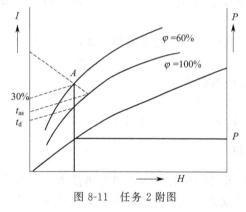

图 8-11 任务 2 附图

根据点 A 的位置，在 "I-H" 图上读得：$P=2.6$kPa，$H=0.016$kg 水/kg 干空气，$I_0=72$kJ/kg 干空气，$t_d=20$℃。

又在 A 点的等 H 线上，100℃的焓 $I_1=145$kJ/kg 干空气，30℃的焓 $I_0=72$kJ/kg 干空气，则传热速率为：

$$Q=q_m(I_1-I_0)=100(145-72)=7300\text{kJ/h}$$

上述结果表明，采用 "I-H" 图求算湿空气的各参数，与计算法相比，不仅结果十分相近，且计算速度快，物理意义清楚。

━━━━━━━ 讨论与习题 ━━━━━━━

讨论：
1. 湿空气的性质有哪些？
2. 在相同的条件下，为什么在干燥过程中夏天的空气消耗量比冬天要多？

习题：
当总压为 100kPa 时，湿空气的温度为 25℃，水汽分压为 5kPa。试求该湿空气的湿度、相对湿度。如将该湿空气加热至 75℃，再求其相对湿度。

任务三　干燥过程操作分析

━━━━━━━ 任务引入 ━━━━━━━

对流干燥过程就是将预热后的热空气送入干燥器中与湿物料进行热量和水分的交换，热空气向湿物料提供热量使其中的水分汽化，汽化后的水分扩散进入热空气中又被其带走。显然完成一定的干燥任务，必须通过干燥器的物料和热量衡算，确定出汽化的水分量、需要的干燥介质的用量和干燥器中各项热量的分配，进一步确定需要配置。

任务1：通过物料衡算求干燥后的物料量、水分蒸发量、空气消耗量

如：某湿物料的质量流量为1000kg/h，湿基含水量w_1=0.25，要求经过干燥后，湿基含水量降至w_2=0.03。温度为15℃，相对湿度为0.50的湿空气经预热至120℃进入干燥器作为干燥介质，热空气离开干燥器的温度为50℃，相对湿度为0.75。试求：

① 汽化的水分质量流量，干燥的产品质量流量。
② 单位干空气消耗量，空气消耗量。
③ 若风机安装在空气预热器进口处，风机的体积流量是多少？

任务2：通过能量衡算，求从物料中移除一定量水分所需的热量，从而选择适当的换热器。

如：用一个逆流接触的干燥器干燥干基含水量为0.03的颗粒物，要求干燥产品的含水量为0.002，产量为1080kg/h，新鲜空气的温度为20℃，相对湿度φ_0=60%，经预热至90℃后，送入干燥器；离开干燥器的温度为55℃，颗粒物在干燥器中从20℃升温至60℃排出，颗粒物的绝干物料比热容为1.256kJ/[kg（绝干物料）·℃]。设干燥器外表面积S=26m^2，外壁温度t_f=35℃，外壁与大气的联合传热系数α=37.7kJ/(m^2·℃·h)，试求：

① 水分汽化量。
② 空气消耗量及出口空气的湿度。
③ 预热器中输入的热流量。
④ 干燥器中各项热量的分配。

相关知识

一、干燥过程的物料衡算

1. 湿物料含水量的表示方法

湿物料是由绝干物料和水分组成的，其含水量常用以下方法表达。

① 湿基含水量w。指湿物料中水分的质量分数，单位为kg(水)/kg（湿物料），即：

$$w = \frac{\text{湿物料中水分的质量}}{\text{湿物料的总质量}}$$

这是以湿物料为计算基准的含水量的表示方法，但是在干燥过程中，湿物料中的水分是变化的，因此，湿物料的总质量也是变化的，上述含水量的计算基准不是常数，这样对干燥前后进行物料衡算就不太方便。为此，常采用另一种方法来表示湿物料中的含水量。

② 干基含水量X。湿物料在干燥过程中，其绝干物质的质量保持不变，因此，选择绝干物料的质量作为计算基准就会更方便些，为此，将湿物料中水分的质量与绝干物料的质量比定义为干基含水量，单位为kg（水）/kg（绝干物料），表达式：

$$X = \frac{\text{湿物料中水分的质量}}{\text{湿物料中绝干物料的质量}}$$

显然，湿基含水量w与干基含水量X之间的关系为：

$$X = \frac{w}{1-w} \tag{8-9}$$

$$w = \frac{X}{1+X} \tag{8-9(a)}$$

2. 物料衡算

用温度为t_1、湿度为H_1的热空气将原含水量为w_1的湿物料干燥到含水量为w_2，干燥

后产品量、汽化的水分量以及需要的热空气量均可通过以下物料衡算得到。

(1) 单位时间干燥产品量 若忽略干燥过程中的物料损失，绝干物料的量在干燥前后应保持不变，即：

$$G_c = G_1(1-w_1) = G_2(1-w_2)$$

式中 G_c——绝干物料的质量流量，kg（绝干物料）/h；

G_1——干燥前湿物料的质量流量，kg/h；

G_2——干燥产品的质量流量，kg/h；

w_1——干燥前湿物料的湿基含水量，kg（水）/kg（湿物料）；

w_2——干燥产品的湿基含水量，kg（水）/kg（湿物料）。

由此可得干燥产品的质量流量为：

$$G_2 = G_1 \frac{1-w_1}{1-w_2} = G_1 \frac{1+X_2}{1+X_1} \tag{8-10}$$

式中 X_1——干燥前湿物料的干基含水量，kg（水）/kg（绝干物料）；

X_2——干燥产品的干基含水量，kg（水）/kg（绝干物料）。

(2) 单位时间汽化的水分量 湿物料干燥前后质量流量的变化量即为汽化的水分质量流量，即：

$$W = G_1 - G_2 = G_c(X_1 - X_2)$$

式中 W——汽化的水分质量流量，kg（水）/h。

整理得：

$$W = G_1 \frac{w_1 - w_2}{1-w_2} = G_2 \frac{w_1 - w_2}{1-w_1} \tag{8-11}$$

(3) 需要的干空气质量流量 湿物料汽化的水分全部进入热空气中，使其湿度从 H_1 增大至 H_2，因此，所需要的干空气质量流量为：

$$G_c(X_1 - X_2) = L(H_2 - H_1)$$

式中 L——干空气的质量流量，kg（干空气）/h；

H_1，H_2——空气在进干燥器前、后的湿度，kg（水）/ kg（干空气）。

因此，当蒸发水分为 W 时所消耗的干空气量：

$$L = \frac{W}{H_2 - H_1} \tag{8-12}$$

单位质量水分汽化消耗的干空气量为：

$$l = \frac{L}{W} = \frac{1}{H_2 - H_1} \tag{8-13}$$

因为空气在预热器前后湿度不变，所以预热前空气的湿度 H_0 等于干燥器进口处的湿度 H_1，$H_0 = H_1$，则上述两公式可改写为：

$$L = \frac{W}{H_2 - H_0} \tag{8-14(a)}$$

$$l = \frac{L}{W} = \frac{1}{H_2 - H_0} \tag{8-15(a)}$$

式[8-14(a)]、式[8-15(a)]表明，空气消耗量只与空气的最初和最终的湿度有关，而与所经历的过程无关。在生产量一定的情况下，空气最初状态的湿度越大，则空气的消耗量也越大。由于 H_1 是由空气的初始温度 T_0 和相对湿度 φ_0 决定的，因此在其他条件相同的情况下，空气的消耗量 L 随着 T_0 和 φ_0 的增加而增加。这就是说，在干燥过程中，夏天的空气消耗量比冬天要多。因此，常以夏季消耗的风量来选择风机。

二、干燥过程的热量衡算

对干燥过程进行热量衡算的目的是为了确定干燥所消耗的热量和离开干燥器的尾气状态。下面对图 8-12 所示干燥过程进行分析。

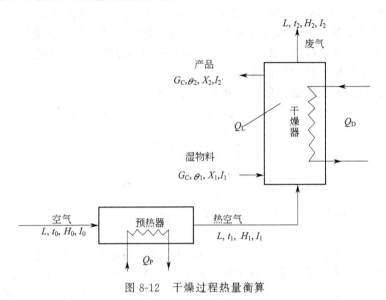

图 8-12 干燥过程热量衡算

1. 预热器输入的热量

忽略预热器的热损失，将湿空气从温度 t_0 预热至 t_1 所需输入的热流量：

$$Q_P = L(I_1 - I_0) = L(1.01 - 1.88 H_0)(t_1 - t_0) \tag{8-16}$$

2. 干燥器的热量衡算

(1) 干燥器输入的热流量 干燥器输入的热流量 Q_D、热空气带入的热流量 $L I_1$、湿物料带入的热流量 $G_C I_1'$。

当湿物料的温度为 θ_1，干基含水量为 X_1 时，进入干燥器湿物料的焓值为：

$$I_1' = (c_s + c_w X_1)\theta_1 = c_{m,1}\theta_1 \tag{8-17}$$

式中 I_1'——进入干燥器湿物料的焓，kJ/kg（绝干物料）；

c_s——绝干物料的比热容，kJ/[kg(绝干物料)·℃]；

c_w——水的比热容，kJ/(kg·℃)；

$c_{m,1}$——进入干燥器湿物料的平均比热容，kJ/[kg(绝干物料)·℃]。

(2) 干燥器输出的热流量 尾气带走的热流量 $L I_2$、干燥产品带走的热流量 $G_C I_2'$。式中，I_2' 为干燥产品的焓，kJ/kg（绝干物料）。

(3) 热量衡算 通过推导，可得干燥器热量衡算公式：

$$Q = Q_P + Q_D = 1.01 L(t_2 - t_0) + W(1.88 t_2 + 2490) + G_2 c_{m,1}(\theta_2 - \theta_1) + Q_L$$

式中 Q 为输入系统热流量：

$$Q = L(I_1 - I_0) = L(1.01 - 1.88 H_0)(t_1 - t_0) \tag{8-18}$$

分析式上式可知，输入干燥系统的热量用于以下几方面：

① 将干空气从 t_0 加热到 t_2 所消耗的热量，大小为 $1.01 L(t_2 - t_0)$。

② 将湿物料中 $W = G_1 - G_2$ 汽化水量加热汽化所消耗的热量，大小为 $W(1.88 t_2 +$

2490），这里忽略了汽化的水的初始焓值。

③ 将干燥产品 G_2 从 θ_2 加热到 θ_1 所消耗的热量，即 $G_2 c_{m,1} (\theta_2 - \theta_1)$。

④ 干燥系统的热损失 Q_L。

任务实施

任务1：通过物料衡算求干燥后的物料量、水分蒸发量、空气消耗量

分析：应通过湿基含水量和湿物料的质量流量求取干燥产品的质量流量，通过干基含水量及湿物料的质量流量求取汽化的水分质量流量；通过湿度性质求取干空气消耗量；通过湿空气比体积的性质求取风机的体积流量。

解：（1）汽化的水分质量流量，干燥产品质量流量：

$$G_C = G_1(1-w_1) = 1000\text{kg/h} \times (1-0.25) = 750\text{kg/h}$$

$$X_1 = \frac{w_1}{1-w_1} = \frac{0.25}{0.75} = 0.333$$

$$X_2 = \frac{w_2}{1-w_2} = \frac{0.03}{0.97} = 0.031$$

汽化的水分质量流量：$W = G_C(X_1 - X_2) = 750\text{kg/h} \times (0.333 - 0.031) = 226.5\text{kg/h}$

干燥产品质量流量：$G_2 = G_1 - W = 1000\text{kg/h} - 226.5\text{kg/h} = 773.5\text{kg/h}$

（2）单位干空气消耗量，空气消耗量 由 $t_0 = 15℃$，$\varphi_0 = 0.50$，在 $H\text{-}I$ 图中查得空气的湿度 $H_0 = 0.005\text{kg}$（水）/kg（干空气），预热过程空气的湿度不变，即 $H_1 = H_0 = 0.005\text{kg}$（水）/kg（干空气）。根据离开干燥器的空气温度 $t_2 = 50℃$，相对湿度 $\varphi_2 = 0.75$，查 $H\text{-}I$ 图得 $H_2 = 0.005\text{kg}$（水）/kg（干空气）。

单位干空气消耗量：

$$l = \frac{1}{H_2 - H_1} = \frac{1}{0.062\text{kg(水)/kg(干空气)} - 0.005\text{kg(水)/kg(干空气)}}$$
$$= 17.52 \text{ kg(干空气)/ kg(水)}$$

干空气消耗量 $L = W \times l = 226.5\text{kg/h} \times 17.52\text{kg}$（干空气）/kg（水）= 3972.8kg（干空气）/h

（3）风机入口处空气状态为 20℃，101.3kPa，湿空气的比体积：

$$v_H = [0.772\text{m}^3/\text{kg} + 1.244\text{m}^3/\text{kg} \times 0.005\text{kg(水)/kg(干空气)}] \times (20℃ + 273℃)/273℃$$
$$= 0.836\text{m}^3/\text{kg（干空气）}$$

风机的体积流量：

$$V = L \times v_H = 3972.8\text{kg(干空气)/h} \times 0.836\text{m}^3/\text{kg(干空气)} = 3321.3\text{m}^3/\text{h}$$

任务2：通过能量衡算求从物料中移除一定量的水分所需的热量，从而选择适当的换热器。

分析：利用相对湿度和绝干物料量求取水分汽化量，通过热量衡算求取空气消耗量、湿度以及预热器中输入的热流量。

解：（1）由于产品含水量很低，$X_2 \approx w_2$，$X_1 \approx w_1$

绝干物料量：$G_C = G_2(1-w_2) = 1080\text{kg/h} \times (1-0.002) \approx 1078\text{kg/h}$

水分的气化速率：$W = G_C(X_1 - X_2) = 1078\text{kg/h} \times (0.03 - 0.002) = 30.2\text{kg/h}$

（2）汽化水分所需的热流量：

$$Q_w = (1.88\text{kJ/kg℃} \times 55℃ + 2490\text{kJ/kg})W = 2593\text{kJ/kg} \times 30.2\text{kJ/kg} \approx 78320\text{kJ/h}$$

干燥器的热损失速率：
$$Q_L = \alpha S(t_f - t_0) = 37.7 \text{kJ}/(\text{m}^2 \cdot \text{℃} \cdot \text{h}) \times 26\text{m}^2 \times (35\text{℃} - 20\text{℃}) \approx 14700 \text{kJ/h}$$

颗粒物升温所需的热流量：
$$Q_m = G_C c_{m,1}(\theta_2 - \theta_1)$$
$$= 1078 \text{kg/h} \times (1.256 \text{kJ/kg℃} + 4.187 \text{kJ/kg℃} \times 0.002) \times (60\text{℃} - 20\text{℃})$$
$$\approx 54500 \text{kg/h}$$

在干燥器中无热量补充，即 $Q_D = 0$，则：
$$Q = Q_P = L(I_1 - I_0) = L(1.01 + 1.88H_0)(t_1 - t_0)$$
$$= L[1.01\text{kJ/kg}(干空气)\text{℃} + 1.88\text{kJ/kg}(水)\text{℃} \times 0.009\text{kg}(水)/\text{kg}(干空气)](90\text{℃} - 20\text{℃})$$
$$= 71.88 \text{ kJ/kg}(干空气)L$$

由式(8-18)得：
$$Q = 71.88L = 1.01L(t_2 - t_0) + W(1.88t_2 + 2490) + G_2 c_{m,1}(\theta_2 - \theta_1) + Q_L$$

空气消耗量：
$$L = \frac{78320\text{kJ/h} + 54500\text{kJ/h} + 14700\text{kJ/h}}{71.88\text{kJ/kg}(干空气) - 1.01\text{kJ/kg}(干空气)\text{℃} \times (55\text{℃} - 20\text{℃})}$$
$$\approx 4038 \text{kg}(干空气)/\text{h}$$

得离开干燥器的空气湿度：
$$H_2 = H_0 + \frac{W}{L} = 0.009\text{kg}(水)/\text{kg}(干空气) + \frac{30.2\text{kg}(水)/\text{h}}{4038\text{kg}(干空气)/\text{h}}$$
$$= 0.0165 \text{kg}(水)/\text{kg}(干空气)$$

(3) 输入预热器的热流量
$$Q = L(I_1 - I_0) = L(1.01 - 1.88H_0)(t_1 - t_0)$$
$$= 4038\text{kg}(干空气)/\text{h} \times \{1.01\text{kJ/kg}(干空气)\text{℃} + 1.88\text{kJ/kg}(水)\text{℃} \times 0.009\text{kg}(水)/\text{kg}(干空气)\}(90\text{℃} - 20\text{℃}) \approx 290250 \text{kJ/h}$$

(4) 干燥过程中各项热量分配

汽化水分：$\dfrac{Q_w}{Q} = \dfrac{78320\text{kJ/h}}{290250\text{kJ/h}} \approx 27\%$

物料升温：$\dfrac{Q_m}{Q} = \dfrac{54500\text{kJ/h}}{290250\text{kJ/h}} \approx 19\%$

热损失：$\dfrac{Q_L}{Q} = \dfrac{14700\text{kJ/h}}{290250\text{kJ/h}} \approx 5\%$

尾气带走的热量比例：$\dfrac{Q_e}{Q} = \dfrac{Q - Q_w - Q_m - Q_L}{Q} = 1 - 0.27 - 0.19 - 0.05 = 49\%$

可见尾气带走的热量比例最大。

拓展与习题

拓展：
干燥过程消耗大量的热能，热能的利用程度直接影响到干燥的经济性。因此，降低干燥过程的热能消耗，提高热能的利用率可以直接提升干燥过程的经济性。一般可以考虑采取以下措施：

1. 物料干燥前，尽量采用机械方法（如压榨）除去更多水分，再干燥。
2. 提高干燥介质的预热温度。

3. 回收尾气带走的热量。
4. 增强干燥体统的保温性，减少热损失。
5. 采用比热容大的干燥介质。

习题：

在常压干燥器中，将某物料含水量从5%降到0.5%（均为湿基），干燥器生产能力为1.5kg/s，热空气进干燥器的温度为127℃，湿度为0.007kg/kg，出干燥器时温度为82℃，物料进、出干燥器的温度分别为21℃、66℃，绝干物料的比热容为1.8kJ/(kg·K)。若干燥器的热损失可忽略，试求绝干空气消耗量及空气离开干燥器时的湿度。

任务四　干燥器认知与操作

任务引入

工业上干燥都是在干燥设备——干燥器中进行的。由于对各种干燥产品有其独特的要求，例如，有些产品有外形及限温的要求，有些产品有保证整批的均一性和防止交叉污染等特殊要求，这就对干燥设备提出了各式各样的条件。近年来随着生产的迅速发展，已开发出许多智能、节能、大型连续化等能适应各种独特要求的干燥器。因此，必须在对各种干燥设备了解的基础上掌握干燥器的操作。

相关知识

通常，对干燥器有如下要求：能保证干燥产品的质量要求，如含水量、强度、形状等；干燥速率快、干燥时间短，以减小干燥器的尺寸，降低消耗能量，同时还应该考虑干燥器的辅助设备的规格和成本；便于操作和控制，维护简单，工作环境良好。

一、常用对流式干燥器

1. 箱式干燥器

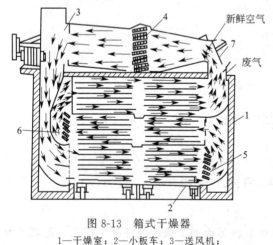

图8-13 箱式干燥器
1—干燥室；2—小板车；3—送风机；
4~6—空气预热器；7—调节门

箱式干燥器也称烘房，其结构如图8-13所示。干燥器外壁由砖、钢板并包以适当的绝热保温材料构成。箱内支架上放有许多矩形浅盘，湿物料置于盘中，物料在盘中的堆放厚度为10~100mm。箱内设有翅片式空气加热器，并用风机造成循环流动。

箱式干燥器的最大特点是对各种物料的适应性强，干燥产物易于进一步粉碎。但湿物料得不到分散，干燥时间长，完成一定的干燥任务所需的设备容积及占地面积大，热损失多。主要用于在实验室和小规模生产。

2. 喷雾干燥器

黏性溶液、悬浮液以及至糊状物等可用泵输送的物料，以分散成粒状、滴状进行干燥最为有利。所用设备为喷雾干燥器，如图8-14所示。

喷雾干燥器由雾化器、干燥室、产品回收系统、供料及热风系统等部分组成。雾化器的作用是将物料喷洒成直径为10～60μm的细滴，从而获得很大的汽化表面。

喷雾干燥的设备尺寸大，能量消耗多。但由于物料停留时间短（一般只需3～10s），适用于热敏物料的干燥，且可省去溶液的蒸发、结晶等工序，由液态直接加工为固体成品。喷雾干燥在合成树脂、食品、制药等工业部门中得到广泛应用，例如奶粉、洗衣粉的制造。

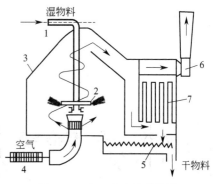

图8-14 离心式喷雾干燥器
1—加料管；2—喷雾盘；3—干燥室；
4—空气预热器；5—运输器；
6—送风机；7—袋滤器

3. 气流干燥器

气流干燥器广泛应用于粉状物料的干燥，其流程如图8-15所示。被干燥的物料直接由加料器加入气流干燥管中。空气由鼓风机吸入，通过过滤器去除其中的尘埃，再经预热器加热至一定温度后送入气流干燥管。高速的热气流使粉粒状湿物料加速并分散地悬浮在气流中，在气流加速和输送湿物料的过程中同时完成对湿物料的干燥。如果物料是滤饼状及块状，则需在气流干燥装置前安装湿物料分散机或块状物料粉碎机。

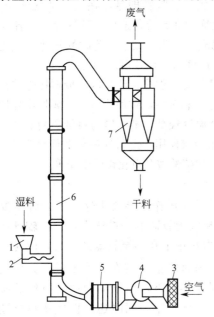

图8-15 气流干燥器
1—料斗；2—螺旋加料器；
3—空气过滤器；4—风机；
5—预热器；6—干燥管；7—旋风分离器

在气流干燥装置中，加料和卸料操作对于保证连续定态操作及干燥产品的质量十分重要。图8-16所示的是几种常用的加料器，这几种加料器均适用于散粒状物料。其中（b）、（d）两种还适用于硬度不大的块状物料，（d）也适用于膏状物料。

气流干燥器的特点如下。

① 体积给热系数大。由于被干燥的物料分散地悬浮在气流中，物料的全部表面都参与传热，因而传热面积大，体积给热系数大。体积给热系数值为2300～7000W/(m^3·℃)，比转筒干燥器高20～30倍。

② 适用于热敏性物料的干燥，如煤粉的干燥等。

③ 热效率较高。气流干燥器的散热面积小，热损失低。干燥非结合水分时，热效率可达60%左右，但在干燥结合水分时，由于进干燥器的空气温度较低，热效率约为20%。

④ 结构简单，操作方便。气流干燥器的主体设备是一根空管，管高为6～20m，管径为0.3～1.5m。设备投资费用低。气流干燥器可连续操作，容易实现自动控制。

⑤ 附属设备体积大，分离设备负荷大。气流干燥器的主要缺点是干燥管较高，一般都在10m以上。为降低其高度，已研究出许多改进方法。

4. 沸腾床干燥器（流化床干燥器）

流化床干燥器类型较多，主要有单层流化床干燥器、多层流化床干燥器和卧式多室流化床干燥器等。

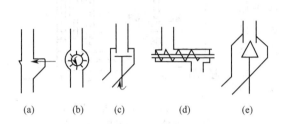

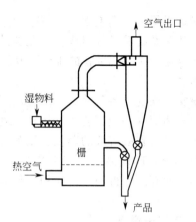

图 8-16　加料器形式
(a) 滑板式；(b) 星形式；(c) 转盘式；
(d) 螺旋式；(e) 锥形式

图 8-17　单层圆筒流化床干燥器

图 8-17 所示为单层圆筒流化床干燥器，在分布板上加入待干燥的颗粒物料，热空气通过多孔分布板进入床层与物料接触，分布板起均匀分布气体的作用。当气速较低时，颗粒床层呈静止状态，称为固定床，这时，气体在颗粒空隙中通过。当继续加大气速，颗粒床层开始松动并略有膨胀，颗粒开始在小范围内变换位置。当气速再增大时，颗粒即悬浮在上升的气流中，此时形成的床层称为流化床。由固定床转为流化床时气速称为临界流化速度。气速愈大，流化床层愈高。当气速增大到颗粒被从干燥器的顶部吹出时就成为气流干燥了，此时的气速为流化床的带出速度。所以，流化床适宜的气速应该在临界流化速度与带出速度之间。

流化床干燥器结构简单，造价低，可动部分少，维修费用低。但是，流化床干燥器操作控制要求较高，且颗粒在床层中混合剧烈，可能会引起物料的返混和短路，致使物料在干燥器中停留时间不均匀。此外，在降速干燥阶段，从流化床排出的气体温度较高，被干燥物料带走的显热也较大，导致干燥器的热量利用率降低。通常单层圆筒流化床干燥器用于湿料处理量大且对干燥要求不高的产品，特别适用于除去物料表面水分的干燥操作，如硫酸铵及氯化铵的干燥等。

5. 转筒干燥器

如图 8-18 所示为用热空气直接加热物料，并与物料逆流操作的转筒干燥器。这种干燥器的主体是一个与水平略成倾斜的可转动的圆筒。物料从圆筒较高的一端送入，与内较低端进入的热空气呈逆流接触。随着圆筒的转动，物料在重力作用下在移至较低的一端，同时被干燥成成品。圆筒内壁上装有若干抄板，其作用是把物料抄起来再撒下，以增加物料与空气的接触面积，增大干燥速率，同时还能促使物料自圆筒的一端移至另一端。常用的抄板形式如图 8-19 所示。直立式抄板适于处理黏性或较湿的物料，45°和 90°抄板适于处理粒状或较干的物料。物料入口处的抄板可做成螺旋形，以促进物料的初始移动。

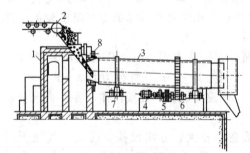

图 8-18　回转式转筒干燥器示意图
1—炉灶；2—加料器；3—转筒；
4—马达；5—减速箱；6—传动齿轮；
7—支撑托轮；8—密封装置

转筒干燥器的优点是机械化程度高，生产能力大，流体阻力小；操作弹性大，操作方便和产品质量均匀等。缺点是钢材耗量多，热效率低，结构复杂，占地面积大等。

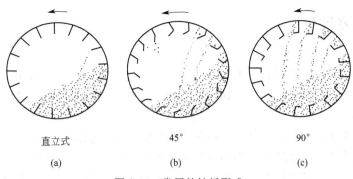

直立式　　　　　45°　　　　　90°
(a)　　　　　　(b)　　　　　(c)

图 8-19　常用的抄板形式

(a) 直立抄板；(b) 45°抄板；(c) 90°抄板

二、干燥器选型

干燥器的选型，可根据被干燥物料的性质及工艺要求选择几种适用的干燥器，然后对所选干燥器的设备费和操作费进行技术经济核算而定。表 8-2 可作为选择干燥器时参考。

表 8-2　干燥器选型参考

加热方式	干燥器\物料	溶液	泥浆	膏糊状	粒径100目以下	粒径100目以上	特殊形状	薄膜状	片状
		无机盐类、牛奶、萃取液、橡胶乳液等	颜料、纯碱、洗涤剂、碱、石灰、高岭土、黏土等	滤饼、沉淀物、淀粉、燃料等	离心机滤饼、颜料、黏土、水泥等	合成纤维结晶、矿砂、合成橡胶等	陶瓷、砖瓦、木材、填料等	塑料薄膜、玻璃纸、纸张、布匹等	薄板、泡沫塑料、相纸、印刷材料、皮革、多层板
对流加热	气流	5	3	3	4	1	5	5	5
	流化床	5	3	3	4	1	5	5	5
	喷雾	1	1	4	5	5	5	5	5
	转筒	5	5	3	1	1	5	5	5
	盘架	5	4	1	1	1	1	5	1
传导加热	耙式真空	4	1	1	1	1	5	5	5
	滚筒	1	1	4	4	5	5	5	5
	冷冻	2	2	2	2	2	5	5	5
辐射加热	红外线	2	2	2	2	2	1	1	1
介电加热	微波	2	2	2	2	2	1	2	2

注：1—适合；2—经费允许适合；3—特定条件下适合；4—适当条件时可应用；5—不适合。

任务实施

学生分为若干实验小组，每组按操作岗位分为小组。按照下述操作要求与规程，在实训室进行操作，小组轮换完成实验。

一、实验目的

熟悉流化床干燥器的构造和操作，了解流态化及流化干燥过程，了解影响物料干燥速率的因素。

二、实训原理及流程

1. 实训原理

由前述的对流干燥原理可知,干燥中传质和传热是方向相反而又相互影响的两个过程。因此,干燥速率与程度与气流状况(如温度、相对湿度、速度)和湿物料的性质有关。

2. 实训流程

本实训的干燥过程为对流干燥,属传热、传质同时发生的过程。空气经过预热器加热到一定温度,由干燥器的底部进入,湿物料则由加料斗进入干燥器,在气流的带动下,固体颗粒在干燥器内流动,形成流化态。干燥完毕后,吸收了水分的空气从干燥器顶部排出,进入旋风分离器和袋滤器进行气固分离,最后由引风机排出,流程如图8-20所示。

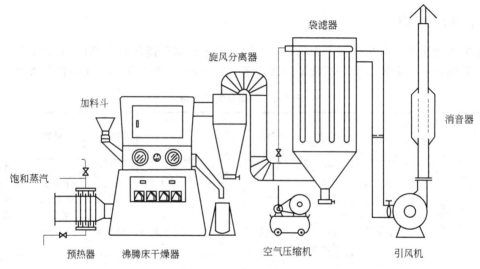

图8-20 流化干燥流程

三、操作过程

1. 开车操作

① 开车前先检查装置上的电源、仪表及阀门是否完好、齐全。
② 打开引风机送气,调节进气阀门,使床层中的颗粒处于良好的流化状态。
③ 打开空气压缩机,使袋滤器处于工作状态。
④ 打开蒸汽发生器,产生饱和蒸汽使预热器逐渐升温至100℃左右。

2. 正常操作

① 待空气状况稳定后,每隔10min记录床层温度一次。
② 每隔10min取样一次,放置于密封的容器内。
③ 当样品冷却至室温时,使用分析天平称重,然后将样品放置于110℃左右的烘箱中烘干。烘干后,样品冷却至室温后称量(两次称量时均需盖紧瓶盖)。

3. 停车操作

① 逐渐关小进气阀门,使颗粒沉降下来。
② 等固体沉降完全后,关闭引风机。
③ 关闭空气压缩机。

④ 关闭蒸汽发生器电源,停止加热。

讨论与拓展

讨论：
如何根据物料特性选择适宜的干燥器。

拓展：
目标：对其他类型的干燥器及干燥原理有所了解,读懂干燥系统流程。
工作任务：通过查阅图书馆资料或上网查询,完成以下课题：
1. 除了本章所介绍的干燥器种类之外,还有什么新型的干燥器种类,它的原理、结构、特点分别是什么？
2. 什么是红外干燥器,它的原理是什么？适用于什么场合？
3. 查阅化工生产中采用的一些干燥系统流程图,理解干燥过程。

项目考核与评价

本项目考核采用过程性考核与结论性考核相结合的方式,面向学生的整个学习过程,注重化工能力素质考核,其中能力目标和素质目标考核情况主要结合实习、实训等操作情况给分。具体考核方案见考核表

项目八 考核评价表

考核类型	考核项目	考核内容及配分			配分	得分
		知识目标掌握情况40%	能力目标掌握情况40%	素质目标掌握情况20%		
过程性考核	任务一 干燥认知				10	
	任务二 湿空气的性质及湿焓图的应用				10	
	任务三 干燥过程操作分析				20	
	任务四 干燥器认知与操作				20	
	考核内容	考核指标				
结论性考核	干燥操作(见任务四,地点:实训室)	考核准备	企业调研		3	
			实验室规章制度		3	
		方案制定	流程正确无误		3	
			影响干燥因素分析全面准确		3	
		实施过程	操作符合规程		3	
			仪表设备操作规范		3	
			操作过程符合要求		3	
			结束后的工作场地、环境整理好		3	
		任务结果	产品合格		4	
			数据记录规范合理,记录完整、规范、整洁		3	
		项目完成报告	撰写项目完成报告、数据真实、提出建议		3	
			能完整、流畅地汇报项目实施情况		3	
			根据教师点评,进一步完善工作报告		3	
		其他	未完成		−30	
			损坏一件仪器、设备		−10	
			严重违反规程、发生安全事故		−40	
总分					100	

项目九 化工生产综合实训

项目设置依据

化工生产是以流程性物料（气体、液体、粉体）为原料，以化学处理和物理处理为手段，以获得设计规定的产品为目的的工业生产。任何一个化工产品的生产过程都是由若干单元操作与化学反应过程通过适当串联、组合而构成，乙酸乙酯也不例外。

学习目标

- 通过对典型化工产品乙酸乙酯真实生产过程的操作及仿真过程的实训，培养学生应用已学过的基础理论解决工程实际问题的能力，了解当今化学工业概貌及其发展方向。
- 掌握典型工艺过程的方法、原理、流程、工艺条件及产品质量的分析。
- 了解化工生产中的设备材质、安全生产、三废治理等问题。

项目任务与教学情境

以乙酸乙酯生产流程为载体，将生产过程中涉及的各个单元操作过程归纳整理，安排教学内容，配合相应的教学情境，完成整个项目的实施，见表 9-1。

表 9-1 本项目工作任务

工作任务	教学情境
乙酸乙酯生产操作实训	多媒体教室讲授相关知识与理论，实训室学生分组（岗位）进行

项目实施与教学内容

任务 乙酸乙酯生产操作实训

任务引入

化工生产是以流程性物料（气体、液体、粉体）为原料，以化学处理和物理处理为手段，以获得设计规定的产品为目的的工业生产。本课程以乙酸乙酯的生产为主线，通过对典型化工产品-乙酸乙酯的真实生产过程的操作及仿真过程的实训，培养学生应用已学过的基础理论解决工程实际问题的能力，了解当今化学工业概貌及其发展方向；掌握典型工艺过程的方法、原理、流程、工艺条件及产品质量的分析；了解化工生产中的设备材质、安全生产、三废治理等问题。以便在生产与开发研究工作中开拓思路，触类旁通，灵活运用，不断开发新技术、新工艺、新产品和新设备，降低生产过程中的原料与能源消耗，提高经济效益，更好地满足社会需要。

相关知识

一、原理

乙酸乙酯是醋酸的一种重要下游产品，具有优异的溶解性、快干性，在工业中主要用作生产涂料、黏合剂、乙基纤维素、人造革以及人造纤维等的溶剂，作为提取剂用于医药、有机酸等产品的生产，用途十分广泛。

乙酸乙酯综合生产实训装置是石油化工企业酯类产品制备的重要装置之一，其工艺主要有三类，即国内常用的乙酸乙酯直接酯化法、欧美常用的乙醛缩合法以及乙醇一步法（仅有少量报道）。本装置选用乙酸乙酯直接酯化法，其反应原理为：

$$CH_3COOH + C_2H_5OH \xrightarrow[加热]{催化剂} CH_3COOC_2H_5 + H_2O$$

本装置以乙酸乙酯直接酯化法工艺为基础，以乙醇、乙酸为原料，磷钼酸为催化剂，由乙酸乙酯反应和产品分离两部分组成的生产过程实训操作。反应工段以反应釜、中和釜双釜系统为主体，配套有原料罐、反应釜蒸馏柱、反应釜冷凝器、轻相罐、重相罐等设备；产品分离工段以萃取精馏（筛板塔）分离乙酸乙酯和萃取剂分离提纯（填料塔）为主体，配套有冷凝器、产品罐、残液罐等设备，使学生了解釜式反应器的工艺、萃取精馏的原理，掌握各单元操作的原理，熟悉工厂操作步骤，具备一定的实践动手经验，强化理论与实践的结合，提高其综合能力。

二、实训功能

1. 反应釜岗位技能

原料配料及加料操作；反应控制操作；搅拌器操作；回流反应操作；物料出料操作等。

2. 中和釜岗位技能

后处理（中和）液配料及加料操作；搅拌器操作；物料中和操作；物料出料操作等。

3. 精馏岗位技能

筛板精馏塔操作；填料精馏塔操作；普通精馏操作；萃取精馏操作；全回流操作；连续进料下部分回流操作；产品采出量和采出液浓度联调操作；常压精馏操作；减压精馏操作等。

4. 换热岗位技能

列管换热器操作；夹套式换热器操作；蛇管式换热器操作；（物料）汽-水换热体系操作；空气-水换热体系操作；油-水换热体系操作；（物料）液-水换热体系操作等。

5. 流体输送岗位技能

离心泵的开停车及流量调节操作；压力缓冲罐调节操作；真空泵及真空度调节操作等。

6. 现场工控岗位技能

泵的变频及手动阀调节；换热器温度测控；反应温度测控；电动阀开度调节和手闸阀调节；塔釜液位低报，液位调节控制；加热系统与物流的联调操作；物料配送及取样检测操作等。

7. 化工仪表岗位技能

流量计、液位计、变频器、差压变送器、热电阻、过程控制器、声光报警器、调压模块及各类就地弹簧指针仪表等的使用；单回路、串级控制和比值控制等控制方案的实施。

8. 就地及远程控制岗位技能

现场控制台仪表与微机通讯，实时数据采集及过程监控；总控室控制台 DCS 与现场控制台通讯，各操作工段切换、远程监控、流程组态的上传下载等。

三、流程简介

1. 常压流程

具体流程见图 9-1。

原料乙酸和乙醇按比例分别加到乙酸原料罐 V102、乙醇原料罐 V103 后，分别由乙酸原料泵 P102、乙醇原料泵 P103 送入反应釜 R101 内，再加入催化剂，搅拌混合均匀后，加热进行液相酯化反应。从反应釜出来的气相物料，先经蒸馏柱 E101 粗分，再进入冷凝器 E102 管程与水换热冷凝，然后进入冷凝液罐 V104。V104 冷凝液罐中的液体出料分为两路：一路回流至反应釜 R101；一路直接进入中和釜 R102 内。反应一定时间后，将反应产物粗乙酸乙酯出料到中和釜 R102。向中和釜 R102 内加入碱性中和液，将粗乙酸乙酯处理至中性后，并静置油水分层 15min 左右。然后用中和釜进料泵 P104 先把水相（重组分相）送入重相罐 V107，待视盅内基本无重组分时，再把油相（轻组分相）经中和釜进料泵 P104 输送到轻相罐 V106。

轻相罐 V106 内的粗乙酸乙酯由筛板塔进料泵 P106 打入筛板精馏塔 T102，与萃取剂混合并进行萃取精馏分离。从筛板精馏塔 T102 塔顶出来的精乙酸乙酯进入冷凝器 E103 管程与水换热冷凝后，到筛板塔冷凝罐 V109。冷凝罐 V109 中的冷凝液一部分回流至筛板精馏塔 T102，另一部分作为成品到筛板塔产品罐 V110。粗酯中的水分、乙醇被萃取剂萃取，经塔釜进入筛板精馏塔残液罐 V111。

筛板塔残液罐 V111 内的混合液体，经填料塔进料泵 P109 打入填料精馏塔 T103 内进行精馏，回收萃取剂和溶于其中未反应的原料乙醇。塔顶出来的乙醇和水蒸气进入填料塔冷凝器 E104 与水换热冷凝后，到填料塔冷凝罐 V113，一部分回流至填料精馏塔 T102，一部分到填料塔产品罐 V114 可收集补充原料乙醇或排放；从塔釜出来的残液萃取剂乙二醇到达填料塔残液罐 V115，由萃取剂泵 P108 将乙二醇送至筛板精馏塔 T102 循环使用或排放。

2. 真空流程

本装置配置了真空流程，主物料流程与常压流程相同。在反应釜冷凝罐 V104、中和釜 R102、筛板塔冷凝液罐 V109、筛板塔产品罐 V110、筛板塔残液罐 V111、填料塔冷凝罐 V113、填料塔产品槽 V114、填料塔残液槽 V115 均设置抽真空阀，被抽出的系统物料气体经真空总管进入真空缓冲罐 V108，然后由真空泵 P105 抽出放空。

3. 萃取剂流程

萃取剂乙二醇加入萃取剂罐 V112 后，由萃取液泵 P108 将乙二醇打入筛板精馏塔 T102。残液中的乙二醇随塔釜残液进入筛板塔残液罐 V111，由填料塔进料泵 P109 打入填料精馏塔 T103，经精馏分离后，乙二醇作为填料精馏塔的残液排至填料塔残液罐 V115，用萃取剂泵 P108 将乙二醇送至筛板精馏塔 T102 循环使用。

具体流程见图 9-1。

四、装置布置示意图

装置布置见图 9-1。

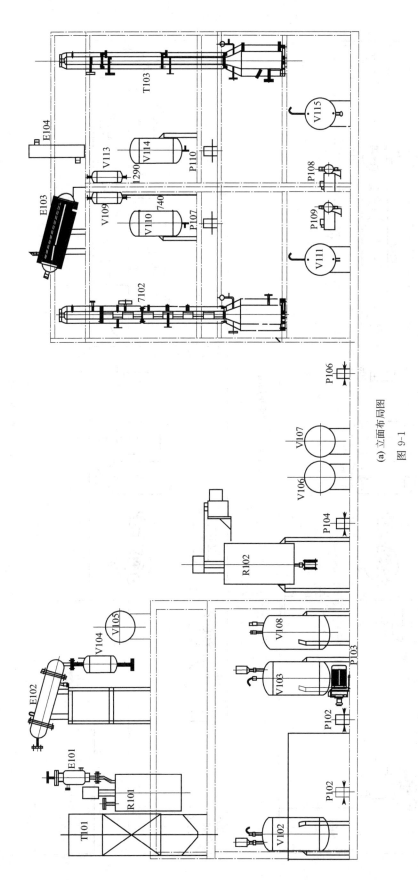

(a) 立面布局图

图 9-1

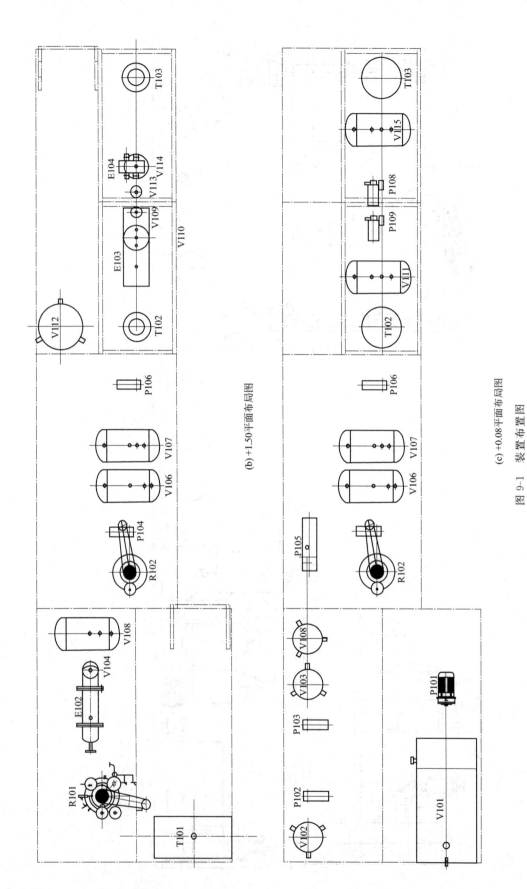

(b) +1.50平面布局图

(c) +0.08平面布局图

图 9-1 装置布置图

五、设备一览表

工艺主要设备见表9-2。

表 9-2　工艺主要设备

项目	名　　称	规格型号	数量
工艺设备系统	反应釜	316L不锈钢,$V=24L$,最高操作压力1.0MPa(表压),最高操作温度300℃,带搅拌、安全阀	1
	中和釜	316L不锈钢,$V=30L$,常温,常压,带搅拌	1
	冷却水泵	不锈钢离心泵,$H=16m,Q=4.8m^3/h,N=0.55kW$	1
	乙酸原料泵	齿轮泵,$H=30m,Q=0.04m^3/h,N=0.18kW$	1
	乙醇原料泵	齿轮泵,$H=30m,Q=0.04m^3/h,N=0.18kW$	1
	中和釜出料泵	齿轮泵,$H=30m,Q=0.04m^3/h,N=0.18kW$	1
	萃取剂泵	计量泵,$H=60m,Q=0.07m^3/h,N=0.04kW$	1
	筛板塔进料泵	齿轮泵,$H=30m,Q=0.10m^3/h,N=0.18kW$	1
	填料塔进料泵	计量泵,$H=60m,Q=0.07m^3/h,N=0.04kW$	1
	塔回流泵	齿轮泵,$H=30m,Q=0.04m^3/h,N=0.18kW$	2
	真空泵	旋片式真空泵,$Q=2L/s,N=0.37kW$	1
	反应釜蒸馏柱	304不锈钢,套管式,$S=0.5m^2$,	1
	反应釜冷凝器	304不锈钢,列管式,$S=2m^2$,	1
	筛板塔冷凝器	304不锈钢,列管式,$S=0.7m^2$	1
	填料塔冷凝器	304不锈钢,板式,$S=1m^2$	1
	筛板精馏塔	304不锈钢,塔釜容积$V=7L$,塔体内径$d=78mm$,24块筛板	1
	填料精馏塔	304不锈钢,塔釜容积$V=7L$,塔体内径$d=78mm$,共4m填料,不锈钢,$\phi10\times10\theta$网环填料	1
	冷却水箱	304不锈钢,$1200\times600\times600mm,V=430L$	1
	真空缓冲罐	304不锈钢,$\phi325mm\times570mm,V=50L$	1
	乙酸原料罐	304不锈钢,$\phi325mm\times570mm,V=50L$	1
	乙醇原料罐	304不锈钢,$\phi325mm\times570mm,V=50L$	1
	反应釜冷凝罐	304不锈钢,$\phi159mm\times330mm,V=5L$	1
	中和液罐	304不锈钢,$\phi325mm\times570mm,V=50L$	1
	轻相罐	304不锈钢,$\phi325mm\times570mm,V=50L$	1
	重相罐	304不锈钢,$\phi325mm\times570mm,V=50L$	1
	筛板塔冷凝罐	304不锈钢,$\phi109mm\times300mm,V=2L$	1
	填料塔冷凝罐	304不锈钢,$\phi109mm\times300mm,V=2L$	1
	筛板塔产品罐	304不锈钢,$\phi325mm\times520mm,V=45L$	1
	填料塔产品罐	304不锈钢,$\phi325mm\times520mm,V=45L$	1
	萃取剂罐	304不锈钢,$\phi426mm\times890mm,V=115L$	1
	筛板塔残液罐	304不锈钢,$\phi426mm\times570mm,V=50L$	1
	填料塔残液罐	304不锈钢,$\phi426mm\times570mm,V=50L$	1
	管道、阀门、法兰、管件	不锈钢	一批

━━━━━━ 任务实施 ━━━━━━

一、生产技术指标

在化工生产中,对各工艺变量有一定的控制要求。有些工艺变量对产品的数量和质量起着决定性的作用。有些工艺变量虽不直接影响产品的数量和质量,然而保持其平稳却是使生产获得良好控制的前提。例如,精馏塔顶温度对产品浓度起很重要的作用。

为了满足实训操作需求,可以有两种方式:一是手动控制,二是自动控制。使用自动化仪表等控制装置来代替人的观察、判断、决策和操作。

先进的控制策略在化工生产过程的推广应用,能够有效提高生产过程的平稳性和产品质量的合格率,对于降低生产成本、节能减排降耗、提升企业的经济效益具有重要意义。

1. 各项工艺操作指标

冷搅拌时间:反应物料冷搅拌时间 5min;中和反应搅拌时间 10min 左右。

温度控制:反应釜内温度 75~80℃;反应釜夹套温度 110~140℃;中和釜反应温度为常温;筛板塔塔顶温度 78~82℃(具体根据产品的浓度来调整);筛板塔塔釜温度 90~110℃,(具体根据塔釜液的浓度来调整);填料塔塔顶温度 80~100℃,(具体根据产品的浓度来调整);填料塔塔釜温度 120~150℃(具体根据釜液的浓度来调整)。

流量控制:乙醇进料流量约 30L/h;乙酸进料流量约 30L/h;筛板塔进料流量约 20L/h;填料塔进料流量约 30L/h;萃取剂进料流量约 30L/h。

液位控制:乙酸原料罐液位 100~400mm;乙酸原料罐液位 100~400mm;筛板塔塔釜液位 100~350mm,报警 $L_{低}$ = 100mm;填料塔塔釜液位 100~350mm,报警 $L_{低}$ = 100mm;筛板塔及填料塔压力控制 -0.04~+0.02MPa。

2. 生产实训操作报表

生产实训操作报表见表 9-3~表 9-5。

二、实训操作

实训操作之前,请仔细阅读实验装置操作规程,以便完成实训操作。

注:开车前应检查所有设备、阀门、仪表所处状态。

1. 开车前准备

(1) 由相关操作人员组成装置检查小组,对本装置所有设备、管道、阀门、仪表、电气、照明、分析、保温等按工艺流程图要求和专业技术要求进行检查。

(2) 检查所有仪表是否处于正常状态。

(3) 检查所有设备是否处于正常状态。

(4) 试电

① 检查外部供电系统,确保控制柜上所有开关均处于关闭状态。

② 开启外部供电系统总电源开关。

③ 打开控制柜上空气开关 41 (1QF)。

④ 打开装置仪表电源总开关 10 (2QF),打开仪表电源开关 8 (1SA),查看所有仪表是否上电,指示是否正常。

⑤ 将各阀门顺时针旋转操作到关的状态。

(5) 准备原料

① 乙酸 10L 左右;乙醇 5L 左右。

② 磷钼酸催化剂 210g 左右(催化剂的用量比例为 7.5g 磷钼酸催化剂/mol 乙酸)。

③ 在敞口容器内配制 40L 左右的饱和碳酸钠溶液(要根据产品的实际酸度和加入中和釜的液体量,调整饱和碳酸钠的实际用量,目的是将酯化反应后的混合液调整为中性)。

④ 合成导热油 70L 左右。

⑤ 乙二醇溶液 80L 左右。

(6) 开启公用系统 用一段临时软管将冷却水进水总管和自来水龙头相连、冷却水出水总管接另一段软管到下水道,待用。

表 9-3 反应釜、中和釜工段操作报表

序号	时间	液位/mm			流量 液体/(L/h),气体/(m³/h)				温度/℃						压力/kPa		转速/(r/min)	
		乙酸原料罐液位	乙醇原料罐液位	乙酸进料流量	乙醇进料流量	蒸馏柱冷却水流量	冷凝器冷却水流量		反应釜夹套温度	反应釜内温度现场显示	反应釜夹套加热开度/%	中和釜夹套温度	中和釜内温度现场显示	中和釜内温度	反应釜压力	中和釜内压力	反应釜转速	中和釜转速
1																		
2																		
3																		
4																		
5																		
6																		
7																		
8																		

操作记事

异常现象记录

操作人： 指导老师：

表 9-4 筛板塔操作报表

序号	时间	液位/mm			流量 液体/(L/h),气体/(m³/h)					温度/℃								压力/kPa		
		轻相罐液位	塔釜液位	产品罐液位	残液罐液位	萃取剂罐液位	进料泵进料流量	冷凝器进水流量	萃取剂进料流量	回流流量	产品流量	进料温度现场显示	塔釜温度	塔釜加热开度/%	塔顶温度	第三塔板温度	第六塔板温度	第十塔板温度	第十四塔板温度	第二十塔板温度	第二十二塔板温度	第二十四塔板温度	第二十六塔板温度	萃取剂温度	筛板塔釜压力	筛板塔顶压力
1																				
2																				
3																				
4																				
5																				
6																				
7																				

项目九 化工生产综合实训

续表

序号	时间	液位/mm				流量/(L/h,气/(m³/h))				进料温度现场显示	塔釜温度	塔釜加热开度/%	塔顶温度	温度/℃						压力/kPa	
		轻相罐液位	塔釜液位	产品罐液位	萃取剂罐液位	残液罐液位	进料泵进料流量	冷凝器进水流量	萃取剂流量	回流流量	产品流量					第三塔板温度	第六塔板温度	第十塔板温度	第十四塔板温度	第二十塔板温度	第二十二塔板温度	第二十四塔板温度	第二十六塔板温度	萃取剂温度	筛板塔塔釜压力	筛板塔塔顶压力
8																						
9																						

操作记事

异常现象记录

操作人：　　　　　　　　　　　　指导老师：

表 9-5 填料塔操作报表

序号	时间	液位/mm				流量/(L/h,气/(m³/h))				进料温度现场显示	塔釜温度	塔釜加热开度/%	塔顶温度	温度/℃			压力/kPa	
		筛板塔残液罐液位	塔釜液位	产品罐液位	残液罐液位	进料泵进料流量	冷凝器进水流量	回流流量	产品流量					第一进料温度	第二进料温度	第三进料温度	回流温度	筛板塔塔釜压力	筛板塔塔顶压力
1																		
2																		
3																		
4																		
5																		
6																		
7																		
8																		
9																		
10																		
11																		
12																		

操作记事

异常现象记录

操作人：　　　　　　　　　　　　指导老师：

2. 开车

由于反应物料和反应产物的蒸汽都会与空气形成爆炸性气体，因此，在投料试车之前需要对反应釜系统进行氮气置换，具体方法见开车步骤。

（1）反应釜操作

① 确认原料罐底部排污阀关闭，打开原料罐放空阀（VA002、VA009），将准备好的乙酸、乙醇溶液通过原料罐进料阀 VA001、VA008 加入到原料罐，到其容积 2/3 处，加料完成后，关进料阀 VA001、VA008，关小放空阀（VA002、VA009）。

② 系统用氮气置换，操作方法是：确认关闭所有放空阀、排污阀，关闭乙酸原料泵 P102、乙醇原料泵 P103 出口阀（VA006、VA013），打开反应釜抽真空系统的阀门（VA094、VA091、VA090），打开贯穿反应釜系统上下游的阀门（VA007、VA014），启动真空泵，打开 VA015，向反应釜系统通氮气，同时抽气，直到系统内气体中含氧量达到 3%（体积分数）以下，系统空气置换结束，关闭 VA090、VA015，停真空泵。

③ 开启原料罐出料阀（VA004、VA011），启动乙酸原料泵 P102、乙醇原料泵 P103，开启泵的回流阀（VA005、VA012）及泵的出口阀（VA006、VA013）。

④ 按乙醇、乙酸两者体积比为 2∶1 将原料加入反应釜 R101 内，到其容积的 2/3 左右（反应釜容积为 24L）。

注意：加料过程和反应过程中都要关注系统内压力变化，一旦超压应及时稍开反应釜冷凝罐 V104 放空阀卸压，卸压完毕必及时关闭放空阀，以免系统内漏入空气。

⑤ 关阀门 VA006、VA013、VA005、VA012，停进料泵 P102、P103，关闭阀门 VA004、VA011。

⑥ 打开反应釜加料漏斗阀门（VA016），用少量的乙醇溶解 132g 磷钼酸加入到反应釜，关闭加料阀门，防止加料时系统内漏入空气。

⑦ 确认反应釜夹套内的导热油已加到规定液位，开启反应釜冷凝液 V104 放空阀（VA093），排出不凝气后关闭此阀门。

⑧ 启动夹套油浴的加热系统开始加热，观察夹套和反应釜内温度。调节夹套加热功率，控制夹套温度在 120～130℃、反应釜内温度 75～85℃。

注意：加热系统的开度过大，则反应釜的蒸发量过大，会引起系统压力上升过快。

⑨ 当釜内温度为 50℃左右时，启动冷却水泵 P101，打开冷却水箱出水阀 VA081、冷却水泵出口阀 VA082，反应釜蒸馏柱 E101 进冷却水阀 VA085、反应釜冷凝器 E102 进冷却水阀 VA086，根据冷凝情况调整反应釜蒸馏柱转子流量计和冷凝器转子流量计开度，使蒸汽被全部冷凝。

⑩ 保持全回流反应约 3h，取样分析确认反应是否完全。

⑪ 回流结束后，将反应釜冷凝罐 V104 所有产品通过阀门 VA019 回流到反应釜内，也可以从反应釜冷凝液 V104 直接采出产品。

⑫ 开启反应釜冷却水进口阀门 VA084，将夹套内的导热油降温，使反应釜内物料快速降到室温。

（2）中和釜操作

① 关闭碱液罐 V105 出料阀 VA039、碱液罐 V105 排污阀 VA040，打开碱液罐 V105 放空阀 VA041，打开碱液罐 V105 加料阀 VA042，向碱液罐内加入配好的饱和碳酸钠溶液，到其液位的达到 2/3 左右，关闭加料阀 VA042。

② 打开中和釜 R102 放空阀 VA024，打开反应釜 R101 出料阀 VA021，向中和釜加入反应物料，同时打开碱液罐 V105 出料阀 VA039，向中和釜内加入适量的饱和碳酸钠溶液，

关闭阀门 VA039。

③ 启动中和釜搅拌系统,搅拌约 10min 后,停止搅拌。静置 10～30min,通过中和釜出口取样分析中和情况,产品合格,进入下步操作。

④ 观察中和釜下视盅内的液位,出现明显分层时,稍开中和釜出料阀 VA025、中和釜出料泵 P104 回流阀 VA028、重相罐进料阀 VA033,启动中和釜出料泵 P104,将重相液打入重相罐 V107。待视盅内轻重相的分界线刚好消失时,关闭重相进料阀 VA033,打开轻相进料阀 VA029,将轻相液打入轻相罐 V107,至视盅内无明显液位。

(3) 筛板塔萃取精馏操作

① 关闭萃取剂罐出料阀 VA064、排污阀 VA066,打开萃取剂罐 V112 放空阀 VA065 和进料阀 VA063,向萃取剂罐 V112 内加入乙二醇,至其液位的 2/3 处左右,关萃取剂罐 V112 进料阀 VA063。

② 打开阀门 VA064,启动萃取液泵 P108,打开阀门 VA061、VA062、VA067,向筛板塔 T101 进萃取剂,到筛板塔塔釜液位的 2/3 左右。

③ 打开筛板塔出料阀 VA053,至筛板塔残液灌有 1/3 左右液位时,关闭萃取剂泵 P108 出料阀 VA062,停萃取剂泵 P108,关闭萃取剂罐出料阀 VA064。

④ 打开筛板塔出料阀 VA056,启动填料塔进料泵 P109,打开填料塔进料泵 P109 回流阀 VA057、填料塔进料泵出口阀 VA059、转换阀 VA068,调节填料塔进料泵出口流量,控制筛板塔液位情况到其正常液位。

⑤ 启动筛板塔塔釜加热系统,在 DCS 上手动控制加热功率,使系统缓慢升温。

⑥ 确认关闭筛板塔冷凝罐 V109 出料阀(VA047)、取样阀(VA048 和 VA049),当筛板塔顶温度接近 60℃时,打开筛板塔冷凝器 E103 进冷却水阀(VA087)。

⑦ 当筛板塔 T101 塔釜缓慢升温到 90～110℃。注意观察各塔节和塔顶温度,当塔顶温度≥80℃且稳定一段时间后可以准备投料。

⑧ 开启轻相罐 V106 出料阀(VA032),在控制柜上启动筛板塔进料泵 P106,打开筛板塔最高进料口阀门(VA045),开启筛板塔进料泵回流阀(VA037),调节筛板塔进料泵回路阀门(VA037)的开度,调节进料流量。

⑨ 当观察到筛板冷凝罐 V111 液位计指示为 1/3 时,开筛板塔冷凝罐出料阀(VA047),在控制柜上启动筛板塔回流泵 P107,通过筛板塔回流阀 VA050 调节回流流量,控制塔顶温度。当产品符合要求时,可转入连续精馏操作,通过调节产品流量控制塔顶冷凝液槽液位。

⑩ 当塔釜液位开始下降时,可启动筛板塔进料泵 P106,将原料打入筛板塔内;当塔釜液位高于正常液位时,调节塔釜排残液阀 VA053 的开度,控制塔釜液位稳定。

⑪ 调整精馏系统各工艺参数稳定,建立塔内平衡体系。

⑫ 待塔顶温度明显上升时,关筛板塔冷凝罐 V109 出料阀(VA047)、筛板塔回流流量调节阀 VA050 和筛板塔产品流量调节阀 VA051,在控制柜上停筛板塔回流泵 P107。

⑬ 在 DCS 手动将筛板塔加热功率变为 0,在控制柜上停筛板塔塔釜加热开关,等到筛板塔内温度冷却至 60℃左右时,关闭筛板塔冷凝器进水阀 VA087。

⑭ 开启筛板塔塔釜排污阀(VA054),将残液全部排放到残液罐 V111 内。

(4) 填料塔精馏操作 当筛板塔残液罐 V111 液位达到 1/2 以上时,需用填料塔将残液进行精馏分离。

① 打开残液罐 V111 出料阀(VA056)、填料塔进料泵回流阀 VA057、填料塔进料泵出口阀 VA059 和填料塔塔釜进料阀 VA071,启动填料塔进料泵 P109,向填料塔 T103 进料。

② 当填料塔塔釜液位达到 2/3 左右时,在控制柜上打开填料塔加热开关,在 DCS 上手

动控制加热功率约20%，使填料塔塔釜缓慢升温到120～150℃，塔顶温度为80～100℃。

③ 当填料塔顶温度接近60℃时，打开填料塔冷凝器进水阀（VA088），调节此阀门的开度，控制冷凝液温度。

④ 当填料塔冷凝罐V113有1/3左右液位时，打开填料塔冷凝罐V113出料（VA075）和填料塔回流流量调节阀VA078，在控制柜上启动填料塔回流泵P110，通过调节回流泵（P110）出口阀（VA078）的开度调节回流流量，控制塔顶温度。当产品符合要求时，可转入连续精馏操作，通过调节产品流量控制塔顶冷凝液槽液位。

⑤ 当塔釜液位开始下降时，可启动筛板塔进料泵P106，将原料打入筛板塔内；当塔釜液位高于正常液位时，调节塔釜排残液阀VA053的开度，控制塔釜液位稳定。

⑥ 调整精馏系统各工艺参数稳定，建立塔内平衡体系。

⑦ 当筛板塔残液罐V111中物料抽空后，关筛板塔出料阀（VA053），停填料塔进料泵P109，关填料塔进料泵出口阀VA059、填料塔釜进料阀VA071。

⑧ 当塔顶温度明显上升时，关闭填料塔冷凝罐V113出料阀（VA075）和填料塔回流流量调节阀VA078，在控制柜上停填料塔回流泵P110，关填料塔产品流量调节阀VA111。

⑨ 在DCS手动将填料塔（T103）加热功率变为0，在控制柜上停填料塔塔釜加热开关，等到填料塔（T103）冷却至60℃左右时，停填料塔冷凝器（E104）进冷却水阀VA088。

⑩ 打开填料塔残液罐放空阀（VA103），开填料塔塔釜排污阀（VA073），将回收的乙二醇排入填料塔残液罐V114。

(5) 减压精馏操作　乙酸乙酯反应体系，其各物料的沸点均较低，通常不需要使用真空系统。当实验体系是沸点较高的物质时，可以采用减压精馏来分离、提纯产品。减压精馏可按以下步骤操作。

① 要先对系统进行抽真空操作，具体操作步骤如下。

a. 确认关闭阀门VA089、VA092、VA091，打开阀门VA090，启动真空泵P105，当缓冲罐真空度达到0.04MPa时，关闭阀门（VA090）。

b. 当缓冲罐真空度达到0.04MPa后，确认系统所有阀门处于关闭状态，缓开真空缓冲罐进气阀VA091和反应釜冷凝罐V104抽真空阀VA094、中和釜抽真空阀VA095、筛板塔冷凝罐V109抽真空阀VA096、筛板塔产品罐V110抽真空阀VA099、筛板塔残液罐V111抽真空阀VA097、填料塔冷凝罐V113抽真空阀VA105、填料塔产品罐V114抽真空阀VA106、填料塔残液罐V115抽真空阀VA102。

c. 当系统真空达到0.02～0.04MPa时，关真空缓冲罐抽真空阀（VA090），停真空泵。注意：真空泵的操作为间歇式，当系统真空度低于所需真空度时，再次打开阀门VA090，重复步骤a.～c.，启动真空泵对系统抽真空。

② 将准备好的乙酸、乙醇溶液通过原料罐进料阀VA001、VA008加入到原料罐，到其容积2/3处，加料完成后，关进料阀VA001、VA008。

③ 其他操作步骤与常压操作相同。

注意：随着真空度的提高，介质的沸点将下降，在进行真空操作的初期，切记操作要平缓，防止暴沸现象的发生。

3. 停车操作

(1) 反应釜、中和釜停车

① 停反应釜夹套导热油加热系统。

② 打开反应釜夹套进水阀VA084和调大阀门VA085、VA086的开度，待反应釜冷凝

罐液位无明显变化时，关闭阀门 VA085 和 VA086。

③ 待反应釜内温度接近常温，关闭冷凝水阀门（VA084）；关闭冷却水泵，停中和釜和反应釜搅拌系统。

(2) 常压精馏停车

① 停止塔釜加热系统。

② 系统停止加料，停进料泵，关闭进料泵进出、口阀。

③ 当塔顶温度下降，无冷凝液馏出后，关闭塔顶冷凝器进冷却水阀。

④ 当塔底物料冷却后，开精馏塔底排污阀和残液罐排污阀，放出塔釜和残液罐内物料。

⑤ 停控制台、仪表盘电源。

⑥ 做好操作记录。

(3) 减压精馏停车

① 停止塔釜加热系统。

② 系统停止加料，停进料泵，关闭进料泵进出、口阀。

③ 当塔顶温度下降，无冷凝液馏出后，关闭塔顶冷凝器进冷却水阀。

④ 当系统温度降到 40℃ 左右，缓慢开启真空缓冲罐放空阀门，破除真空，使系统压力回复至常压。

⑤ 当塔底物料冷却后，开精馏塔底排污阀和残液罐排污阀，放出塔釜和残液罐内物料。

⑥ 停控制台、仪表盘电源。

⑦ 做好操作记录。

4. 正常操作注意事项

① 系统采用自来水作试漏检验时，系统加水速度应缓慢，密切监视系统压力，及时打开系统高点放空阀卸压，严禁系统憋压。

② 精馏塔塔釜初始进料时进料速度不宜过快，防止精馏塔满塔。

③ 精馏塔釜加热应逐步增加加热电压，使塔釜温度缓慢上升。升温速度过快，宜造成大量轻、重组分同时蒸发至塔釜内，延长塔系统达到平衡的时间。

④ 系统全回流时应控制回流流量和冷凝流量基本相等，保持冷凝罐液位稳定。

⑤ 减压精馏时，系统真空度不宜过高，控制在 0.02~0.04MPa，真空度控制采用间歇启动真空泵方式，当系统真空度高于 0.04MPa 时，停真空泵；当系统真空度低于 0.02MPa 时，启动真空泵。

⑥ 在系统进行连续精馏时，借助各处流量计，平衡精馏塔进料流量和塔顶、塔釜采出流量，保证全塔气、液流量稳定，保持全系统操作稳定。

⑦ 调节冷凝器冷却水流量，保证出冷凝器物料温度在 40~60℃ 之间。

⑧ 实验结束时，应用水清洗管路和设备并整理现场工器具，保持实验现场的清洁整齐。

三、安全生产技术

1. 异常现象及处理

异常现象及处理方法见表 9-6。

表 9-6 异常现象及处理方法

序号	异常现象	原因分析	处理方法
1	反应温度升高	夹套导热油温度太高	控制夹套油浴温度
2	反应釜冷凝器出口温度过高	冷凝水流量偏小、上升蒸汽量过大	加大冷凝水流量 控制夹套加热功率

续表

序号	异常现象	原因分析	处理方法
3	系统压力增大	不凝气积聚	夹套加热功率过大、排放不凝气、调整加热功率
4	塔压差大、液泛	负荷大	回流量过小、降低塔釜加热功率、调大回流量、加大冷却水流量

2. 工业卫生和劳动保护

化工单元实训基地的老师和学生进入化工实训基地，必须佩戴合适的防护手套，无关人员不得进入化工实训基地。

(1) 动设备操作安全注意事项

① 正常启动泵之前，需观察泵的运转方向是否正确，方法是：给泵通电并很快断电，利用泵转速缓慢降低的过程，观察泵的运转方向；若运转方向错误，立即调整泵接线。

② 启动泵后看其工艺参数是否正常。

③ 观察有无异常噪声，检查有无松动的螺栓。

④ 电机运转时不可接触转动件。

(2) 静设备操作安全注意事项

① 操作及取样过程中注意防止静电产生。

② 容器应严格按规定的装料系数装料。

(3) 安全技术　进行实训之前必须了解室内总电源开关与分电源开关的位置，以便出现用电事故时及时切断电源；在启动仪表柜电源前，必须清楚每个开关的作用。

设备配有压力、温度等测量仪表，要注意对相关设备进行集中监视，一旦出现异常情况，及时做适当处理。

不能使用有缺陷的梯子，登梯前必须确保梯子支撑稳固，面向梯子双手扶梯上下楼，并且一人登梯时要有同伴监护。

(4) 职业卫生

① 噪声对人体的危害。噪声对人体的危害是多方面的，噪声可以使人耳聋，引起高血压、心脏病、神经官能症等疾病，还污染环境，影响人们的正常生活，降低劳动生产率。

② 工业企业噪声的卫生标准。工业企业生产车间和作业场所的工作点的噪声标准为85dB。现有工业企业经努力暂时达不到标准时，可适当放宽，但不能超过90dB。

③ 噪声的防扩。噪声的防扩方法很多，而且不断改进，主要有三个方面，即控制声源、控制噪声传播、加强个人防护。当然，降低噪声的根本途径是对声源采取隔声、减震和消除噪声的措施。

(5) 设备维护及检修

① 泵的开、停操作，正常操作及日常维护。

② 系统运行结束后，相关操作人员应对设备进行维护，确保现场、设备、管路清洁、阀门处于正确阀位后，方可以离开现场。

③ 定期组织学生进行系统检修演练。

讨论与拓展

参观合成氨厂或石油化工厂，了解典型化工生产工艺流程，理解化工生产中如何实现各单元操作过程？如何进行连续化、规模化生产？

项目考核与评价

本项目考核采用过程性考核与结论性考核相结合的方式,面向学生的整个学习过程,注重化工能力素质考核,其中能力目标和素质目标考核情况主要结合实训等操作情况给分。具体考核方案见考核表。

项目九 考核评价表

考核类型	考核项目	考核内容及配分			配分	得分
		知识目标掌握情况30% 教师评价	能力目标掌握情况40% 本人评价	素质目标掌握情况30% 组员评价		
过程性考核	任务 乙酸乙酯生产操作实训				50	
结论性考核	乙酸乙酯生产操作综合实训(见任务一,地点:实训室)	考核内容	考核指标			
		考核准备	企业调研		4	
			实训室规章制度		4	
		方案制定	内容完整性		4	
			实施可行性		4	
		实施过程	方法选择正确		4	
			操作符合规程		4	
			仪表设备使用无误		4	
			操作过程及结束后的工作场地、环境整理好		4	
		任务结果	报告记录完整、规范、整洁		4	
			产品符合要求		4	
		项目完成报告	撰写项目完成报告、数据真实、提出建议		4	
			能完整、流畅地汇报项目实施情况		3	
			根据教师点评,进一步完善工作报告		3	
		其他	损坏一件设备、仪器		−10	
			发生安全事故		−40	
			乱倒(丢)废液、废物		−10	
		总分			100	

附 录

一、法定计量单位及单位换算

1. 常用单位

基本单位			具有专门名称的导出单位				允许并用的其他单位			
物理量	基本单位	单位符号	物理量	单位名称	单位符号	与基本单位关系式	物理量	单位名称	单位符号	与基本单位关系式
长度	米	m	力	牛[顿]	N	$1N=1kg \cdot m/s^2$	时间	分	min	$1min=60s$
质量	千克(公斤)	kg	压强、应力	帕[斯卡]	Pa	$1Pa=1N/m^2$		时	h	$1h=3600s$
时间	秒	s	能、功、热量	焦[耳]	J	$1J=1N \cdot m$		日	d	$1d=86400s$
热力学温度	开[尔文]	K	功率	瓦[特]	W	$1W=1J/s$	体积	升	L(l)	$1L=10^{-3}m^3$
物质的量	摩[尔]	mol	摄氏温度	摄氏度	℃	$1℃=1K$	质量	吨	t	$1t=10^3 kg$

2. 常用十进倍数单位及分数单位的词头

词头符号	M	k	d	c	m	μ
词头名称	兆	千	分	厘	毫	微
表示因数	10^4	10^3	10^{-1}	10^{-2}	10^{-3}	10^{-6}

3. 单位换算表

（1）质量

kg	t(吨)	lb(磅)
1	0.001	2.20462
1000	1	2204.62
0.4536	4.536×10^{-4}	1

（2）长度

m	in(英寸)	ft(英尺)	yd(码)
1	39.3701	3.2808	1.09361
0.025400	1	0.073333	0.02778
0.30480	12	1	0.33333
0.9144	36	3	1

（3）力

N	kgf	lbf	dyn
1	0.102	0.2248	1×10^5
9.80665	1	2.2046	9.80665×10^5
4.448	0.4536	1	4.448×10^5
1×10^{-5}	1.02×10^{-6}	2.248×10^{-6}	1

（4）流量

L/s	m³/s	gl(美)/min	ft³/s
1	0.001	15.850	0.03531
0.2778	2.778×10⁻⁴	4.403	9.810×10⁻³
1000	1	1.5850×10⁻⁴	35.31
0.06309	6.309×10⁻⁵	1	0.002228
7.866×10⁻³	7.866×10⁻⁶	0.12468	2.778×10⁻⁴
28.32	0.02832	448.8	1

（5）压力

Pa	bar	kgf/cm²	atm	mmH₂O	mmHg	磅/英寸²
1	1×10⁻⁵	1.02×10⁻⁵	0.99×10⁻⁵	0.102	0.0075	14.5×10⁻⁵
1×10⁵	1	1.02	0.9869	10197	750.1	14.5
98.07×10³	0.9807	1	0.9678	1×10⁴	735.56	14.2
1.01325×10⁵	1.013	1.0332	1	1.0332×10⁴	760	14.697
9.807	9.807×10⁻⁵	0.0001	0.9678×10⁻⁴	1	0.0736	1.423×10⁻³
133.32	1.333×10⁻³	0.136×10⁻²	0.00132	13.6	1	0.01934
6894.8	0.06895	0.703	0.068	703	51.71	1

（6）功、能及热

J(即 N·m)	kgf·m	kW·h	英制马力·时	kcal	英热单位	英尺·磅(力)
1	0.102	2.778×10⁻⁷	3.725×10⁻⁷	2.39×10⁻⁴	9.485×10⁻⁴	0.7377
9.0867	1	2.724×10⁻⁶	3.653×10⁻⁶	2.342×10⁻³	9.296×10⁻³	7.233
3.6×10⁶	3.671×10⁵	1	1.3410	860.0	3413	2655×10³
2.685×10⁶	273.8×10³	0.7457	1	641.33	2544	1980×10³
4.1868×10³	426.9	1.1622×10⁻³	1.5576×10⁻³	1	3.693	3087
1.055×10³	107.58	2.930×10⁻⁴	3.926×10⁻⁴	0.2520	1	778.1
1.3558	0.1383	0.3766×10⁻⁶	0.5051×10⁻⁶	3.239×10⁻⁴	1.285×10⁻³	1

（7）动力黏度

Pa·s	P	cP	磅/(英尺·秒)	kgf·s/m²
1	10	1×10³	0.672	0.102
1×10⁻¹	1	1×10²	0.6720	0.0102
1×10⁻³	0.01	4	6.720×10⁻⁴	0.102×10⁻³
1.4881	14.881	1488.1	1	0.1519
9.81	98.1	9810	6.59	1

（8）运动黏度

m²/s	cm²/s	英尺²/秒	m²/s	cm²/s	英尺²/秒
1	1×10⁴	10.76	92.9×10⁻³	929	1
10⁻⁴	1	1.076×10⁻³			

（9）功率

W	kgf·m/s	英尺·磅(力)/秒	英制马力	kcal/s	英热单位(秒)
1	0.10197	0.7376	1.341×10⁻³	0.2389×10⁻³	0.9486×10⁻³
9.8067	1	7.23314	0.01315	0.2342×10⁻²	0.9293×10⁻²
1.3558	0.13825	1	0.0018782	0.3238×10⁻³	0.12851×10⁻²
745.69	76.0375	550	1	0.17803	0.70675
4186.8	426.85	3087.44	5.6135	1	3.9683
1055	107.58	778.168	1.4148	0.251996	1

二、某些气体的重要物理性质

名称	分子式	密度(0℃, 101.3kPa) /(kg/m³)	比热容 /[kJ/ (kg·℃)]	黏度 $\mu \times 10^5$ /(Pa·s)	沸点 (101.3kPa) /℃	气化热 /(kJ/kg)	临界点 温度/℃	临界点 压力/kPa	热导率 /[W/ (m·℃)]
空气	—	1.293	1.009	1.73	−195	197	−140.7	3768.4	0.0244
氧	O_2	1.429	0.653	2.03	−132.98	213	−118.82	5036.6	0.0240
氮	N_2	1.251	0.745	1.70	−195.78	199.2	−147.13	3392.5	0.0228
氢	H_2	0.0899	10.13	0.842	−252.75	454.2	−239.9	1296.6	0.163
氦	He	0.1785	3.18	1.88	−268.95	19.5	−267.96	228.94	0.144
氩	Ar	1.7820	0.322	2.09	−185.87	163	−122.44	4862.4	0.0173
氯	Cl_2	3.217	0.355	1.29(16℃)	−33.8	305	+144.0	7708.9	0.0072
氨	NH_3	0.771	0.67	0.918	−33.4	1373	+132.4	11295	0.0215
一氧化碳	CO	1.250	0.754	1.66	−191.48	211	−140.2	3497.9	0.0226
二氧化碳	CO_2	1.976	0.653	1.37	−78.2	574	+31.1	7384.8	0.0137
硫化氢	H_2S	1.539	0.804	1.166	−60.2	548	+100.4	19136	0.0131
甲烷	CH_4	0.717	1.70	1.03	−161.58	511	−82.15	4619.3	0.0300
乙烷	C_2H_6	1.357	1.44	0.850	−88.5	486	+32.1	4948.5	0.0180
丙烷	C_3H_8	2.020	1.65	0.795(18℃)	−42.1	427	+95.6	4355.0	0.0148
正丁烷	C_4H_{10}	2.673	1.73	0.810	−0.5	386	+152	3798.8	0.0135
正戊烷	C_5H_{12}	—	1.57	0.874	−36.08	151	+197.1	3342.9	0.0128
乙烯	C_2H_4	1.261	1.222	0.935	+103.7	481	+9.7	5135.9	0.0164
丙烯	C_3H_6	1.914	2.436	0.835(20℃)	−47.7	440	+91.4	4599.0	—
乙炔	C_2H_2	1.171	1.352	0.935	−83.66 (升华)	829	+35.7	6240.0	0.0184
氯甲烷	CH_3Cl	2.303	0.582	0.989	−24.1	406	+148	6685.8	0.0085
苯	C_6H_6	—	1.139	0.72	+80.2	394	+288.5	4832.0	0.0088
二氧化硫	SO_2	2.927	0.502	1.17	−10.8	394	+157.5	7879.1	0.0077
二氧化氮	NO_2	—	0.315	—	+21.2	712	+158.2	10130	0.0400

三、某些液体的重要物理性质

名称	分子式	密度 ρ (20℃) /(kg/m³)	沸点 T_b (101.33 kPa) /℃	气化焓 $\Delta_v h$ (760mmHg) /(kJ/kg)	比热容 c_p (20℃) /[kJ/ (kg·℃)]	黏度 μ (20℃) /mPa·s	热导率 λ (20℃) /[W/ (m·℃)]	体积膨胀系数 (20℃)$\beta \times 10^4$ /(1/℃)	表面张力 (20℃) $\sigma \times 10^3$ /(N/m)
水	H_2O	998	100	2258	4.183	1.005	0.599	1.82	72.8
氯化钠盐水 (25%)	—	1186(25℃)	107	—	3.39	2.3	0.57 (30℃)	(4.4)	—
氯化钙盐水 (25%)	—	1228	107	—	2.89	2.5	0.57	(3.4)	—
硫酸	H_2SO_4	1831	340 (分解)	—	1.47 (98%)	23	0.38	5.7	—
硝酸	HNO_3	1513	86	481.1	—	1.17 (10℃)	—	—	—
盐酸(30%)	HCl	1149	—	—	2.55	2 (31.5%)	0.42	—	—
二硫化碳	CS_2	1262	46.3	352	1.005	0.38	0.16	12.1	32
戊烷	C_5H_{12}	626	36.07	357.4	2.24 (15.6℃)	0.229	0.113	15.9	16.2
己烷	C_6H_{14}	659	68.74	335.1	2.31 (15.6℃)	0.313	0.119	—	18.2
庚烷	C_7H_{16}	684	98.43	316.5	2.21 (15.6℃)	0.411	0.123	—	20.1

续表

名称	分子式	密度 ρ (20℃) /(kg/m³)	沸点 T_b (101.33 kPa) /℃	气化焓 $\Delta_v h$ (760mmHg) /(kJ/kg)	比热容 c_p (20℃) /[kJ/(kg·℃)]	黏度 μ (20℃) /mPa·s	热导率 λ (20℃) /[W/(m·℃)]	体积膨胀系数 (20℃)$\beta \times 10^4$ /(1/℃)	表面张力 (20℃) $\sigma \times 10^3$ /(N/m)
辛烷	C_8H_{18}	703	125.67	306.4	2.19 (15.6℃)	0.540	0.131	—	21.8
三氯甲烷	$CHCl_3$	1489	61.2	253.7	0.992	0.58	0.138 (30℃)	12.6	28.5 (10℃)
四氯化碳	CCl_4	1594	76.8	195	0.850	1.0	0.12	—	26.8
1,2-二氯乙烷	$C_2H_4Cl_2$	1253	83.6	324	1.260	0.83	0.14 (50℃)		30.8
苯	C_6H_6	879	80.10	393.9	1.704	0.737	0.148	12.4	28.6
甲苯	C_7H_8	867	110.63	363	1.70	0.675	0.138	10.9	27.9
邻二甲苯	C_8H_{10}	880	144.42	347	1.74	0.811	0.142	—	30.2
间二甲苯	C_8H_{10}	864	139.10	343	1.70	0.611	0.167	0.1	29.0
对二甲苯	C_8H_{10}	861	138.35	340	1.704	0.643	0.129	—	28.0
苯乙烯	C_8H_9	911 (15.6℃)	145.2	(352)	1.733	0.72	—	—	—
氯苯	C_6H_5Cl	1106	131.8	325	1.298	0.85	0.14 (30℃)		32
硝基苯	$C_6H_5NO_2$	1203	210.9	396	1.47	2.1	0.15	—	41
苯胺	$C_6H_5NH_2$	1022	184.4	448	2.07	4.3	0.17	8.5	42.9
酚	C_6H_5OH	1050 (50℃)	181.8 (熔点40.9℃)	511	—	3.4 (50℃)			
萘	$C_{16}H_8$	1145 (固体)	217.9 (熔点80.2℃)	314	1.80 (100℃)	0.59 (100℃)	—		
甲醇	CH_3OH	791	64.7	1101	2.48	0.6	0.212	12.2	22.6
乙醇	C_2H_5OH	789	78.3	846	2.39	1.15	0.172	11.6	22.8
乙醇(95%)	—	804	78.2	—	—	1.4			
乙二醇	$C_2H_4(OH)_2$	1113	197.6	780	2.35	23	—	—	47.7
甘油	$C_3H_5(OH)_3$	1261	290 (分解)	—	—	1499	0.59	5.3	63
乙醚	$(C_2H_5)_2O$	714	34.6	360	2.34	0.24	0.140	16.3	18
乙醛	CH_3CHO	783 (18℃)	20.2	574	1.9	1.3 (18℃)	—		21.2
糠醛	$C_5H_4O_2$	1168	161.7	452	1.6	1.15 (50℃)			43.5
丙酮	CH_3COCH_3	792	56.2	523	2.35	0.32	0.17		23.7
甲酸	$HCOOH$	1220	100.7	494	2.17	1.9	0.26		27.8
乙酸	CH_3COOH	1049	118.1	406	1.99	1.3	0.17	10.7	23.9
乙酸乙酯	$CH_3COOC_2H_5$	901	77.1	368	1.92	0.48	0.14 (10℃)	—	
煤油	—	780~820				3	0.15	10.0	
汽油	—	680~800				0.7~0.8	0.19 (30℃)	12.5	

四、空气的重要物理性质

温度 T/℃	密度 ρ /(kg/m³)	比热容 c_p /[kJ/(kg·℃)]	热导率 $\lambda \times 10^2$ /[W/(m·℃)]	黏度 $\mu \times 10^5$/Pa·s	普兰德数 Pr
−50	1.584	1.013	2.035	1.46	0.728
−40	1.515	1.013	2.117	1.52	0.728
−30	1.453	1.013	2.198	1.57	0.723

续表

温度 T /℃	密度 ρ /(kg/m³)	比热容 c_p /[kJ/(kg·℃)]	热导率 $\lambda \times 10^2$ /[W/(m·℃)]	黏度 $\mu \times 10^5$ /Pa·s	普兰德数 Pr
−20	1.395	1.009	2.279	1.62	0.716
−10	1.342	1.009	2.360	1.67	0.712
0	1.293	1.005	2.442	1.72	0.707
10	1.247	1.005	2.512	1.77	0.705
20	1.205	1.005	2.591	1.81	0.703
30	1.165	1.005	2.673	1.86	0.701
40	1.128	1.005	2.756	1.91	0.699
50	1.093	1.005	2.826	1.96	0.698
60	1.060	1.005	2.896	2.01	0.696
70	1.029	1.009	2.966	2.06	0.694
80	1.000	1.009	3.047	2.11	0.692
90	0.972	1.009	3.128	2.15	0.690
100	0.946	1.009	3.210	2.19	0.688
120	0.898	1.009	3.338	2.29	0.686
140	0.854	1.013	3.489	2.37	0.684
160	0.815	1.017	3.640	2.45	0.682
180	0.779	1.022	3.780	2.53	0.681
200	0.746	1.026	3.931	2.60	0.680
250	0.674	1.038	4.268	2.74	0.677
300	0.615	1.047	4.605	2.97	0.674
350	0.566	1.059	4.908	3.14	0.676
400	0.524	1.068	5.210	3.30	0.678
500	0.456	1.093	5.745	3.62	0.687
600	0.404	1.114	6.222	3.91	0.699
700	0.362	1.135	6.711	4.18	0.706
800	0.329	1.156	7.176	4.43	0.713
900	0.301	1.172	7.630	4.67	0.717
1000	0.277	1.185	8.071	4.90	0.719
1100	0.257	1.197	8.502	5.12	0.722
1200	0.239	1.206	9.153	5.35	0.724

五、水的重要物理性质

温度 T/℃	饱和蒸气压 p/kPa	密度 ρ /(kg/m³)	焓 H /(kJ/kg)	比热容 c_p /[kJ/(kg·℃)]	热导率 $\lambda \times 10^2$ /[W/(m·℃)]	黏度 $\mu \times 10^5$ /Pa·s	体积膨胀系数 $\beta \times 10^4$ /(1/℃)	表面张力 $\sigma \times 10^3$ /(N/m)	普兰德数 Pr
0	0.608	999.9	0	4.212	55.13	179.2	−0.63	75.6	13.67
10	1.226	999.7	42.04	4.191	57.45	130.8	+0.70	74.1	9.52
20	2.335	998.2	83.90	4.183	59.89	100.5	1.82	72.6	7.02
30	4.247	995.7	125.7	4.174	61.76	80.07	3.21	71.2	5.42
40	7.377	992.2	167.5	4.174	63.38	65.60	3.87	69.6	4.31
50	12.31	988.1	209.3	4.174	64.78	54.94	4.49	67.7	3.54
60	19.92	983.2	251.1	4.178	65.94	46.88	5.11	66.2	2.98
70	31.16	977.8	293	4.178	66.76	40.61	5.70	64.3	2.55
80	47.38	971.8	334.9	4.195	67.45	35.65	6.32	62.6	2.21
90	70.14	965.3	377	4.208	68.04	31.65	6.95	60.7	1.95
100	101.3	958.4	419.1	4.220	68.27	28.38	7.52	58.8	1.75
110	143.3	951.0	461.3	4.238	68.50	25.89	8.08	56.9	1.60
120	198.6	943.1	503.7	4.250	68.62	23.73	8.64	54.8	1.47

续表

温度 T/℃	饱和蒸气压 p/kPa	密度 ρ /(kg/m³)	焓 H /(kJ/kg)	比热容 c_p /[kJ/(kg·℃)]	热导率 $\lambda \times 10^2$ /[W/(m·℃)]	黏度 $\mu \times 10^5$ /Pa·s	体积膨胀系数 $\beta \times 10^4$ /(1/℃)	表面张力 $\sigma \times 10^3$ /(N/m)	普兰德数 Pr
130	270.3	934.8	546.4	4.266	68.62	21.77	9.19	52.8	1.36
140	361.5	926.1	589.1	4.287	68.50	20.10	9.72	50.7	1.26
150	476.2	917.0	632.2	4.312	68.38	18.63	10.3	48.6	1.17
160	618.3	907.4	675.3	4.346	68.27	17.36	10.7	46.6	1.10
170	792.6	897.3	719.3	4.379	67.92	16.28	11.3	45.3	1.05
180	1003.5	886.9	763.3	4.417	67.45	15.30	11.9	42.3	1.00
190	1225.6	876.0	807.6	4.460	66.99	14.42	12.6	40.8	0.96
200	1554.8	863.0	852.4	4.505	66.29	13.63	13.3	38.4	0.93
210	1917.7	852.8	897.7	4.555	65.48	13.04	14.1	36.1	0.91
220	2320.9	840.3	943.7	4.614	64.55	12.46	14.8	33.8	0.89
230	2798.6	827.3	990.2	4.681	63.73	11.97	15.9	31.6	0.88
240	3347.9	813.6	1037.5	4.756	62.80	11.47	16.8	29.1	0.87
250	3977.7	799.0	1085.6	4.844	61.76	10.98	18.1	26.7	0.86
260	4693.8	784.0	1135.0	4.949	60.43	10.59	19.7	24.2	0.87
270	5504.0	767.9	1185.3	5.070	59.96	10.20	21.6	21.9	0.88
280	6417.2	750.7	1236.3	5.229	57.45	9.81	23.7	19.5	0.90
290	7443.3	732.3	1289.9	5.485	55.82	9.42	26.2	17.2	0.93
300	8592.9	712.5	1344.8	5.736	53.96	9.12	29.2	14.7	0.97

六、水在不同温度下的黏度

温度/℃	黏度/cP(mPa·s)	温度/℃	黏度/cP(mPa·s)	温度/℃	黏度/cP(mPa·s)
0	1.7921	34	0.7371	69	0.4117
1	1.7313	35	0.7225	70	0.4061
2	1.6728	36	0.7085	71	0.4006
3	1.6191	37	0.6947	72	0.3952
4	1.5674	38	0.6814	73	0.3900
5	1.5188	39	0.6685	74	0.3849
6	1.4728	40	0.6560	75	0.3799
7	1.4284	41	0.6439	76	0.3750
8	1.3860	42	0.6321	77	0.3702
9	1.3462	43	0.6207	78	0.3655
10	1.3077	44	0.6097	79	0.3610
11	1.2713	45	0.5988	80	0.3565
12	1.2363	46	0.5883	81	0.3521
13	1.2028	47	0.5782	82	0.3478
14	1.1709	48	0.5683	83	0.3436
15	1.1404	49	0.5588	84	0.3395
16	1.1111	50	0.5494	85	0.3355
17	1.0828	51	0.5404	86	0.3315
18	1.0559	52	0.5315	87	0.3276
19	1.0299	53	0.5229	88	0.3239
20	1.0050	54	0.5164	89	0.3202
20.2	1.0000	55	0.5064	90	0.3165
21	0.9810	56	0.4985	91	0.3130
22	0.9579	57	0.4907	92	0.3095
23	0.9359	58	0.4832	93	0.3060
24	0.9142	59	0.4759	94	0.3027
25	0.8937	60	0.4688	95	0.2994
26	0.8737	61	0.4618	96	0.2962
27	0.8545	62	0.4550	97	0.2930
28	0.8360	63	0.4483	98	0.2899
29	0.8180	64	0.4418	99	0.2868
30	0.8007	65	0.4355	100	0.2838
31	0.7840	66	0.4293		
32	0.7679	67	0.4233		
33	0.7523	68	0.4174		

七、饱和水蒸气表
1. 按温度排列

温度 $t/℃$	绝对压强 p/kPa	蒸汽密度 $\rho/(\text{kg/m}^3)$	比焓 $h/(\text{kJ/kg})$		比汽化焓/(kJ/kg)
			液体	蒸汽	
0	0.6082	0.00484	0	2491	2491
5	0.8730	0.00680	20.9	2500.8	2480
10	1.266	0.00940	41.9	2510.4	2469
15	1.707	0.01283	62.8	2520.5	2458
20	2.335	0.01719	83.7	2530.1	2446
25	3.168	0.02304	104.7	2539.7	2435
30	4.247	0.03036	125.6	2549.3	2424
35	5.621	0.03960	146.5	2559.0	2412
40	7.377	0.05114	167.5	2568.6	2401
45	9.584	0.06543	188.4	2577.8	2389
50	12.34	0.0830	209.3	2587.4	2378
55	15.74	0.1043	230.3	2596.7	2366
60	19.92	0.1301	251.2	2606.3	2355
65	25.01	0.1611	272.1	2615.5	2343
70	31.16	0.1979	293.1	2624.3	2331
75	38.55	0.2416	314.0	2633.5	2320
80	47.38	0.2929	334.9	2642.3	2307
85	57.88	0.3531	355.9	2651.1	2295
90	70.14	0.4229	376.8	2659.9	2283
95	84.56	0.5039	397.8	2668.7	2271
100	101.33	0.5970	418.7	2677.0	2258
105	120.85	0.7036	440.0	2685.0	2245
110	143.31	0.8254	461.0	2693.4	2232
115	169.11	0.9635	482.3	2701.3	2219
120	198.64	1.1199	503.7	2708.9	2205
125	232.19	1.296	525.0	2716.4	2191
130	270.25	1.494	546.4	2723.9	2178
135	313.11	1.715	567.7	2731.0	2163
140	361.47	1.962	589.1	2737.7	2149
145	415.72	2.238	610.9	2744.4	2134
150	476.24	2.543	632.2	2750.7	2119
160	618.28	3.252	675.8	2762.9	2087
170	792.59	4.113	719.3	2773.3	2054
180	1003.5	5.145	763.3	2782.5	2019
190	1255.6	6.378	807.6	2790.1	1982
200	1554.8	7.840	852.0	2795.5	1944
210	1917.7	9.567	897.2	2799.3	1902
220	2320.9	11.60	942.4	2801.0	1859
230	2798.6	13.98	988.5	2800.1	1812
240	3347.9	16.76	1034.6	2796.8	1762
250	3977.7	20.01	1081.4	2790.1	1709
260	4693.8	23.82	1128.8	2780.9	1652
270	5504.0	28.27	1176.9	2768.3	1591
280	6417.2	33.47	1225.5	2752.0	1526
290	7443.3	39.60	1274.5	2732.3	1457
300	8592.9	46.93	1325.5	2708.0	1382

2. 按压力排列

绝对压强 p/kPa	温度 t/℃	蒸气密度 ρ/(kg/m³)	比焓 h/(kJ/kg)		比汽化焓/(kJ/kg)
			液体	蒸汽	
1.0	6.3	0.00773	26.5	2503.1	2477
1.5	12.5	0.01133	52.3	2515.3	2463
2.0	17.0	0.01486	71.2	2524.2	2453
2.5	20.9	0.01836	87.5	2531.8	2444
3.0	23.5	0.02179	98.4	2536.8	2438
3.5	26.1	0.02523	109.3	2541.8	2433
4.0	28.7	0.02867	120.2	2546.8	2427
4.5	30.8	0.03205	129.0	2550.9	2422
5.0	32.4	0.03537	135.7	2554.0	2418
6.0	35.6	0.04200	149.1	2560.1	2411
7.0	38.8	0.04864	162.4	2566.3	2404
8.0	41.3	0.05514	172.7	2571.0	2398
9.0	43.3	0.06156	181.2	2574.8	2394
10.0	45.3	0.06798	189.6	2578.5	2389
15.0	53.5	0.09956	224.0	2594.0	2370
20.0	60.1	0.1307	251.5	2606.4	2355
30.0	66.5	0.1909	288.8	2622.4	2334
40.0	75.0	0.2498	315.9	2634.1	2312
50.0	81.2	0.3080	339.8	2644.3	2304
60.0	85.6	0.3651	358.2	2652.1	2394
70.0	89.9	0.4223	376.6	2659.8	2283
80.0	93.2	0.4781	39.01	2665.3	2275
90.0	96.4	0.5338	403.5	2670.9	2267
100.0	99.6	0.5896	416.9	2676.3	2259
120.0	104.5	0.6987	437.5	2684.3	2247
140.0	109.2	0.8076	457.7	2692.1	2234
160.0	113.0	0.8298	473.9	2698.1	2224
180.0	116.6	1.021	489.3	2703.7	2214
200.0	120.2	1.127	493.7	2709.2	2205
250.0	127.2	1.390	534.4	2719.7	2185
300.0	133.3	1.650	560.4	2728.5	2168
350.0	138.8	1.907	583.8	2736.1	2152
400.0	143.4	2.162	603.6	2742.1	2138
450.0	147.7	2.415	622.4	2747.8	2125
500.0	151.7	2.667	639.6	2752.8	2113
600.0	158.7	3.169	676.2	2761.4	2091
700.0	164.7	3.666	696.3	2767.8	2072
800	170.4	4.161	721.0	2773.7	2053
900	175.1	4.652	741.8	2778.1	2036
1×10^3	179.9	5.143	762.7	2782.5	2020
1.1×10^3	180.2	5.633	780.3	2785.5	2005
1.2×10^3	187.8	6.124	797.9	2788.5	1991
1.3×10^3	191.5	6.614	814.2	2790.9	1977
1.4×10^3	194.8	7.103	829.1	2792.4	1964
1.5×10^3	198.2	7.594	843.9	2794.5	1951
1.6×10^3	201.3	8.081	857.8	2796.0	1938
1.7×10^3	204.1	8.567	870.6	2797.1	1926
1.8×10^3	206.9	9.053	883.4	2798.1	1915
1.9×10^3	209.8	9.539	896.2	2799.2	1903
2×10^3	212.2	10.03	907.3	2799.7	1892
3×10^3	233.7	15.01	1005.4	2798.9	1794
4×10^3	250.3	20.10	1082.9	2789.8	1707
5×10^3	263.8	25.37	1146.9	2776.2	1629
6×10^3	275.4	30.85	1203.2	2759.5	1556
7×10^3	285.7	36.57	1253.7	2740.8	1488
8×10^3	294.8	42.85	1299.2	2720.5	1404
9×10^3	303.2	48.89	1343.5	2699.1	1357

八、管子规格

1. 无缝钢管（摘自 YB 231—70）

公称直径 DG/mm	实际外径/mm	管壁厚度/mm						
		$p_g=15$	$p_g=25$	$p_g=40$	$p_g=64$	$p_g=100$	$p_g=160$	$p_g=200$
15	18	2.5	2.5	2.5	2.5	3	3	3
20	25	2.5	2.5	2.5	2.5	3	3	4
25	32	2.5	2.5	2.5	3	3.5	3.5	5
32	38	2.5	2.5	3	3	3.5	3.5	6
40	45	2.5	3	3	3.5	3.5	4.5	6
50	57	2.5	3	3.5	3.5	4.5	5	7
70	76	3	3.5	3.5	4.5	6	6	9
80	89	3.5	4	4	5	6	7	11
100	108	4	4	4	6	7	12	13
125	133	4	4	4.5	6	9	13	17
150	159	4.5	4.5	5	7	10	17	—
200	219	6	6	7	10	13	21	—
250	273	8	7	8	11	16	—	—
300	325	8	8	9	12	—	—	—
350	377	9	9	10	13	—	—	—
400	426	9	10	12	15	—	—	—

注：表中的 p_g 为公称压力，指管内可承受的流体表压力。

2. 水、煤气输送钢管（有缝钢管）（摘自 YB 234—63）

公称直径		外径/mm	壁厚/mm	
in(英寸)	mm		普通级	加强级
1/4	8	13.50	2.25	2.75
3/8	10	17.00	2.25	2.75
1/2	15	21.25	2.75	3.25
3/4	20	26.75	2.75	3.60
1	25	33.50	3.25	4.00
1¼	32	42.25	3.25	4.00
1½	40	48.00	3.50	4.25
2	50	60.00	3.50	4.50
2½	70	75.00	3.75	4.50
3	80	88.50	4.00	4.75
4	100	114.00	4.00	6.00
5	125	140.00	4.50	5.50
6	150	165.00	4.50	5.50

3. 承插式铸铁管（摘自 YB 428—64）

低压管,工作压力≤0.44MPa					
公称直径/mm	内径/mm	壁厚/mm	公称直径/mm	内径/mm	壁厚/mm
75	75	9	300	302.4	10.2
100	100	9	400	403.6	11
125	125	9	450	453.8	11.5
150	151	9	500	504	12
200	201.2	9.4	600	604.8	13
250	252	9.8	800	806.4	14.8

续表

普通管,工作压力≤0.735MPa

公称直径/mm	内径/mm	壁厚/mm	公称直径/mm	内径/mm	壁厚/mm
75	75	9	500	500	14
100	100	9	600	600	15.4
125	125	9	700	700	16.5
150	150	9	800	800	18.0
200	200	10	900	900	19.5
250	250	10.8	1100	997	22
300	300	11.4	1100	1097	23.5
350	350	12	1200	1196	25
400	400	12.8	1350	1345	27.5
450	450	13.4	1500	1494	30

九、常用离心泵规格（摘录）

1. IS型单级单吸离心泵

泵型号	流量/(m³/h)	扬程/m	转速/(r/min)	汽蚀余量/m	泵效率/%	轴功率/kW	配带功率/kW
IS50—32—125	7.5	22	2900		47	0.96	2.2
	12.5	20	2900	2.0	60	1.13	2.2
	15	18.5	2900		60	1.26	2.2
	3.75		1450				0.55
	6.3	5	1450	2.0	54	0.16	0.55
	7.5		1450				0.55
IS50—32—160	7.5	34.3	2900		44	1.59	3
	12.5	32	2900	2.0	54	2.02	3
	15	29.6	2900		56	2.16	3
	3.75		1450				0.55
	6.3	8	1450	2.0	48	0.28	0.55
	7.5		1450				0.55
IS50—32—200	7.5	525	2900	2.0	38	2.82	5.5
	12.5	50	2900	2.0	48	3.54	5.5
	15	48	2900	2.5	51	3.84	5.5
	3.75	13.1	1450	2.0	33	0.41	0.75
	6.3	12.5	1450	2.0	42	0.51	0.75
	7.5	12	1450	2.5	44	0.56	0.75
IS50—32—250	7.5	82	2900	2.0	28.5	5.67	11
	12.5	80	2900	2.0	38	7.16	11
	15	78.5	2900	2.5	41	7.83	11
	3.75	20.5	1450	2.0	23	0.91	15
	6.3	20	1450	2.0	32	1.07	15
	7.5	19.5	1450	2.5	35	1.14	15
IS65—50—125	15	21.8	2900		58	1.54	3
	25	20	2900	2.0	69	1.97	3
	30	18.5	2900		68	2.22	3
	7.5		1450				0.55
	12.5	5	1450	2.0	64	0.27	0.55
	15		1450				0.55
IS65—50—160	15	35	2900	2.0	54	2.65	5.5
	25	32	2900	2.0	65	3.35	5.5
	30	30	2900	2.5	66	3.71	5.5
	7.5	8.8	1450	2.0	50	0.36	0.75
	12.5	8.0	1450	2.0	60	0.45	0.75
	15	7.2	1450	2.5	60	0.49	0.75

续表

泵型号	流量/(m³/h)	扬程/m	转速/(r/min)	汽蚀余量/m	泵效率/%	功率/kW	
						轴功率	配带功率
IS65—40—200	15	63	2900	2.0	40	4.42	7.5
	25	50	2900	2.0	60	5.67	7.5
	30	47	2900	2.5	61	6.29	7.5
	7.5	13.2	1450	2.0	43	0.63	1.1
	12.5	12.5	1450	2.0	66	0.77	1.1
	15	11.8	1450	2.5	57	0.85	1.1
IS65—40—250	15		2900				15
	25	80	2900	2.0	63	10.3	15
	30		2900				15
IS65—40—315	15	127	2900	2.5	28	18.5	30
	25	125	2900	2.5	40	21.3	30
	30	123	2900	3.0	44	22.8	30
IS80—65—125	30	22.5	2900	3.0	64	2.87	6.5
	50	20	2900	3.0	75	3.63	5.5
	60	18	2900	3.5	74	3.93	5.5
	15	5.6	1450	2.5	55	0.42	0.75
	25	5	1450	2.5	71	0.48	0.75
	30	4.5	1450	3.0	72	0.51	0.75
IS80—65—160	30	36	2900	2.5	61	4.82	7.5
	50	32	2900	2.5	73	5.97	7.6
	60	29	2900	3.0	72	6.59	7.5
	15	9	1450	2.5	66	0.67	1.5
	25	8	1450	2.5	69	0.75	1.5
	30	7.2	1450	3.0	68	0.86	1.5
IS80—50—200	30	53	2900	2.5	55	7.87	15
	50	50	2900	2.5	69	9.87	15
	60	47	2900	3.0	71	10.8	15
	15	13.2	1450	2.5	51	1.06	2.2
	25	12.5	1450	2.5	65	1.31	2.2
	30	11.8	1450	3.0	67	1.44	2.2
IS80—50—160	30	84	2900	2.5	52	13.2	22
	50	80	2900	2.5	63	17.3	22
	60	75	2900	3	64	19.2	22
IS80—50—250	30	84	2900	2.5	52	13.2	22
	50	80	2900	2.5	63	17.3	22
	60	75	2900	3.0	64	19.2	22
IS80—50—315	30	128	2900	2.5	41	25.5	37
	50	125	2900	2.5	54	31.5	37
	60	123	2900	3.0	57	35.3	37
IS100—80—125	60	24	2900	4.0	67	5.86	11
	100	20	2900	4.5	78	7.00	11
	120	16.5	2900	5.0	74	7.28	11
IS100—80—160	60	36	2900	3.5	70	8.42	15
	100	32	2900	4.0	78	11.2	15
	120	28	2900	5.0	75	12.2	15
	30	9.2	1450	2.0	67	1.12	2.2
	50	8.0	1450	2.5	75	1.45	2.2
	60	6.8	1450	3.5	71	1.57	2.2
IS100—65—200	60	54	2900	3.0	65	13.6	22
	100	50	2900	3.5	78	17.9	22
	120	47	2900	4.8	77	19.9	22
	30	13.5	1450	2.0	60	1.84	4
	50	12.5	1450	2.0	73	2.33	4
	60	11.8	1450	2.5	74	2.61	4

续表

泵型号	流量/(m³/h)	扬程/m	转速/(r/min)	汽蚀余量/m	泵效率/%	功率/kW 轴功率	功率/kW 配带功率
IS100—65—250	60	87	2900	3.5	81	23.4	37
	100	80	2900	3.8	72	30.3	37
	120	74.5	2900	4.8	73	33.3	37
	30	21.3	1450	2.0	55	3.16	5.5
	50	20	1450	2.0	68	4.00	5.5
	60	19	1450	2.5	70	4.44	5.5
IS100—65—315	60	133	2900	3.0	55	39.6	75
	100	125	2900	3.5	66	51.6	75
	120	118	2900	4.2	67	57.5	75

2. Sh 型单级双吸离心泵

型号	流量/(m³/h)	扬程/m	转速/(r/min)	汽蚀余量/m	泵效率/%	功率/kW 轴功率	功率/kW 配带功率	泵口径/mm 吸入	泵口径/mm 排出
100S90	60	95	2950	2.5	61	23.9	37	100	70
	80	90			65	28			
	95	82			63	31.2			
150S100	126	102	2950	3.5	70	48.8	75	150	100
	160	100			73	55.9			
	202	90			72	62.7			
150S78	126	84	2950	3.5	72	40	55	150	100
	160	78			75.5	46			
	198	70			72	52.4			
150S50	130	52	2950	3.9	72.0	25.4	37	150	100
	160	50			80	27.6			
	220	40			77	27.2			
200S95	216	103	2950	5.3	62	86	132	200	125
	280	95			79.2	94.4			
	324	85			72	96.6			
200S95A	198	94	2950	5.3	68	72.2	110	200	125
	270	87			75	82.4			
	310	80			74	88.1			
200S95B	245	72	2950	5	74	65.8	75	200	125
200S63	216	69	2950	5.8	74	55.1	75	200	150
	280	63			82.7	59.4			
	351	50			72	67.8			
200S63A	180	54.5	2950	5.8	70	41	55	200	150
	270	46			75	48.3			
	324	37.5			70	51			
200S42	216	48	2950	6	81	34.8	45	200	150
	280	42			84.2	37.8			
	342	35			81	40.2			
200S42A	198	43	2950	6	76	30.5	37	200	150
	270	36			80	33.1			
	310	31			76	34.4			
250S65	360	71	1450	3	75	92.8	160	250	200
	485	65			78.6	108.5			
	612	56			72	129.6			
250S65A	342	61	1450	3	74	76.8	132	250	200
	468	54			77	89.4			
	540	50			65	98			

3. D型节段式多级离心泵

型号	流量 /(m³/h)	扬程/m	转速 /(r/min)	汽蚀余量 /m	泵效率/%	功率/kW 轴功率	功率/kW 配带功率	泵口径/mm 吸入	泵口径/mm 排出
D6-25×3	3.75	76.5	2950	2	33	2.37	5.5	40	40
	6.3	75		2	45	2.86			
	7.5	73.5		2.5	47	3.19			
D6-25×4	3.75	102	2950	2	33	3.16	7.5	40	40
	6.3	100		2	45	3.81			
	7.5	98		2.5	47	4.26			
D6-25×5	3.75	127.5	2950	2	33	3.95	7.5	40	40
	6.3	12.5		2	45	4.77			
	7.5	122.5		2.5	47	5.32			
D12-25×2	12.5	50	2950	2.0	54	3.15	5.5	50	40
D12-25×3	7.5	84.6	2950	2.0	44	3.93	7.5	50	40
	12.5	75		2.0	54	4.73			
	15.0	69		2.5	53	5.32			
D12-25×4	7.5	112.8	2950	2.0	44	5.24	11	50	40
	12.5	100		2.0	54	6.30			
	15	92		2.5	53	7.09			
D12-25×5	7.5	141	2950	2.0	44	6.55	11	50	40
	12.5	125		2.0	54	7.88			
	15.0	115		2.5	53	8.86			
D12-50×2	12.5	100	2950	2.8	40	8.5	11	50	50
D12-50×3	12.5	150	2950	2.8	40	12.75	18.5	50	50
D12-50×4	12.5	200	2950	2.8	40	17	22	50	50
D12-50×5	12.5	250	2950	2.8	40	21.7	30	50	50
D12-50×6	12.5	300	2950	2.8	40	25.5	37	50	50
D16-60×3	10	186	2950	2.3	30	16.9	22	65	50
	16	183		2.8	40	19.9			
	20	177		3.4	44	21.9			
D16-60×4	10	248	2950	2.3	30	22.5	37	65	50
	16	244		2.8	40	26.6			
	20	236		3.4	44	29.2			
D16-60×5	10	310	2950	2.3	30	28.2	45	65	50
	16	305		2.8	40	33.3			
	20	295		3.4	44	36.5			
D16-60×6	10	372	2950	2.3	30	33.8	45	65	50
	16	366		2.8	40	39.9			
	20	354		3.4	44	43.8			
D16-60×7	10	434	2950	2.3	30	39.4	55	65	50
	16	427		2.8	40	46.6			
	20	413		3.4	44	51.1			

4. F型耐腐蚀离心泵

型号	流量 /(m³/h)	扬程/m	转速 /(r/min)	汽蚀余量 /m	泵效率/%	功率/kW 轴功率	功率/kW 配带功率	泵口径/mm 吸入	泵口径/mm 排出
25F-16	3.60	16.00	2960	4.30	30.00	0.523	0.75	25	25
25F-16A	3.27	12.50	2960	4.30	29.00	0.39	0.55	25	25

续表

型号	流量/(m³/h)	扬程/m	转速/(r/min)	汽蚀余量/m	泵效率/%	功率/kW 轴功率	功率/kW 配带功率	泵口径/mm 吸入	泵口径/mm 排出
25F-25	3.60	25.00	2960	4.30	27.00	0.91	1.50	25	25
25F-25A	3.27	20.00	2960	4.30	26	0.69	1.10	25	25
25F-41	3.60	41.00	2960	4.30	20	2.01	3.00	25	25
25F-41A	3.27	33.50	2960	4.30	19	1.57	2.20	25	25
40F-16	7.20	15.70	2960	4.30	49	0.63	1.10	40	25
40F-16A	6.55	12.00	2960	4.30	47	0.46	0.75	40	25
40F-26	7.20	25.50	2960	4.30	44	1.14	1.50	40	25
40F-26A	6.55	20.00	2960	4.30	42	0.87	1.10	40	25
40F-40	7.20	39.50	2960	4.30	35	2.21	3.00	40	25
40F-40A	6.55	32.00	2960	4.30	34	1.68	2.20	40	25
40F-65	7.20	65.00	2960	4.30	24	5.92	7.50	40	25
40F-65A	6.72	56.00	2960	4.30	24	4.28	5.50	40	25
50F-103	14.4	103	2900	4	25	16.2	18.5	50	40
50F-103A	13.5	89.5	2900	4	25	13.2		50	40
50F-103B	12.7	70.5	2900	4	25	11		50	40
50F-63	14.4	63	2900	4	35	7.06		50	40
50F-63A	13.5	54.5	2900	4	35	5.71		50	40
50F-63B	12.7	48	2900	4	35	4.75		50	40
50F-40	14.4	40	2900	4	44	3.57	7.5	50	40
50F-40A	13.1	32.5	2900	4	44	2.64	7.5	50	40
50F-25	14.4	25	2900	4	52	1.89	5.5	50	40
50F-25A	13.1	20	2900	4	52	1.37	5.5	50	40
50F-16	14.4	15.7	2900	4	62	0.99		50	40
50F-16A	13.1	12	2900	4	62	0.69		50	40
65F-100	28.8	100	2900	4	40	19.6		65	50
65F-100A	26.9	89	2900	4	40	15.9		65	50
65F-100B	25.3	77	2900	4	40	13.3		65	50
65F-64	28.8	64	2900	4	57	9.65	15	65	50
65F-64A	26.9	55	2900	4	57	7.75	18.5	65	50
65F-64B	25.3	48.5	2900	4	57	6.43	18.5	65	50

5. Y型离心油泵

型号	流量/(m³/h)	扬程/m	转速/(r/min)	功率/kW 轴	功率/kW 电机	效率/%	汽蚀余量/m	泵壳许用应力/Pa	结构型式	备注
50Y-60	12.5	60	2950	5.95	11	35	2.3	1570/2550	单级悬臂	泵壳许用应力内的分子表示第Ⅰ类材料相应的许用应力数值，分母表示Ⅱ、Ⅲ类材料相应的许用应力数值
50Y-60A	11.2	49	2950	4.27	8			同上	同上	
50Y-60B	9.9	38	2950	2.39	5.5	35		同上	同上	
50Y-60×2	12.5	120	2950	11.7	15	35	2.3	2158/3138	两级悬臂	
50Y-60×2A	11.7	105	2950	9.55	15			同上	同上	
50Y-60×2B	10.8	90	2950	7.65	11			同上	同上	
50Y-60×2C	9.9	75	2950	5.9	8			同上	同上	
65Y-60	25	60	2950	7.5	11	55	2.6	1570/2550	单级悬臂	
65Y-60A	22.5	49	2950	5.5	8			同上	同上	
65Y-60B	19.8	38	2950	3.75	5.5			同上	同上	
65Y-100	25	100	2950	17.0	32	40	2.6	同上	同上	
65Y-100A	23	85	2950	13.3	20			同上	同上	
65Y-100B	21	70	2950	10.0	15			同上	同上	

续表

型号	流量 /(m³/h)	扬程 /m	转速 /(r/min)	功率/kW 轴	功率/kW 电机	效率 /%	汽蚀余量 /m	泵壳许用应力 /Pa	结构型式	备注
65Y-100×2	25	200	2950	34	55	40	2.6	2942/3923	两级悬臂	泵壳许用应力内的分子表示第Ⅰ类材料相应的许用应力数值，分母表示Ⅱ、Ⅲ类材料相应的许用应力数值
65Y-100×2A	23.3	175	2950	27.8	40			同上	同上	
65Y-100×2B	21.6	150	2950	22.0	32			同上	同上	
65Y-100×2C	19.8	125	2950	16.8	20			同上	同上	
80Y-60	50	60	2950	12.8	15	64	3.0	1570/2550	单级悬臂	
80Y-60A	45	49	2950	9.4	11			同上	同上	
80Y-60B	39.5	38	2950	6.5	8			同上	同上	
80Y-100	50	100	2950	22.7	32	60	3.0	1961/2942	单级悬臂	
80Y-100A	45	85	2950	18.0	25			同上	同上	
80Y-100B	39.5	70	2950	12.6	20			同上	同上	
80Y-100×2	50	200	2950	45.4	75	60	3.0	2942/3923	单级悬臂	
80Y-100×2A	46.6	175	2950	37.0	55	60	3.0	2942/3923	两级悬臂	
80Y-100×2B	43.2	150	2950	29.5	40			同上	同上	
80Y-100×2C	39.6	125	2950	22.7	32			同上	同上	

注：与介质接触的且受温度影响的零件，根据介质的性质需要采用不同性质的材料，所以分为三种材料，但泵的结构相同。第Ⅰ类材料不耐腐蚀，操作温度在-20~200℃之间，第Ⅱ类材料不耐硫腐蚀，操作温度在-45~400℃之间，第Ⅲ类材料耐硫腐蚀，操作温度在-45~200℃之间。

十、某些二元物系的气液平衡曲线

1. 乙醇-水 （101.3kPa）

乙醇摩尔分数 液相	乙醇摩尔分数 气相	温度/℃	乙醇摩尔分数 液相	乙醇摩尔分数 气相	温度/℃
0.00	0.00	100	0.3273	0.5826	81.5
0.0190	0.1700	95.5	0.3965	0.6122	80.7
0.0721	0.3891	89.0	0.5079	0.6564	79.8
0.0966	0.4375	86.7	0.5198	0.6599	79.7
0.1238	0.4704	85.3	0.5732	0.6841	79.3
0.1661	0.5089	84.1	0.6763	0.7385	78.74
0.2337	0.5445	82.7	0.7472	0.7815	78.41
0.2608	0.5580	82.3	0.8943	0.8943	78.15

2. 苯-甲苯 （101.3kPa）

苯摩尔分数 液相	苯摩尔分数 气相	温度/℃	苯摩尔分数 液相	苯摩尔分数 气相	温度/℃
0.0	0.0	110.6	0.592	0.789	89.4
0.088	0.212	106.1	0.700	0.853	86.8
0.200	0.370	102.2	0.803	0.914	84.4
0.300	0.500	98.6	0.903	0.957	82.3
0.397	0.618	95.2	0.950	0.979	81.2
0.489	0.710	92.1	0.100	0.1	80.2

3. 氯仿-苯 （101.3kPa）

氯仿质量分数 液相	氯仿质量分数 气相	温度/℃	氯仿质量分数 液相	氯仿质量分数 气相	温度/℃
0.10	0.136	79.9	0.60	0.750	74.6
0.20	0.272	79.0	0.70	0.830	72.8
0.30	0.406	78.1	0.80	0.900	70.5
0.40	0.530	77.2	0.90	0.961	67.0
0.50	0.650	76.0			

4. 水-乙酸 （101.3kPa）

水摩尔分数		温度/℃	水摩尔分数		温度/℃
液相	气相		液相	气相	
0.0	0.0	118.2	0.833	0.886	101.3
0.270	0.394	108.2	0.886	0.919	100.9
0.455	0.565	105.3	0.930	0.950	100.5
0.588	0.707	103.8	0.968	0.977	100.2
0.690	0.790	102.8	0.100	0.100	100.0
0.769	0.845	101.9			

5. 甲醇-水 （101.3kPa）

甲醇摩尔分数		温度/℃	甲醇摩尔分数		温度/℃
液相	气相		液相	气相	
0.0531	0.2834	92.9	0.2909	0.6801	77.8
0.0767	0.4001	90.3	0.3333	0.6918	76.7
0.0926	0.4353	88.9	0.3513	0.7347	76.2
0.1257	0.4831	86.6	0.4620	0.7756	73.8
0.1315	0.5455	85.0	0.5292	0.7971	72.7
0.1674	0.5585	83.2	0.5937	0.8183	71.3
0.1818	0.5775	82.3	0.6849	0.8492	70.0
0.2083	0.6273	81.6	0.7701	0.8962	68.0
0.2319	0.6485	80.2	0.8741	0.9194	66.9
0.2818	0.6775	78.0			

参 考 文 献

[1] 管国锋，赵汝溥著. 化工原理. 第三版. 北京：化学工业出版社，2008.
[2] 夏清，陈常贵著. 化工原理（上、下册）. 天津：天津大学出版社，2005.
[3] 陆美娟. 化工原理（上、下册）. 北京：化学工业出版社，2001.
[4] 张宏丽，周长丽，闫志谦著. 化工原理. 北京：化学工业出版社，2008.
[5] 蒋丽芬著. 化工原理. 北京：高等教育出版社，2007.
[6] 杨祖荣著. 化工原理. 北京：高等教育出版社，2009.
[7] 陈亚东著. 化工技能实训. 北京：高等教育出版社，2008.
[8] 张裕萍著. 流体输送与过滤操作实训. 北京：化学工业出版社，2006.
[9] 潘学行著. 传热、蒸发与冷冻操作实训. 北京：化学工业出版社，2006.
[10] 潘文群著. 传质与分离操作实训. 北京：化学工业出版社，2006.
[11] 国家医药管理局上海医药设计院编. 化工工艺设计手册. 第二版. 北京：化学工业出版社，1996.
[12] 俞子行著. 制药化工过程与设备. 第二版. 北京：中国医药科技出版社，1998.
[13] 中国石化集团上海工程有限公司. 化工工艺设计手册（上、下册）. 第三版. 北京：化学工业出版社，2003.
[14] 时钧著. 化学工程手册. 第二版. 北京：化学工业出版社，1990.
[15] 冷士良，张旭光著. 化工基础. 北京：化学工业出版社，2007.
[16] 王志祥著. 制药化工原理. 北京：化学工业出版社，2005.
[17] 柴诚敬著. 化工原理（上、下册）. 北京：高等教育出版社，2006.
[18] 陈敏恒，丛德滋，方图南著. 化工原理（上、下册）. 北京：化学工业出版社，2002.
[19] 张宏丽，刘兵，闫志谦. 化工单元操作. 第二版. 北京：化学工业出版社，2015.
[20] 彭德萍，陈忠林. 化工单元操作及过程. 北京：化学工业出版社，2014.
[21] 李萍萍. 化工单元操作技术. 北京：化学工业出版社，2014.
[22] 何灏彦，禹练英，谭平. 化工单元操作. 第二版. 北京：化学工业出版社，2014.
[23] 周长丽，田海玲. 化工单元操作. 北京：化学工业出版社，2013.